高等院校工程管理专业教材

工程管理信息系统
（第三版）

陆 彦 编著

中国建筑工业出版社

图书在版编目（CIP）数据

工程管理信息系统／陆彦编著．—3版．—北京：
中国建筑工业出版社，2022.1（2023.8重印）
高等院校工程管理专业教材
ISBN 978-7-112-26889-4

Ⅰ．①工…　Ⅱ．①陆…　Ⅲ．①建筑工程–管理信息系
统–高等院校–教材　Ⅳ．①TU-39

中国版本图书馆CIP数据核字（2021）第242939号

　　本书的知识结构主要分为两部分、三个篇章，其中第一部分包括了本书的第1篇和第2篇，主要是学习工程管理信息系统的一些基础准备知识，共4章内容，包括工程管理信息系统基础知识、工程管理信息系统概述、数据库概述和数据库设计。第二部分是本书的第3篇，涵盖了系统开发的全过程，包括系统规划，系统分析，系统设计，系统实施、维护与运行管理，是本书的重点内容。第9章为课程设计示例，既可以供学生参阅，也可以供工程管理人员全面了解一个完整的系统开发过程所需的工作。本书每章前都有本章要点，每章后有复习思考题，便于读者学习和自行测评或者学校教学使用。本书为工程管理专业的本科生教材，也可供工程领域的相关工作人员参考。

责任编辑：刘瑞霞　咸大庆
责任校对：芦欣甜

高等院校工程管理专业教材
工程管理信息系统
（第三版）
陆　彦　编著

*

中国建筑工业出版社出版、发行（北京海淀三里河路9号）
各地新华书店、建筑书店经销
北京鸿文瀚海文化传媒有限公司制版
天津安泰印刷有限公司印刷

*

开本：787毫米×1092毫米　1/16　印张：21½　字数：476千字
2022年1月第三版　　2023年8月第三次印刷
定价：**58.00**元
ISBN 978-7-112-26889-4
（3869

第三版前言

2009 年，在我承担"工程管理信息系统"这门课程三年后，我写了本书的第一版。2015 年，随着教学实践的累积，我更新了第二版。2021 年，受部分用书院校的邀请，我修订了第三版。

本次修订基本保持了原版的结构，第 1 章和第 2 章为管理信息系统基础，第 3 章和第 4 章为数据库基础，第 5 章到第 8 章为系统开发，在此结构上，进行了如下调整：

1）第 1 章"工程管理信息系统基础知识"单列出"工程系统模型"这一部分内容，强调了工程系统这一概念。新增了"信息技术基础知识"这一节，近几年工程管理信息技术更新迅速，这一节是在第二版基础上对新技术的更新和提炼。

2）第 2 章"工程管理信息系统概述"新增了"跨组织信息系统"和"工程管理信息系统的系统特性"，为工程管理信息系统是一个跨多个工程企业的信息系统这一特性和强调用系统观念进行系统开发做铺垫。

3）第 3 章"数据库概述"修订了"典型的数据库管理系统"，新增了"数据仓库和大数据管理"这一节，这也是对近几年数据管理技术的更新和总结。

4）附录 2 和附录 3 合并为第 9 章"工程管理信息系统课程设计示例"，并对内容进行了调整。

5）对部分"本章要点"进行了修订，更突出各章节之间的系统性和关联性。

6）根据修订内容对部分"复习思考题"进行了调整。

本书涉及工程管理、信息管理、信息技术、系统论等多个知识体系，相关方面的书籍和文章几乎是海量信息。由于现代信息技术发展太快，在教学中教师可以根据现实情况进行更新，本书更注重对工程管理信息系统的基础知识认知以及它们之间关系的构建。

由于笔者对工程管理信息系统学术研究有限，许多论述难免存在疏漏和不妥之处，希望国内同行们能够给予批评指正。

在本书的写作过程中参考了大量国内外正式出版的书籍、发表的文章，以及许多网络资料，在本书后列出。由于工程管理信息系统相关领域的研究成果浩如烟海，有部分参考文献可能会遗漏，在此向各位作者表示衷心的感谢。

陆彦

2021 年 9 月于东南大学

第二版前言

2009年，出于对自己所担任的工程管理信息系统这门课程的一个总结，我写了这本书。随着时间的流逝，这一领域很多东西都在更新，手上所积累的案例也越来越多，因此有了更新版本的决定。

本书延续了第一版的五大特色，即从工程管理角度着手、选用工程管理的案例贯穿整个系统开发的理论部分、内容比较全面、从工程管理人员角色进行介绍、便于阅读和学校教学使用。除此之外，本书有了以下方面的更新：

（1）内容更适合教学和自学

根据自己授课的经验，调整了第一版的部分内容，去除了教学中不常用的部分内容，现有的内容和教学内容关系更为紧密，也更为实用，更方便学习。

（2）知识更为崭新

比如在基础内容部分，增加了工程管理信息化领域BIM的介绍和计算机领域云计算的相关介绍，这些内容和工程管理信息系统是相关的，限于篇幅，介绍的不多，但是足够让学生知道这一领域的新名词和新知识。其他章节也有知识的更新。

（3）案例更为完善

第一版选择了一个工程信息系统的小案例贯穿了系统规划、系统分析、系统设计三部分，这样能够很好地体现出三阶段之间的联系，也能更好地展现各类图之间的转变过程。当时案例准备得有些仓促，这次修订时进行了完善，使图之间的转换能够更为清晰。对于第一版附录3的案例进行了完全更新。

（4）设计选题更为广泛

对附录2的课程设计选题进行了增补和分类，一是扩大了选题范围，二是更方便不同专业的同学进行选择，也方便企业人员明了工程管理信息系统的适用范围。

本书由笔者撰写，在本书内容的研究、修改和撰写过程中，感谢王苗苗、沈宇、杨元清、冯瑾、陈丰、孙文捷同学提供的案例素材，感谢江苏高校优势学科建设工程资助项目和江苏省品牌专业A类资助的支持，也感谢家人对我的支持。

本书的写作过程中参考了大量的文献，笔者在此向他们表示衷心的感谢。

管理信息系统的教材很多，但是工程管理信息系统的相关教材目前还不多，可见工程领域管理信息系统的理论体系还不是非常完备，管理信息系统如何在工程中使用，还值得探讨。由于笔者学术见识有限，书中难免有疏忽和不到之处，敬请各位读者批评指正，对笔者不胜感谢。

作者
2015年10月于东南大学

4

第一版前言

工程管理信息系统是管理信息系统在工程中的应用，是以工程管理和信息系统为支撑的。这两年比较关注工程管理信息系统的发展，一方面是自己在上本科生的工程管理信息系统的课程，另一方面觉得工程管理信息系统对工程管理还是很有帮助的，而且作用会越来越大。因此有了写这本书的打算。

本书有如下五个特定：

1）从工程管理角度着手

本书自始至终都贯穿了工程管理的内容。基础知识介绍了工程管理和信息系统相关的内容，工程管理信息系统概况中也体现了工程特色，在数据库部分的阐述中也大多采用工程管理方面的示例，在系统开发中更是用了一个施工承包商现场材料管理的例子贯穿始终。

2）选用工程管理的案例贯穿整个系统开发的理论部分

笔者特地选择了一个较有工程特色，同时又是比较小的例子，贯穿了系统规划、系统分析、系统设计部分，这样可以很好地体现出各阶段之间的联系，也能更好地显示出各种图之间的转变过程。由于时间关系，这个案例准备得还不是非常全面，希望读者能够提出意见。

3）内容比较全面

工程管理信息系统基础知识把和工程管理信息系统相关的内容进行了总结，作为后续内容的铺垫。工程管理信息系统概述则是让读者对工程管理信息系统有个整体的了解。数据库和管理信息系统有非常紧密的关系，很多基本概念都是在数据库里先提到，本书专门准备了两章数据库的内容。系统开发部分的内容也基本囊括了所有相关工具的介绍。附录1的专有名词中英文对照表方便读者查询国外相关资料时使用。

4）从工程管理人员角色进行介绍

本书的内容基本不涉及程序的编写，把重点放在基本知识的准备和系统开发的前三个阶段，即系统规划、分析和设计，希望能够提供一个工程人员（包括工程管理专业的学生以及工程管理人员）和程序开发人员沟通的基础。

5）便于阅读和学校教学使用

本书每章前都有本章要点，便于读者了解每章的重点和要点。每章后有复习思考题，便于读者阅读后自行测评或者学校教学使用。附录2可以作为学校安排课程设计的参考，附录3的示例既可以供学生参阅，也可以供工程管理人员全面了解一个完整的系统开发过程所需的工作。

本书的知识结构主要分为两大块、三个篇，其中第一块包括了本书的第1篇和第2篇，主要是学习工程管理信息系统的一些基础准备知识，共4章内容，包括工程管理信息系统基础知识、工程管理信息系统概况、数据库概述和数据库设计。第二块是本书的第3

篇，涵盖了系统开发的全过程，包括系统规划，系统分析，系统设计，系统实施、维护与运行管理，是本书的重点内容。

希望本书能够给工程相关专业，包括工程管理专业的学生，以及工程领域的相关工作人员一些管理信息系统开发的整体设想；掌握工程管理信息系统开发过程中的一些工具，例如数据流程图、U/C矩阵、HIPO图等；能够通过对本书的阅读，对工程管理信息系统的工程特殊性有所了解。

笔者在此想提供一些阅读指南给读者：

1）对于工程相关专业，包括工程管理专业的学生，笔者希望能够从头至尾地把本书看完，这样所获得的知识体系是完整而全面的。当然，若有数据库基础，可以省略第2篇的内容，或者在必要时翻阅第2篇的部分内容。

2）对于工程领域的相关工作人员，包括工程管理人员，在急需了解工程管理信息系统开发知识的情况下，建议可以先看第2章，即工程管理信息系统概述，然后阅读第3篇系统开发的内容。在此过程中，当阅读到一些专业方法，比如E-R图时，再翻到前面的相关章节进行了解。这是一种速成方法。

本书由笔者撰写，在本书内容的研究、修改和撰写过程中，得到了金龙、钱丽丽、张静、穆诗煜、陈德军、孙婧、季文颖、冯敏、付瑶、王晓晗同学的帮助，他们在本书的成稿过程中做了大量的绘图、校对、修改工作，并提出了很多好的意见，为本书的出版付出了辛勤的劳动。在此笔者向他们表示深深的感谢。

本书的写作过程中参考了大量的文献，笔者在此向他们表示衷心的感谢。

工程管理信息系统还是一门新学科，其理论体系还不是非常完备，和工程的契合度还值得探讨。由于笔者学术见识有限，书中难免有疏忽和不到之处，敬请各位读者批评指正，对此笔者不胜感谢。

作者

2009 年 12 月于东南大学

目　　录

第1篇　管理信息系统基础

第2篇 数据库基础

第3章 数据库概述

第4章　数据库设计

第 3 篇　系统开发

第 5 章　工程管理信息系统规划

第 6 章　工程管理信息系统分析

第7章 工程管理信息系统设计

第1篇　管理信息系统基础

第1章　工程管理信息系统基础知识

本章要点

工程管理知识、信息知识、系统知识、计算机知识和信息技术是工程管理信息系统的基础，本章介绍了这五部分基础知识。

（1）工程管理基础知识：主要指建筑工程管理，其组织包括针对企业和工程项目的两大类，是工程管理信息系统开发中组织结构分析（详见6.3）的基础。

（2）信息基础知识：介绍了信息的概念、基本属性和价值，其生命周期在工程管理信息系统开发各阶段会得到体现，工程管理中的信息是工程管理信息系统管理的基础。

（3）系统基础知识：对系统的介绍是希望能够以系统的观念进行工程管理信息系统开发，并强调系统计划、控制和集成的理念。工程系统包括工程管理子系统，工程管理信息系统是一个能够进行工程管理的全面而精细的系统，由若干个子系统组成。

（4）计算机基础知识：主要介绍与工程管理信息系统开发直接相关的计算机知识，包括硬件系统、软件系统和通信网络，是工程管理信息系统平台设计（详见7.2.3）的基础。

（5）信息技术：主要介绍了建筑信息模型、物联网和项目信息门户，可以为工程管理信息系统提供技术支撑。

1.1　工程管理基础知识

1.1.1　工程管理的定义

目前，国内外对工程管理有多种不同的解释和界定，主要有：

1）Engineering Management。这是一种广义的工程管理，它的管理对象是广义的"工程"。美国工程管理协会（ASEM）对它的解释为：工程管理是对具有技术成分的活动进行计划、组织、资源分配以及指导和控制的科学和艺术。

美国电气电子工程师协会（IEEE）工程管理学会对工程管理的解释为：工程管理是关于各种技术及其相互关系的战略和战术决策的制定及实施的学科。

中国工程院咨询项目《我国工程管理科学发展现状研究》报告中对工程管理也作了界

定：工程管理是指为实现预期目标，有效地利用资源，对工程所进行的决策、计划、组织、指挥、协调与控制。

广义的工程管理既包括对重大建设工程实施（包括工程规划与论证、决策、工程勘察与设计、工程施工与运营）的管理，也包括对重要复杂的新产品、设备、装备在开发、制造、生产过程中的管理，还包括技术创新、技术改造、转型、转轨的管理，产业、工程和科技的发展布局与战略的研究与管理等。

2）Construction Management。这就是我们常说的建筑工程管理。它的管理对象是狭义的工程领域，即比较传统的"工程"的范畴，包括土木建筑工程（包括房屋建筑、地下建筑、隧道、道路、桥梁、矿井工程等）和水利工程（包括各种水利水电工程，如运河、大坝、水力发电设施等）。所以，可以认为它是狭义的"工程管理"。目前，我国的工程管理专业主要是这种"工程管理"，它是上述广义的工程管理的一部分。

3）Project Management，即项目管理。项目管理具有十分广泛的意义。它与工程管理有一个交集——工程项目管理。

工程项目管理是工程管理的一个主要组成部分。它采用项目管理方法对工程的建设过程进行管理，通过计划和控制保证工程项目目标的实现。工程管理不仅包括工程项目管理，还包括工程的决策、工程估价、工程合同管理、工程经济分析、工程技术管理、工程质量管理、工程的投融资、工程资产管理（物业管理）等。

本书中的工程管理主要是指建筑工程管理。

1.1.2　工程管理的内涵

工程管理可以从许多角度进行描述，主要有：

1）工程管理的目标是取得工程的成功，使工程达到成功工程的各项要求。成功工程的要求是多维度的，对一个具体的工程，这些要求就转化为工程的目标，所以工程管理的目标很多。

2）工程管理是对工程全生命周期的管理，包括对工程前期策划的管理、设计和计划的管理、施工的管理、运营维护管理等。

3）工程管理是涉及工程各方面的管理工作，包括技术、质量、安全和环境、造价（费用、成本、投资）、进度、资源和采购、现场组织、法律和合同、信息等，这些构成工程管理的主要内容。

4）将管理学中对"管理"的定义进行拓展，则"工程管理"就是以工程为对象的管理，即通过计划、组织、人事、领导和控制等职能，设计和保持一种良好的环境，使工程参加者在工程组织中高效率地完成既定的工程任务。

5）按照一般管理工作的过程，工程管理可分为在工程中的预测、决策、计划、控制、反馈等工作。

6）工程管理就是以工程为对象的系统管理方法，通过一个临时性的、专门的柔性组织，对工程建设和运营过程进行高效率的计划、组织、指导和控制，以对工程进行全过程的动态管理，实现工程的目标。

7）按照系统工程方法，工程管理可分为确定工程目标、制定工程方案、实施工程方案、跟踪检查等工作。

1.1.3 工程管理的特点

工程作为工程管理的对象，有它的特殊性。工程的特殊性带来工程管理的特殊性。

1）工程管理需要对整个工程的建设和运营过程中的规划、勘察、设计、各专业工程的施工和供应进行策划、计划、控制和协调。工程管理本身有鲜明的专业特点，有很强的技术性。不懂工程、没有工程相关专业知识的人是很难做好工程管理工作的。

2）工程管理是综合性管理工作。这体现在：

人们对工程的要求是多方面的，综合性的，工程管理是多目标约束条件下的管理问题；

它要协调各个工程专业工作，管理各个工程专业之间的界面，所以它与工程各个专业都相关；

由于工程的任务是由许多不同企业（如设计单位、施工单位、供应单位）的人员完成的，所以对一个工程的管理会涉及许多企业；

在工程计划和控制过程中，工程管理要综合考虑技术问题、经济问题、工期问题、合同问题、质量问题、安全和环境问题、资源问题等。

这些就决定了工程管理工作的复杂性远远高于一般的生产管理和企业管理。工程管理者需要掌握多学科的知识才能胜任工作。

3）工程管理是实务型的管理工作。这体现在许多方面：

（1）不仅要设立目标、编制计划，还要执行计划、进行实施过程的控制，甚至要"旁站"监理；

（2）由于一个工程的建设和运营是围绕着工程现场进行的，所以工程管理的落脚点是工程现场。无论是业主、承包商还是设计单位人员，如果不重视工程现场工作，不重视现场管理，是无法圆满完成工程任务的。对工程现场不理解，没有现场管理经验的人是很难胜任工程管理工作的。

4）工程管理与技术工作和纯管理工作都不同。它既有技术性，需要严谨的作风和思维，又是一种具有高度系统性、综合性、复杂性的管理工作，需要有沟通和协调的艺术，需要知识、经验、社会交往能力和悟性。

5）工程的实施和运营过程是不均衡的，工程的生命期各阶段有不同的工作任务和管理目标。

6）由于每个工程都是一次性的，所以工程管理工作是常新的工作，富有挑战性，需要创新，需要高度的艺术性。

7）工程管理工作对保证工程的成功有决定性作用。它与各个工程专业（如建筑学、土木工程等）一样，对社会贡献大，是非常有价值和有意义的工作，会给人以成就感。

1.1.4 工程管理信息化

信息化是由我国学者成思危在 2004 年国际信息系统大会（ICIS 2004）上作主题报告时，首次在国际惯例信息系统学术领域中提出的"Informationization"一词。在国内，信息化的含义较广，既可指宏观层面上的 IT/IS 发展，也可指微观层面上某个工程或组织的信息系统应用建设，以促成应用对象或领域（比如工程参与企业或社会）发生转变的过程。在美国，其近义词是"Information Technology Application"或者"Using IT"。

工程管理信息化是指工程领域的企业利用现代信息技术，通过信息资源的开发和利用，不断提高工程决策和管理的效率和水平，从而降低工程成本、提高工程质量、缩短工程工期的过程。

工程管理信息化需要先进的工程管理思想、工程管理组织、工程管理方法和管理手段的配合。

1）思想是指南：要使用系统思想、全生命周期思想、集成化思想进行工程管理信息化；

2）组织是基础：有多种组织形式，其中扁平化是发展趋势；

3）方法是保证：主要是运用工程分解结构（Engineering Breakdown Structure，EBS）、工作分解结构（Work Breakdown Structure，WBS）、关键线路法（Critical Path Method，CPM）等进行工程管理信息化，并尽可能使各项工程管理工作程序化和标准化；

4）手段是工具：主要是计算机技术，包括建筑信息模型（Building Information Modeling，BIM），项目信息门户（Project Information Portal，PIP）的使用。

工程管理信息系统的使用正是体现了工程管理信息化的要求。

1.1.5　工程管理的组织形式

工程管理的内涵丰富，不仅包括工程项目管理，还包括工程的决策、工程估价、工程合同管理、工程经济分析、工程技术管理、工程质量管理、工程的投融资、工程资产管理（物业管理）等。这些工作要求企业和工程中的相关人员配合完成，因此，对于工程管理而言，其组织既包括针对企业的组织，也包括针对工程项目的组织。

1.1.5.1　针对企业的组织形式

这是从企业组织（如工程承包企业）角度进行描述的组织形式。

1）寄生式组织形式

（1）寄生式组织的基本形式

寄生式组织的基本形式如图1.1所示。图中实线部分是企业组织，虚线部分体现了工程项目组织。这种组织对企业项目组织的运作规则要求不高，项目经理和项目组成员都是兼职的。若发生矛盾和冲突，一般通过企业组织协调解决。

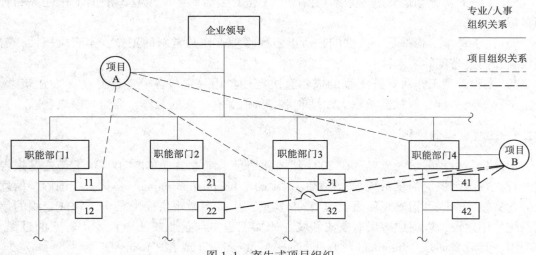

图1.1　寄生式项目组织

项目经理可以是某个副总裁，如项目A就是由企业副总裁兼任项目经理，图中用实线表示，同时由职能部门1的人员11、职能部门3的人员32、职能部门4的职能经理兼职参与。当项目落实给一个职能部门，它又被称为职能（或专业）部门中的项目组织，如项目B，其项目经理由职能部门4的职能经理兼任，同时职能部门2的人员22、职能部门3的人员31和职能部门4的人员41参加。

（2）寄生式组织的应用

项目小且项目任务不很重要的企业可建立寄生式组织。这种形式适用于偏向技术型的、对环境不敏感的项目。企业为解决某些专门问题，如开发新产品、设计公司信息系统、重新设计办公场所、完善公司的规章制度、进行技术革新和解决某个行政问题通常采用这种项目组织。

2）独立式组织形式

（1）独立式组织的基本形式

独立式组织是对寄生式组织的硬化，即在企业中不同专业部门抽调人员，成立专门的项目机构（或部门），独立地承担项目管理任务，对项目目标负责。这种组织模式如图1.2所示。

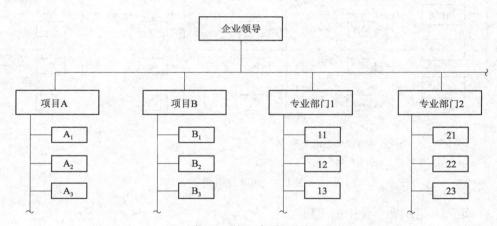

图1.2　独立式项目组织

在企业组织里，每个项目如同一个微型公司开展运作，所以，这种组织形式有时被称为"企业中的企业"。独立式组织中，是专职的项目经理和专职的项目组成员。

专职的项目经理专门承担项目管理职能，对项目组织拥有完全权力，完成项目目标所需的资源，如人力、材料、设备等完全归项目经理全权指挥调配，在工作中不需要改变思维方式，并承担项目相应的责任。项目管理权力集中，与其他项目、企业职能部门没有优先权的问题。

在项目过程中，项目组成员已摆脱原职能部门的任务，完全进入项目，项目结束后，项目组织解散，成员回归原所在部门，重新构建其他项目组织。

（2）独立式项目组织的应用

独立式项目组织适用于对环境特别敏感的、特大型的、持续时间长的、目标要求高（如工期短、费用压力大、经济性要求高）的项目。

通常纯独立式组织很少存在。特殊的军事工程，如我国的"两弹一星"工程属于这种情况。

3）矩阵式组织形式

（1）矩阵式组织的基本形式

矩阵式组织的基本形式如图 1.3 所示，是专职的项目经理和兼职的项目组成员。项目经理对项目目标负责，但是没有项目的全部经营权，需要和部门经理协调分配任务。项目组成员仍归属于专业部门，项目组成员（如 A_1）既接受专业部门经历（专业部门 1 的部门经理）的领导，又接受项目经理（项目 A 的项目经理）的领导，存在双重领导、双重职能、双重汇报关系，因此，有双重信息流存在。所有资源还是由企业统一管理，资源的调配需要考虑项目和专业部门的均衡。这种组织形式的结构、权力和责任关系趋向灵活，有自我调节的功能。

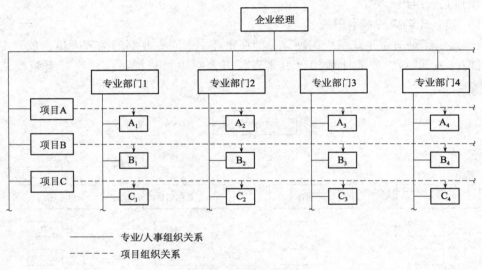

图 1.3　矩阵式组织

（2）矩阵式组织在企业中的应用

在企业中矩阵式组织形式通常应用于企业同时承担多个项目实施和管理的情况。各个项目起始时间不同，规模及复杂程度也有所不同，如工程承包公司、IT 企业，以及一些以小订单小批量产品生产为主的企业。

由于企业同时进行许多项目的实施，要求职能部门能弹性地适应变化的、不同规模、不同复杂程度的项目任务，适应很多项目对企业有限资源的竞争，也要求这些项目尽可能有弹性地存在于企业组织中。这时矩阵式组织形式才能显示其优越性。

4）项目群组织

（1）项目群组织的基本形式

项目群（Programme）一词的含义非常广，它既有多项目的含义，同时又指一组相互联系的项目或由一个组织机构管理的所有项目。目前对于项目群的定义还不是很统一，但是总的说来，可以认为项目群是由一系列相互联系的项目所构成的一个整体，服从统一的实施计划；项目群管理是对所有项目进行统一的协调管理，且这种管理更有利于每个项目以及项目群总体目标的顺利实现。目前很多企业都存在多个项目关联的项目，存在项目群管理的需求。对项目群进行管理的组织形式，类似矩阵式，同时又比矩阵式更为复杂，其组织结构如图 1.4 所示。

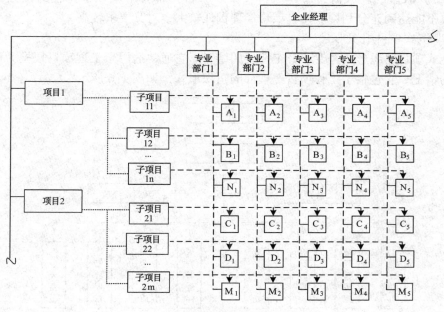

图 1.4　项目群组织

（2）项目群组织在企业中的应用

项目群组织适用于企业同时从事多个相互关联的项目，而且每个项目规模都较大的情况。项目群组织形式的优缺点和矩阵式是类似的，但是由于项目群比单个项目规模更大，而且会涉及各项目之间的资源协调，因此，项目群组织比矩阵式组织的管理更为复杂，在组织、人员分配和人员方面的要求更高。

1.1.5.2　针对工程项目的组织形式

1）直线型项目组织形式

通常独立的单个中小型工程项目都采用直线型项目组织形式，如图 1.5 所示。这种组织结构形式与项目的结构分解图具有较好的对应性。

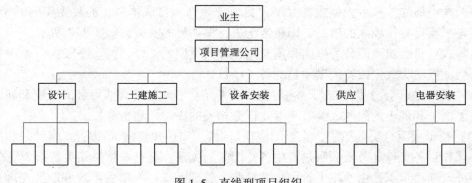

图 1.5　直线型项目组织

直线型项目组织能够保证单线领导，目标分解和责任落实比较容易，不易遗漏工作，项目参加者的工作任务分配明确，信息流通快，决策迅速，项目容易控制。但是当项目（或子项目）较多、较大时，每个项目（或子项目）都要对应一个完整的独立的组织机构，资源不能达到充分利用。而且项目经理责任较大，对其要求较高。

2）职能式项目组织形式

职能式项目组织形式是专业分工发展的结果。它通常适用于工程项目规模大但子项目又不多的情况。它包括了工程项目经理部的组织形式，如图 1.6 所示。

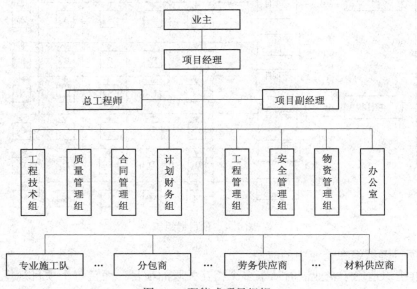

图 1.6　职能式项目组织

职能式项目组织强调职能部门和职能人员专业化的作用，大大提高了项目组织内的职能管理的专业化水平。由各职能部门的负责人或专家去指挥现场与指导，能够提高项目管理水平和效率，项目经理主要负责协调。但是职能式项目组织中权力过于分散，有碍于命令的统一性，容易形成多头领导，也容易产生职能工作的重复或遗漏。

3）矩阵式项目组织

矩阵式项目组织适合单个的大型或特大型工程项目，其组织结构形式和针对企业的矩阵式组织是类似的。一个大型或特大型项目可分为许多自成体系、能独立实施的子项目，可以将各子项目看作独立的项目，则相当于进行多项目的实施，如图 1.7 所示。

矩阵式项目组织可以分为纵向和横向两种不同类型的工作部门。一般纵向是项目的各专业部门，横向为大型或特大型项目的各子项目。

（1）按专业任务分类的部门，主要负责专业工作、职能管理或资源的分配和利用，主要解决怎么干和谁干的问题，具有与专业任务相关的决策权和指令权。

（2）按子项目分类的组织，主要围绕项目对象，对它的目标负责，负责计划和控制工作，协调项目各工作环节及项目过程中各部门间的关系，具有与项目相关的指令权。

矩阵式项目组织是由原则上价值相同的两个管理系统——项目经理和职能经理——的有机融合，由双方共同工作，完成项目任务，使部门利益和项目目标一致。它是在纵向职能管理基础上强调项目导向的横向协调作用、信息双向流动和双向反馈机制。在两个系统的结合处存在界面，需要具体划分双方的责任、任务，以处理好两者之间的关系。

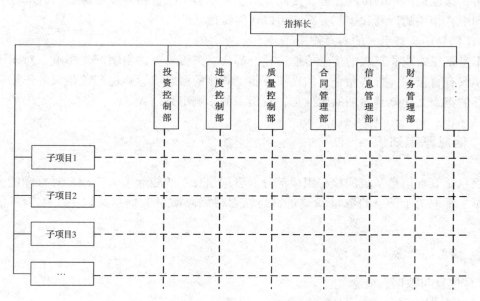

图 1.7　大型或特大型工程矩阵式项目组织

1.1.6　工程管理的组织与信息

工程管理的组织与信息关系密切，对组织的管理主要是建立在信息的收集、传递、创建、存储和通信的基础上的。所以，在工程管理的组织形式中，信息是不可忽略的元素，它与组织的决策、计划、领导、控制和创新紧密联系在一起，直接影响着组织的整体功能、运作效率和竞争能力。

1）信息是联系工程管理的组织各个部门的纽带

组织中各部门间通过物流、能量流和信息流联系起来，有机地构成一个整体，其中，信息流几乎是无所不在的。各个部门之间主要是靠各种信息流联系起来的，离开信息和信息处理，组织将支离破碎，无法运作下去。特别是现在处于信息社会，信息对于组织各部门的联系显得更为重要。对于工程管理的组织而言，更为依赖信息的存在。随着组织的发展，虚拟组织的出现，组织对信息的依赖会越来越大。

2）信息是工程管理的组织状态的表征

工程管理的任何一个组织都是通过一定的信息来显示自身的状态。例如，一个承包商是通过其以往的工程业绩、得过的工程奖项、年营业额等一些定性或定量的信息体现其状态。组织外的人主要就是通过这些信息来认识和评价组织的，资格预审就是业主对承包商信息的审核。从组织内部来说，这些信息描述了组织运行正常与否或优劣程度，离开这些具体信息，对组织的认识或了解就无从谈起。

3）信息是工程管理的组织管理和控制的依据及实现手段

对于管理和控制来说，首先要认识组织的当前状态，即掌握有关信息，才能做出组织目前状态是否正常的判断。其次，要做出相应的决策，来影响组织的运作，达到调整的目的，也同样需要依据信息。最后，还需要把决定的调整方案通知各执行部门，贯彻实施有关决策，这也是信息的传递过程。因此，信息就成为组织管理与控制所必需的部分。在工程管理中，相关的计划和控制方案都可以认为是信息。

4）信息还具有重大的心理作用

不管是正式或非正式的信息传播途径，都会对工程管理的组织产生影响。对于组织而言，不仅有直接的、行政命令式的直接控制，间接的激励或影响也起着很大的作用，现在所倡导的组织文化就是典型的软信息，对组织的影响也是巨大的。

1.2　信息基础知识

信息是管理信息系统的核心组成部分。管理信息系统能起多大作用，对管理能做出多大贡献，都取决于信息的数量和质量，而能否得到高质量的信息又取决于人们对信息的认识。

1.2.1　信息的概念

1）信息与数据的概念

（1）数据的定义

一般意义上认为数据（Data）是客观实体的属性值，是人们用来反映客观世界而记录下来的可鉴别的符号。数据有多种表现形态，包括数字、文字、声音、图形、图像等。同一数据，每个人的解释可能不同，对决策的影响也可能不同。决策者利用经过处理的数据进行决策，可能取得成功，也可能得到相反的结果，关键就在于对数据的解释是否正确。

（2）信息的定义

信息（Information）是有一定含义的数据，是加工（处理）后的数据，信息是对决策有价值的数据。由此可见，信息和数据是原料和结果的关系，如图1.8所示。

图1.8　信息的定义

2）信息与数据的关系

信息与数据既有联系，又有区别。

（1）信息与数据的联系

数据经过处理之后其表现形式仍然是数据，处理数据是为了更好地解释它。只有经过解释，数据才有意义，才能成为信息。可以说，信息是经过加工以后对客观世界产生影响的数据。数据是信息的表现形式，信息是数据有意义的表示。它们之间的联系如图1.9所示。

（2）信息与数据的区别

①数据是符号，是物理性的；信息是逻辑性的，能对决策产生影响。

②数据本身不能确切地给出具体含义，而信息对接收者的行为能产生影响，并对其决策具有现实或潜在价值。

对于一个系统或管理者是信息，对于另一系统或管理者则可能是数据。例如，派车单对司机来说是信息，而对项目经理而言，只是数据。

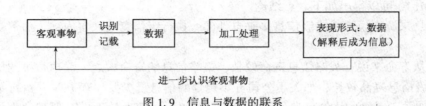

图 1.9　信息与数据的联系

1.2.2　信息的基本属性

1）真实性

真实性又称为事实性或真伪性。根据信息的定义，信息应该反映客观事物的规律，即信息应具有真实性。具有真实性的信息才具有价值；不符合真实性的信息不仅没有价值，而且可能既害别人也害自己，真实性是信息的第一和基本属性。

信息有真信息与假信息，事实是信息的中心价值。但破坏信息的真实性在工程管理中普遍存在，如谎报工程量、谎报利润和成本、做假报表等，都会使管理决策错误。事实性是信息收集时应当注意的性质，一方面要注意所收集的信息的正确性，另一方面在对信息进行加工处理中，要保证加工的正确性和准确性，从而为管理决策提供及时而准确的信息。

2）层次性

管理是分层次的，对于同一问题，不同层次的管理要求不同层次的信息，因而信息也是分层次的。管理一般分为战略级、策略级、执行级三层，信息对应的也分为战略级、策略级和执行级三个层次。不同级的信息性质也不同，低层次性信息对高层次性信息来说就是数据。

战略级信息是关系组织长远命运和全局的信息，如长期规划等。策略级信息是关系组织运营管理的信息，如月度计划、产品质量和产量情况以及成本信息等。执行级信息是关系组织业务运作的信息，如职工考勤信息、领料信息等。不同层次信息属性的比较如图1.10所示。

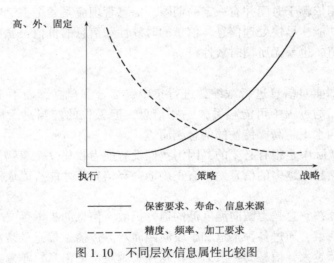

图 1.10　不同层次信息属性比较图

由图 1.10 可以得出如下六点结论：

（1）从来源来说，战略级信息多来自外部，执行级信息多来自内部，而策略级信息有内有外。

（2）从寿命来说，战略信息寿命较长，策略信息的寿命次之，而执行级的信息寿命最短。战略级信息寿命较长，如关于公司五年规划的信息至少要保存五年。执行级信息则寿命较短，如关于考勤的详细信息，每月发完工资以后，信息就不再有保存的价值。策略级信息则处于中间状态。

（3）从保密程度上来说，战略级要求最高，策略级要低一些，执行级的保密程度最低。如对企业而言，战略对策是生命线，如果泄露出去，有时不仅使企业赚不到钱，而且可能使其垮台。对再友好的合作单位，战略级信息也是不可泄露的。策略级信息保密程度要低一些，但也不应轻易泄露，或者有偿转让，或者推迟一段时间公布。执行级的信息很零散，很难从中提取有价值的东西，因而保密要求不高。

（4）从加工方法来说，执行级信息的加工方法最固定，如每月计算工程量的方法、仓库发料的手续等都是固定的。策略级信息次之。战略级信息则最不固定，有时靠人预测，有时用计算机模型计算，所得信息均只能供决策者参考，用得好不好，要由决策者的水平决定。

（5）从使用的频率来说，执行级信息的频率最高，如一种质量检查的标准，每天都要用它去衡量加工的产品是否合格。策略级信息则次之。战略级信息则使用频率最低，如五年计划的信息可能一年只使用一次。

（6）从信息的精度来说，执行级信息精度最高，如每天会计的结账，要求分文不差。策略级信息次之。战略级信息则要求最低，有时一个长期预测有 60%～70% 的精度已很满意了，过高要求战略级信息的精度往往会带来假象。

3）时效性

由于信息在实际工作中是动态、不断变化、不断产生的，因此有时效性，时效性是指信息在一定时间范围内对决策具有效力的属性，同一信息在不同时间具有很大的性质上的差异，信息的效用依赖于时间并有一定的期限。信息管理应紧紧把握其时效性特点，充分发挥其实效性的功能，尽快处理信息。信息的时效性和信息的价值是紧密相连的，如果信息本身就没有价值，也就无所谓时效性了。

4）可压缩性

可压缩性，即能对信息进行浓缩，进行集中、综合和概括，而不至于丢失信息的本质。当然，在压缩的过程中可能会丢失一些信息，但丢失的应当是无用的或不重要的信息。信息接受者的水平越高，传输的信息越简练。

信息压缩在实际中是很有必要的，因为我们没有能力收集一个事物的全部信息，也没有能力和必要存储越来越多的信息。只有正确地舍弃信息，才能正确地使用信息。

5）扩散性

信息好像热源，它总是力图向温度低的地方扩散。信息的扩散性是其本性，它力图冲破保密的非自然约束，通过各种渠道和手段向四面八方传播。信息的浓度越大，信息源和接收者之间的梯度越大，信息的扩散力度就越强。越离奇的消息、越耸人听闻的新闻，传播得越快，扩散的面越大。中国有句古话"没有不透风的墙"，正是说明信息扩散的威力。

信息的扩散存在两面性。一方面，它有利于知识的传播，所以可以有意识地通过各类学校和各种宣传机构，加快信息的扩散；另一方面，扩散可能造成信息的贬值，不利于保密，可能危害国家和企业利益，不利于保护信息所有者的积极性，例如，软件盗版不利于软件发展。因此，要人为地筑起信息的壁垒，制定各种法律，如保密法、专利法、出版法等，以保护信息的扩散。在信息系统中如果没有很好的安全保密手段，就不能保护用户使用信息系统的积极性，可能导致信息系统的失败。

6）传输性

信息是可以传输的，它的传输成本远远低于物质和能源的传输成本。可以利用电话、电报进行国际国内通信，也可以通过光缆、卫星将信息传遍全球。信息传输的形式越来越完善，数字、文字、图形、图像、声音等的传输既快又便宜，远远优于物质的传输。因而，应当尽可能用信息的传输代替物质的传输，利用信息流减少物流，宁可用多传输10倍的信息来换取少传输1/2的物质。信息的传输性能优于物质和能源，信息的可传输性加快了资源的交流，加快了社会的变化。

7）分享性

按信息的固有性质来说，信息只能共享，不能交换。例如，我告诉你一个消息，我并没失去什么，不能把这则消息的记忆从我的脑子里抹去，而你也得到了一个消息。而物质的交换则是"零和"的，例如，你的所得必为我之所失，所得与所失之和为零。信息的分享没有直接的损失，但是也可能造成间接的损失。例如，我告诉你生产某种防水材料的配合比，你也去生产这种材料，就造成与我的竞争，将会影响我的销路。信息分享的非"零和"性造成信息分享的复杂性。有时我告诉你消息，我不失你得，有时你得我也得，有时你得我失，有时我不失你也不得。

信息的分享性有利于信息成为组织的一种资源。严格地说，只有达到组织信息的共享，信息才能真正成为组织的资源，然后才能很好地利用信息进行组织的计划与控制，从而有利于组织目标的实现。

8）增殖性

用于某种目的的信息，随着时间的推移可能价值耗尽，但对于另一种目的，该信息可能又显示出用途。如天气预报的信息，预报期一过就对指导生产不再有用，但对各年同期天气比较、总结变化规律、验证模型却是有用的。信息的增殖在量变的基础上可能产生质变，在积累的基础上可能产生飞跃。曾有一位学者把全国每天报纸上刊登的新厂投资的消息收集起来，进行提炼和分析，时间一久就能对全国工业有所估计。原来不保密的东西变成保密的了，原来不重要的信息变成重要的了。信息增殖性和再生性，使我们能变废为宝，在信息废品中提炼有用的信息。

9）转换性

信息、物质和能源是三项重要的宝贵能源，三者有机联系在一起，不能互相分割。有物质存在，必有促使它运动的能量存在，也必有描述其运动状态和预测未来的信息存在。对于一个工程来说，没有材料，就不能盖房子；没有能源，就不能开工；没有知识和技术也就是没有信息，就不能成功生产。

信息、物质、能源是可以相互转化的。能源或物质能换取信息，同时，信息也能转化为物质和能源。许多工程利用信息技术大大节约了能源。从电网的负荷分配到工厂内锅炉汽轮机的经济运行，都是信息技术转化为能源，从而做出巨大贡献的例子。又如利用信息技术在国际上选择合理的材料源，在国内生产价廉物优的材料源，直到合理的下料等过程，信息都转化为材料，即物质。现在国际经营上有一种说法"有了信息就有了一切"，也就是对这种转化的一种艺术的概括。

10）不完全性

由于信息是由人通过一定的方法和手段从现实世界中获取的，而人的认识能力是有限的，因而信息的不完全性是难免的。客观事实的全部信息是不可能得到的，决策者的艺术在于他能够根据自身的经验去收集信息，正确地去掉不重要或失真的信息，并根据其收集到的有限的信息快速地做出正确的决策。在实际工作中，应提高对客观规律的认识，尽量避免因为信息的不完全性而给工作带来的损失。

1.2.3　信息的价值

信息价值（Information Value）已成为信息社会的研究热点之一。由于信息和普通商品不同，其生产、分配、成本、消费等方面都不是一种普通的商品。信息既是一种成品又是其他商品决策的一种工具或输入产品。它初次生产昂贵，再生产却很廉价。很多情况下，它的再生产都是通过复制完成的。一种信息可以用不同的媒介进行分配，它的价值往往是从这种媒介中得到而不是从信息本身内容的交换价值中得到。而且由于信息的分享性，其不会因为消费而减少。信息的消费方式有两种，一是与别人分享公共信息，二是通过购买他人的私人信息，而其他大多数的商品是通过购买来消费的。信息价值可能是直接的，也有可能是间接的。由于信息是一种经验商品（即只能在消费后才能获得），这使得信息价值的评价十分复杂。

1）传统的信息价值一般分为内在价值和外延价值。

（1）信息的内在价值：可按所花的社会必要劳动量进行计算，其方法和计算其他一般产品价值的方法是一致的，即

$$V = C + P$$

式中　V——信息产品的价值；

　　　C——生产该信息所花成本；

　　　P——利润。

（2）信息的外延价值：可按衡量使用效果的方法进行计算，即等于在决策过程中使用了该信息所增加的收益减去获取信息所花费用。其中，收益是指在选择方案时，用信息进行方案比较，在多个方案中选出一个最优方案，与不用信息随便选一个方案相比，两种方案所获经济效益之差，即

$$P = P_{max} - P_i$$

式中　P_{max}——最好方案的收益；

　　　P_i——任选某个方案的收益。

2）1986 年，Ahituv 和 Neumann 在《管理信息系统原理》一书中，总结了对信息价值的三种规定：标准价值，实际价值和主观价值。

（1）标准价值：这是一个假定值。由于信息是一种经验商品，其价值只在使用后才被揭示，因此可假定信息有一标准价值，但是由于每个人的经历和经验不同，会对信息价值

的判断出现较大的差异。所以信息的标准价值就不是唯一的。也就是所谓的"标准"已经变得"不标准"了，这样就会发现标准价值的假定是有问题的。

（2）实际价值：由于信息的再生产主要是通过复制完成的，因此信息的费用和其价值的产生都与这种产品的数量无关。在决策制定上，信息是其他商品决策的一种工具或输入产品，因此信息有较强的间接效用，故直接进行信息的实际价值的测量是不适当的。测量信息实际价值的方法是依据对过去经济发展情形进行分析作出的，因此会造成所谓的"检验悖论"。所以，信息的价值既不可能是标准价值也不可能用实际价值来衡量。

（3）主观价值：这是指人们对信息的一种感觉价值，信息、价值就是其主观价值。信息主要通过两条途径传播：分享和交易。人们愿意买卖信息和分享信息的倾向是信息价值的主要决定因素。一旦人们愿意分享某种信息，那么其价值就会大大降低。因此，公共信息的价值很低，甚至是没有价值的（这里仅指主观的货币价值）。

1.2.4 信息的生命周期

信息的处理一般包括信息的收集、传输、加工、储存、维护和使用六个阶段，这六个阶段串接起来，形成信息的生命周期。

1.2.4.1 信息收集

1）信息的识别

信息收集所遇到的第一个问题是信息需求的识别（也称为信息的确定）。由于信息的不完全性，想得到关于客观情况的全部信息实际上是不可能的，所以信息的识别十分重要。信息识别的方法有以下三种。

（1）向决策者进行调查

决策者是信息的用户，他最清楚系统的目标，也最清楚信息的需要。向决策者调查可以采用访谈和发调查表的方法。

①访谈

即由系统分析员对决策者进行采访。这种方法有利于阐明意图，减少误解，最容易抓住主要要求。访谈应从上而下，从概括到细微，先由组织领导开始，然后经中层至下层决策人员。这样不仅能了解战略信息需要，而且能了解具体任务的信息需要。

这种方法的成功与否取决于访谈前的准备工作（如访谈提纲）和信息分析员的提问水平。其缺点是谈话一般不够严格和确切，因而访谈纪要要整理，并经受访者确认签字。

②调查表

即用书面方式进行资料调查，它比较正规严格，可以节省系统分析员的时间。但当受访的决策者的文化水平不高时，往往填写起来很困难，不免答非所问，或者调查表长期交不上来。采用这种方法前，最好对受访的决策者进行培训。

这两种方法都是基于一个前提，即决策者对于他们的决策过程比较了解，因而能比较准确地说明所需要的信息。但是大多数决策者对他们的决策过程不十分了解，这些决策人员可能会采取保险的方法，企图收集有关现象的"全部"信息。管理信息系统的效用如何，主要依赖于对信息需要的识别。过多的信息不仅无益，而且可能引起对有效信息的忽视。

（2）亲自体验相关工作过程

在这过程中，系统分析人员不直接询问信息，而是了解相关工作情况。这样，管理人员谈论起来往往津津乐道，系统分析员可以从旁观的角度分析需要的信息，并把需要的信息和其用途联系起来，以更深入地了解信息。有时，系统分析人员甚至亲自体验相关工作过程，获得一手资料。对管理工作的描述，越到下级越容易，越具体；越到上级越全面，越复杂。很多情况靠外来的系统分析人员很难了解透彻，因此，可以选派一些内部管理人员作为系统分析人员，参与系统分析过程。

（3）两种方法结合

即先由系统分析人员观察基本信息要求，再向决策人员进行调查，补充信息。这种方法虽然浪费一些时间，但了解的信息需求可以更为真实。这里应特别注意，决策者本人对信息的具体要求应当优先考虑，这些往往是重要信息。

2）信息的采集

（1）信息的采集方法

信息识别以后，下一步就是信息的采集。由于目标不同，信息的采集方法也不相同，大体上说有以下三种方法。

①自下而上地广泛收集

这种方法服务于多种目标，一般用于统计，如国家统计局每年公布的经济指标。这种收集有固定的时间周期，有固定的数据结构，一般不随便更动。

②有目的的专项收集

例如，要了解工程的执行情况时，有意识地了解相关信息，发调查表或亲自去调查。根据具体情况，有时需要全面调查，有时只需抽样调查。若抽样调查，样本最好由计算机随机抽样得到，这样才能真实反映情况。

③随机积累法

调查没有明确的目标，或者说没有很宽的目标，只要是"新鲜"的事就把它积累下来，以备后用，今后是否有用，现在还不十分清楚。例如，现在有些省市派人每天翻阅全国各地的报纸，发现有什么新产品、新技术、新的经济消息，就把它记下来，加以分类，如判断是有用的，就及时反映给领导。

选用哪种方法，与信息源的属性有很大关系。区分信息源有两个标准，一是地点，二是时间。

①按地点来分，可把信息源分为内源和外源。内源数据完全处于自己控制之下，完全可用自己拥有的手段去收集，如定期报表、不定期专项报表，甚至可用计算机联机终端和电子自动化测量装置；外源信息必须依赖外单位，只能从可能得到的信息中提取需要的信息。

②按时间来分，可分为一次信息和二次信息。一次信息是由现场直接得来的信息。二次信息是对一次信息进行加工、分析、改编、重组、综合概括生成的信息，是各种文件和数据库中原来存储的信息，其属性和格式一般不符合新系统的要求，因而在使用前一般均要经过变换。

（2）信息的维数

信息采集还要说明信息的维数。信息的维数是很多的，从信息采集的角度出发，我们主要关心阶段维数、层次维数和来源维数。

①阶段维数

阶段维数说明信息与决策过程的哪个阶段有关，即与弄清问题阶段、解决问题阶段有关，还是与选择阶段的问题有关。对于企业管理人员来说，往往使用管理周期来代替阶段，这种周期一般分为两个阶段，即计划阶段和控制阶段。对于工程管理人员来说，往往使用工程的生命周期来代替阶段，这时可以分为四个阶段，即前期策划阶段、计划设计阶段、实施阶段和运行阶段。

②层次维数

这是说明企业/工程哪级需要信息，是高层、中层还是基层。正如前述，不同层的属性不同，它们的精度、寿命、频率、加工方法等均不相同。

③来源维数

即说明信息是内源还是外源，这直接影响到信息的采集方法。

上述三个维数实际上是在由阶段（时间）、来源和层次所组成的坐标系中给信息定标，使得我们对信息性质的了解更深，如图 1.11 所示。图 1.11 中，点 P 表示中层管理实施阶段所需的外源信息，点 P′ 是它在层次阶段（时间）平面上的投影，点 P″ 是它在来源阶段（时间）平面上的投影。

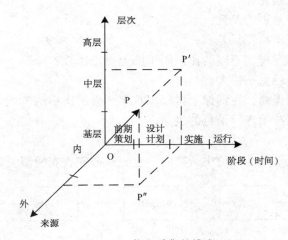

图 1.11　信息采集的维度

3）信息的表达

信息表达有三种形式：文字表述，数字表达，图像表达。

（1）文字表述

文字表述是系统分析人员的基本功。系统分析的文字要简练、确切，不漏失主要信息，避免使用过分专业化的术语，避免使用双关和歧义性的语句，不能让人误解，在接收信息时切忌偷换主题概念，避免产生错误理解。现在许多管理人员学会一套说双关语的"本领"，听起来好像同意你的意见，实际上又没作出决策。系统分析员不应当使用这种语言，也不应当错误理解这种语言。

（2）数字表达

数字表达一般来说比较严密，但有时也容易产生错觉。系统分析人员要从思想上、技术上防止这种偏向。思想上的偏向是指系统分析人员把自己的主观推理带进客观的报告中，滤除了不符合自己主观思路的数据。这样虽然容易达到思想上的一致，但只是在虚假信息基础上的一致。系统分析人员要对信息源的真实性作出判断，防止信息原材料的虚假性。另外，不同的数字表达方式也会引起偏见，如表 1.1 所示。

不同数字表达方式引起的决策偏见 表 1.1

数字表达方式	由数字引起的决策偏见
按字母或数字顺序	第一项将会吸引决策者的注意，中间项或后面项易被忽视
按百分比顺序	高百分比的项被更多地注意，而不管它属于哪个部门
在各部门中按百分比顺序	百分比被强调，而规模（数量）被较少注意

（3）图像表达

图像表达是现在的发展趋势，图像可以保存最原始的真实信息，如签字的笔迹。图像能很快地给人以总貌、趋势和比较的信息，使人容易作出判断。有人说：持续 2 小时的会议如用图像来辅助决策可能缩短到 20 分钟。图像虽然容易给出总的趋势和相对的趋势，但也可能引起如下一些偏见：

①比例的选择影响差别的发觉；

②棒状图较顶线图不易发觉差别；

③尺寸小，差别难发现，不同的比例画于图上更难比较；

④用彩色和不用彩色差别很大。

随着计算机水平的提高，在图像上再标以数字则会给出更清晰的表达。最新的计算机图形技术就是应用图像技术进行信息的表达。

1.2.4.2 信息传输

信息传输的理论最早是在通信中研究的。它一般遵守香农模型，如图 1.12 所示。

图 1.12 香农模型

由图 1.12 可以看出，信息源发出的信息要经过编码器变成信息通道容易传输的形式，如在电报传输中，首先把报文转换成数字码，为了防止出错，往往又加上纠错或检错码，变成电码以后，还加以调制以便于信息传输。现代的信道形式多种多样，有明线、电缆、无线、光缆、微波和卫星等。无论哪种信息通道都存在噪声或干扰，它或由自然界雷电形成，或由同一信道中其他信息引起。在接收端首先要经过译码器译码，译码器的作用是解调、解码，把高频载波信号恢复成电码脉冲，用检错或纠错码查错、纠错以后，舍去这些码，将代码译成文字等。经过译码器后的符号，接收者即可以识别。信息的接收者可能是人，也可能是计算机，他们把信息存储起来就转入下一个阶段。

香农模型把信息传播描述成一种直线的单向传播过程，整个过程由五个环节和一个不速之客——噪声干扰构成。克服噪声干扰的办法是重复某些重要的信息。

现代信息传输的主要途径是通信。由于通信技术属于通信专业研究的领域，这里不作详细介绍，有兴趣的读者可自己参看有关参考书。

1.2.4.3 信息加工

信息加工（Information Processing）是对收集来的信息进行去伪存真、去粗取精、由表及里、由此及彼的加工过程。它是在原始信息的基础上，生产出价值含量高、方便用户利用的二次信息的活动过程。这一过程将使信息增值。只有在对信息进行适当处理的基础上，才能产生新的、用以指导决策的有效信息或知识。

1）信息加工的内容

（1）信息的筛选和判别：在大量的原始信息中，不可避免地存在一些假信息和伪信息，只有通过认真地筛选和判别，才能防止鱼目混珠、真假混杂。

（2）信息的分类和排序：收集来的信息是一种初始的、零乱的和孤立的信息，只有把这些信息进行分类和排序，才能存储、检索、传递和使用。

（3）信息的分析和研究：对分类排序后的信息进行分析比较、研究计算，可以使信息更具有使用价值乃至形成新信息。

2）信息加工的分类

从不同的角度，信息加工方式有各种不同的划分。

（1）按处理功能的深浅，可以把信息加工分为预处理加工、业务处理加工和决策处理加工三类方式。其中，第一类是对信息的简单整理，加工出的是预信息；第二类是对信息进行分析，综合出辅助决策的信息；第三类是对信息进行统计推断，可以产生决策信息。

（2）按处理的响应时间不同，信息加工的方式又可分为：

①实时处理（Real-time Processing）：中央处理机同时与多个用户进行通话，将送过来的数据立即进行处理，即时做出响应，但每一个瞬间中央处理机只能与一个用户通话。响应时间是实时处理系统的重要指标，它与数据传输速度和访问中央处理机的频率有关。

②批处理（Batch）：即对某对象进行批量的处理。批处理文件的扩展名为 bat。目前比较常见的批处理包含 DOS 批处理和 PS 批处理两大类。

（3）按系统与用户之间距离的远近，信息的加工方式包括：

①远程处理（Remoting）：是指用户不必去信息中心，而通过通信线路使用远处的计算机进行处理的方式。实际上远程处理是一种远距离的联机处理方式。因为除了终端和通信控制器以外，它和批处理方式完全一样。

②局域处理：是指在放置计算机的地方使用计算机的方式。

此外，信息加工还可以分为集中式和分布式、手工加工和计算机加工等。

1.2.4.4 信息存储

信息存储（Information Accumulation/Information Storage）是指将信息保存起来，以便以后使用。

1）信息存储介质

信息存储的首要问题是存储介质的选择。信息的存储介质主要有以下形式：

（1）纸

纸是文字、图形信息存储的传统介质。优点在于：存量大，便宜，永久保存性好，并有不易涂改性。缺点是传送信息慢，检索起来不方便。

（2）胶卷

胶卷作为纸的补充，它主要优点是存储密度大。缺点在于：阅读时必须通过接口设备，不方便，而且价格昂贵。

（3）计算机存储器，如软盘、光盘、DVD、硬盘等。目前最流行的存储介质是基于闪存（Flash Memory）的，比如 USB 闪存驱动器（USB flash disk，U 盘）、CF 卡（Compact Flash Card）、安全数码卡（Secure Digital Memory Card，SD 卡）、高容量 SD 卡（Secure Digital High Capacity，SDHC）、多媒体卡（Multimedia Card）、记忆棒（Memory Stick）等。优点在于存取速度极快，存储的数据量大。

2）信息存储技术

随着计算机技术的发展，信息存储技术也在不断发展中，信息存储技术的发展主要表现在：

（1）虚拟存储

随着计算机内信息量的不断增加，直连式的本地存储系统已无法满足信息的海量增长，虚拟存储技术逐步成为共享存储管理的主流技术。虚拟存储技术可以将不同接口协议的物理存储设备整合成一个虚拟存储池，根据需要创建并提供等效于本地逻辑设备的虚拟存储卷。

（2）分级存储

分级存储是根据数据的重要性、访问频率、保留时间、容量、性能等指标，将数据采取不同的存储方式分别存储在不同性能的存储设备上，通过分级存储管理实现信息在存储设备之间的自动迁移。通过将不经常访问的数据自动移到存储层次中较低的层次，释放出较高成本的存储空间给更频繁访问的数据，可以获得更好的性价比。这样一方面可大大减少非重要性数据在一级本地磁盘所占用的空间，还可加快整个系统的存储性能。

（3）信息保护系统

即构建信息保护系统，在进行本地备份系统建设后，建立可靠的远程容灾系统。当灾难发生后，通过备份的数据完整、快速、简捷、可靠地恢复原有系统，以避免因灾难对信息系统的损害。

3）信息存储方式

传统的数据存储一般分为在线（On-line）存储和离线（Off-line）存储两级存储方式。而在分级存储系统中，一般分为在线存储、近线（Near-line）存储和离线存储三级存储方式。

（1）在线存储

将数据存放在高速的磁盘系统（如闪存）等存储介质上，适合存储需要经常和快速访问的程序和文件，存取速度快，性能好，存储价格相对昂贵。在线存储的最大特征是存储设备和所存储的数据时刻保持"在线"状态，可以随时读取和修改，以满足前端应用服务器或数据库对数据访问的速度要求。

（2）近线存储

将数据存放在低速的磁盘系统上，一般是一些存取速度和价格介于高速磁盘与磁带之间的低端磁盘设备。近线存储外延相对比较广泛，主要定位于在线存储和离线存储之间的应用，是将并不经常用（例如一些长期保存的不常用的归档文件），或者说访问量不大的数据存放在性能较低的存储设备上。但对这些设备的要求是寻址迅速、传输率高。因此，近线存储对性能要求相对来说并不高，但又要求相对较好的访问性能。多数情况下由于不常用的数据要占总数据量的较大比重，这也就要求近线存储设备在需要容量上相对较大。近线存储介质主要有SATA（Serial Advanced Technology Attachment）磁盘阵列（Redundant Arrays of Independent Disks，RAID）、DVD-RAM（Digital Versatile Disc-Random Access Memory）光盘塔和光盘库等设备。

（3）离线存储

将信息备份到磁带或磁带库上。大多数情况下主要用于对在线存储或近线存储的数据进行备份，以防范可能发生的数据灾难，因此又称备份级存储。离线存储通常采用磁带作为存储介质，其访问速度低，但价格低廉，且海量存储。

信息存储是信息生命周期的重要阶段，可以保证信息的随用随取，为信息的多功能使用创造条件。

1.2.4.5　信息维护

信息维护是指保持信息处于适合使用的状态，广义的信息维护包括工程管理信息系统建成后的全部数据管理工作。

信息维护的目的是保证信息的准确性、及时性、安全性和保密性。

1）准确性：即保证数据更新的状态，数据要在合理的误差范围内，同时要保证数据的唯一性。

2）及时性：把常用信息放在易取位置，各种设备状态良好，操作人员技术熟练，方便及时提供信息。

3）安全性：一方面要采取一些安全措施防止信息受到破坏，如保证存储介质的环境要防尘、干燥、恒温，要保持信息的备份。另一方面，一旦信息丢失或遭到破坏，应有补救措施。为了考虑特殊情况的发生，如水灾、火灾、地震等，对于一些重要的信息应双备份，并分处存放。

4）保密性：这是当前的焦点问题，现在人们越来越重视信息的保密性问题，防止信息失窃也成为信息维护的重要问题。机器内部可采用口令（Password）等方式实现信息的保密。在机器外部也应采取一些措施，如应用严格的处理手续，实行机房的严格管理，加强人员的保密教育等。

信息的维护是信息管理的重要一环，没有好的信息维护，就没有好的信息使用，要克服重使用、轻维护的倾向，强调信息维护的重要性。

1.2.4.6　信息使用

信息使用是指对信息的鉴别和利用。美国学校图书馆管理员协会（American Association of School Librarians，AASL）提出，信息使用有两个基本含义：

1）通过阅读、听、观看和接触吸收各类资源提供的信息；

2）从资源中抽取相关的信息，抽取信息的方式包括阅读图书、期刊、书目和引文索引等。

美国国家教育技术委员会提出的"信息使用"标准有两个：

1）收集、分析数据找出问题的解决方案；

2）促进和实践安全、合法和负责地使用信息和技术。

信息使用可以分为：个人信息使用、组织信息使用和企业信息使用。这三种类型的信息使用在工程管理中都存在。当然，在信息使用过程中，要符合计算机使用的道德规范。

1.2.5 工程管理中的信息

1.2.5.1 信息的种类

工程管理中的信息很多，一个稍大的工程结束后，作为信息载体的资料就汗牛充栋，许多工程管理人员整天就是与纸张和电子文件打交道。工程中的信息大致包括如下四种：

1）工程基本状况的信息。它主要存在于项目建议书、可行性研究报告、项目手册、各种合同、设计和计划文件中。

2）现场工程实际实施信息，如实际工期、成本、质量、资源消耗情况的信息等。它主要存在于各种报告，如日报、月报、重大事件报告、资源（设备、劳动力、材料）使用报告和质量报告中。在此还包括对问题的分析、计划和实际的情况对比以及趋势预测的信息等。

3）各种指令、决策方面的信息。

4）其他信息。主要指外部进入工程的环境信息，如市场情况、气候、外汇波动、政治动态等。

1.2.5.2 信息流通方式

工程中的信息流通方式多种多样，可以从许多角度进行描述。工程中的信息流包括两个最主要的信息交换过程：

1）工程与外界的信息交换。工程作为一个开放系统，它与外界环境有大量的信息交换。这里包括：

（1）由外界输入的信息，如物价信息、市场状况信息、周边情况信息以及上层组织（如企业、政府部门）给工程指令、对工程的干预等，工程相关者的意见和要求等。

（2）工程向外界输出的信息，如工程状况的报告、请示、要求等。

在现代社会，工程对社会的各个方面有都很大的影响，其大量信息必须对外公布，让工程相关各方有知情权。同时工程相关者、市场（如工程承包市场、材料和设备市场等）和政府管理部门、媒体也需要工程信息，如工程的需求信息、工程实施状况的信息，工程结束后的各种统计信息等。

对于政府工程、公共工程更需要让社会各相关方面了解工程信息，使工程在"阳光"下运作。

2）工程内部的信息交换，即工程实施过程中工程项目组织成员和工程管理各部门因相互沟通而产生的大量的信息流。工程内部的信息交换主要包括：

（1）正式的信息渠道。信息通常是在组织机构内部按组织程序流通，它属于正式的沟通。一般有以下三种信息流。

①自上而下的信息流

自上向下流动的信息包括最高层的战略、目标和指令，这些信息从组织的战略决策层向下传递给战略管理层，再传递给项目管理层，再向下到实施层。在这一过程中，信息不断被细化，而且可执行性变得更高。工程中自上而下的信息流如图1.13所示。

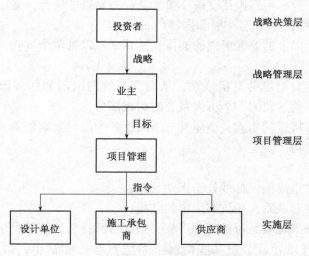

图 1.13　工程中自上而下的信息流示意图

②由下而上的信息流

向上流动的信息，描述了基于日常事务的组织的当前状态。例如，当工程现场发生一项物资采购时，信息发源于项目组织的最基层，然后通过各个不同的管理层向上流动，越往上，信息就变得越为简单明了。信息系统在信息向上流动时，扮演着直观重要的角色。通常各种实际工程的情况信息，由下逐渐向上传递，这个传递不是一般的叠合（装订），而是经过逐渐归纳整理形成的逐渐浓缩的报告。工程项目管理者就是做好浓缩工作，以保证信息虽经浓缩而不失真。通常，信息若过于详细容易造成处理量大、重点不突出，且容易遗漏；而过度浓缩又容易产生对信息的曲解，或解释出错的问题。

由于信息从下向上流动，信息收集就成为信息系统日常工作的一部分，它将信息向上传送给负责监督并对问题做出相应对策的决策者。工程中自下而上的信息流可按照图 1.13 中逆箭头方向发生。

③水平或网络状信息流

水平流动是在职能业务部门和工作小组之间的横向流动，也可以是工程中各部门间的横向流动，如在图 1.6 中工程技术组、质量管理组、合同管理组等各项目小组间的流动。在矩阵式组织甚至虚拟组织中，网络式信息流成为主要的信息流动方式。随着组织的扁平化发展，在现代高科技状态下，组织成员会越来越多地通过横向和网络状的沟通渠道获得信息。

（2）非正式的信息渠道，如通过闲谈、小道消息，通过非组织渠道了解情况。

1.3　系统基础知识

1.3.1　系统的概念和性质

1）系统的概念

（1）定义

系统（System）是一系列相互联系、相互制约的要素的集合，通过要素间的相互作用实现特定功能（某种目的）。这一概念强调：

①系统是由两个以上的要素组成的整体，其要素可以是单个事物，也可以是一群事务组成的小系统；

②要素之间存在着一定的有机联系，从而在系统的内部和外部形成一定的结构和秩序，任一系统又是它所从属的一个更大系统的组成部分；

③任何系统都有特定的功能，整体具有不同于各个组成要素的新功能，该功能由系统内部的有机联系和结构所决定。

（2）系统特点

①系统是由部件组成的，部件处于运动状态；

②部件之间存在着联系，系统有一定的结构；

③系统行为的输出也就是对目标的贡献，系统各部件和的贡献大于各部件贡献之和；

④系统的状态可以转换，在某些情况下系统有输入和输出，系统状态的转换可以控制。

（3）一般系统结构

①组成：输入、处理、输出、反馈和控制；

②处理：根据条件对输入的内容进行各种加工和转换；

③反馈：将输出的一部分内容返回到输入，供控制使用；

④控制：监督和指挥其余四个基本要素正常工作。

2）系统性质

（1）整体性

整体性是系统最重要的特性，系统之所以成为系统，首先是因为系统具备整体性。

系统的整体性是指系统是由若干要素组成的、具有一定功能的有机整体，各个要素一旦组成系统整体，就表现出独立要素所不具备的性质和功能，形成新系统的质的规定性，从而表现出整体的性质和功能不等于各个要素的性质和功能的简单相加。这便是通常所说的"整体大于部分之和"。

系统能实现"整体大于部分之和"，但并不是所有的整体都会大于其部分之和，若各部分的配合不协调，组合不合理，则会造成整体小于部分之和。如中国人常说的"一个和尚挑水吃，两个和尚抬水吃，三个和尚没水吃"，正是整体小于部分之和的典型例子。

（2）层次性

系统的层次性是指由于组成系统的种种差异，使系统组织在地位、作用、结构和功能上表现出等级秩序性，形成具有质的差异的系统等级。层次性是系统的一种基本特征。首先，一个系统是它上一级系统的子系统或要素，而上一级系统有可能是更上一级系统的要素；另一方面，此系统的要素却又是由下一层的要素组成的，低一层的要素又是由更低一层的要素组成的。由此，有多个系统层次组成金字塔结构，从而也可以说明系统的层次是相对的。系统的整体性是存在于一定层次中形成一定结构基础上的整体性。

进行系统分析的时候，必须注意系统的层次性。既要把一个子系统看作上层系统中的一个要素，求得统一的步调，又要注意到它本身又包含着复杂的结构。一般说来，高一层结构对低一层结构有更大的制约性，低一层结构是高一层结构的基础，反作用于高一层结构。

（3）有机关联性

系统的有机关联性一是指系统内部诸元素有机关联，相互作用；二是指系统同外部环境的有机关联。

（4）目的性

系统的目的性是指系统追求有序稳定结构的性质。任何系统的变化都是有方向的，变化方向就表明系统行为有一定的目标，也就是说系统是有目的的。系统具有追求有序稳定结构的性质是由系统的自身需要决定的。因为只有达到有序稳定的结构状态，系统的功能才能最大限度地发挥，否则系统将逐渐解体或崩溃。系统的目的性是系统自组织的必然结果。系统的自组织能力越强，系统的目的性就越显著，反之系统的目的性表现就不明显。

（5）环境适应性

系统的环境适应性，是指系统环境的变化往往能够引起系统特性的变化，系统要实现预定的目标或功能，必须能够适应外部环境的变化。

1.3.2 系统的分类

从不同的角度，有不同的系统分类方法。

1）按照系统的综合复杂程度

按照系统的综合复杂程度，可以把系统分为三类，即物理系统、生物系统、人类社会及宇宙，这三类又可以进一步分为九等。如图 1.14 所示。

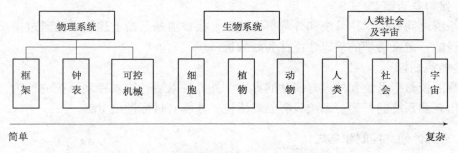

图 1.14　按系统的综合复杂程度分类图

2）按照系统的抽象程度

按照系统的抽象程度，可把系统分为三类，即概念系统、逻辑系统和实在系统。

（1）概念系统

概念系统是最抽象的系统，是根据系统的目标和以往的知识初步构思的系统雏形，其各个方面不是很完善，也有可能无法实现，但它表述了系统的主要特征。例如数据库系统中的概念模型就是用 E-R 图对数据库概念系统进行描述的。

（2）逻辑系统

逻辑系统是在概念系统基础上构造出来的原理上可行的系统，它考虑到总体的合理性、结构的合理性和实现的可能性，但没有给出实现的具体元件。例如数据库系统中的关系数据模型就是典型的逻辑系统。

（3）实在系统

实在系统是完全确定的系统，如计算机系统。

这种分类方法有利于系统开发时能从概念上由浅入深，循序渐进。

3）按照系统功能

按照系统功能分，即按照系统服务内容的性质分，可把系统分为：社会系统、经济系统、军事系统、管理系统等。

4）按系统和外界的关系

按系统和外界的关系，系统可分为封闭系统和开放系统。其中，封闭系统是指可把系统和外界分开，与外界没有物质、能量和信息的交换；开放系统是指不可能和外界分开的系统，或者是可以分开，但分开以后系统的重要性质将会变化。封闭系统和开放系统有时也可以相互转化。

1.3.3 系统的性能评价

判断一个系统好坏可依据以下四点：

1）目标是否明确

每个系统均为一个目标而运行，这个目标可以由若干个子目标组成。系统的好坏要看它运行后对目标的贡献，因而目标明确是评价系统的第一指标。

2）结构是否清晰

结构清晰是说部件的组织及其内部联系既便于实现目标的要求，又条理清楚、信息流畅。

3）接口是否清楚

子系统之间有接口，系统和外部也有接口。接口清楚是指上述联系是通过定义清楚的接口进行的，定义清楚的接口才能称为好的接口。

4）能观能控

能观能控是指系统和外界有清楚的界面，外界可以通过输入控制系统的行为，又可以通过输出观测系统的行为。系统只有能观能控，才能对目标做出贡献。

1.3.4 系统计划、控制和集成

1.3.4.1 系统计划

任何系统为实现其目标都要进行计划。计划是一个预定的行动路线，表示出目标和为达到目标所必需的行动。任何组织都有计划，只是计划的形式是否正式而已。正式计划不仅可作为行动的纲领，而且也是执行结果的评价基础和控制的依据；非正式计划则容易造成不一致和不完全。

一般，系统的计划可以划分为战略计划（5 年以上）、策略计划（1~5 年）、运行计划（1~12 月）、调度和发放（现时）四个层次。

1.3.4.2 系统控制

系统控制就是测量实际和计划的偏差，并采取校正行动的过程。系统的控制模型如图 1.15 所示。

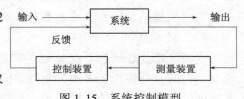

图 1.15　系统控制模型

26

系统控制中，反馈作为一种手段，必须使用得当。而反馈的使用就要靠信号来指挥和调度，即在信号调度下，反馈才能发挥相应的作用，使系统达到控制的目的，这里的信号就是信息。

工程中的控制如图1.16所示。输入的是实际数据，实际数据和工程说明、图纸等的对比分析以及根据有无问题提出调整方案体现了测量和控制偏差的过程。输出的为调整决策，也是反馈信息。

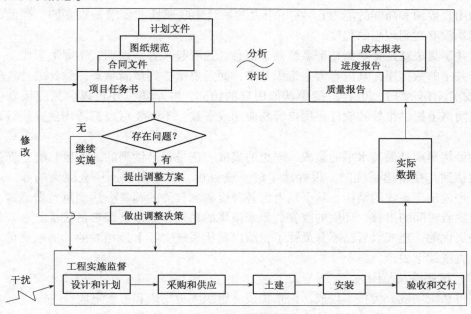

图1.16　工程实施控制过程

为了控制系统的性能，对系统结构进行一些改变常常是有效的。信息系统中常使用的控制方法包括：

1）分解：将一个大系统按各种原则分解为子系统。

2）归并：将联系密切的子系统合并到一起，减少子系统间的联系，使接口简化且清楚。

3）解耦：在相互联系很密切的子系统间加进一些缓冲环节，使它们之间的联系减弱，相互依赖性减少。解耦可以减少系统间的物理联系，而且可减少系统间的通信。

1.3.4.3　系统集成

1）系统集成的概念

系统集成是为了达到系统目标，将可利用的资源有效组织起来的过程。系统集成在概念上不只是联通，而是有效的组织，即意味着系统中每个部件都得到有效利用，"1+1>2"的特性在系统的集成中得到充分体现。在工程管理信息系统中，系统集成更多地体现在计算机系统的集成方面。

2）系统集成的分类

系统集成主要有以下三种分类方法。

（1）按照优化程度

可将系统集成分为联通集成、共享集成和最优集成。

①联通集成的首要问题是解决设备联通，然后解决软件、信息的兼容问题。联通性（Connectivity）是计算机和计算机基础设备在无人干涉的情况下相互通信和共享信息的性能。联通性不只是设备连通，另外的一些性能也应具有。例如应用程序兼容（同样的软件可应用于不同的机器上）；移植性（由老一代软件移植到新一代软件上）；合作处理（利用主干机，部门机和微型机联网，解决同一问题）；信息兼容（在不同的硬件平台和软件应用程序间共享计算机文件）；互用性（软件应用程序应用于不同的硬件平台，而又维护一样的用户界面和功能的能力）。在一个大的系统中联通性的要求是很多的，当前的大多数系统均没有达到理想的程度。

②共享集成就是要达到整个系统共享信息。这看起来容易做到，实际上很难。一般应当有个共享的数据库，其内容为全组织共享，而且要维护到最新状态。除此之外，所有用户的数据在有必要时，也容易接受其他用户的访问。共享集成还可以包括应用软件的共享，在网络上提供很好的软件，用户容易应用或下载，不必要每台机器均独立装设许多软件等。

③最优集成是最高水平的集成、理想的集成，这是很难做到的。一般只有在新建系统时才能达到。在新建系统时，很好地了解系统目标，自顶向下，从全面到局部，进行规划，合理地确定系统的结构，从全局考虑各种设备和软件的购置，达到总经费最省，性能最好。随着时间的推移，环境的改变，原来最优的系统，后来已偏移最优了。在开始设计时它是最优的，建成以后已不是最优了，所以最优系统实际上是相对的。追求最优的努力应该一直继续下去。

（2）按照涉及范围

可将系统集成分为技术集成、信息集成、组织人员集成和形象集成。

①技术集成主要要求达到技术上的联通，解决技术上的问题，如合用性、可取性、响应时间、满足要求的功能以及容易操作等。

②信息集成要达到数据共享，主要解决数据上的问题，如不正确性、过时、没有索引、不够适用和难以获得等。

③组织人员集成是将系统融合于组织中，成为相互依赖、不可缺少的部分，主要解决人的问题，如系统难用、系统难学、系统总是工作不正常、系统总出错、系统难以预料等。对组织来说，系统难用包括不解决实际问题、不能和组织或人员配合解决问题、不能适应变化等。

④形象集成将信息系统集成于企业/工程形象之中，成为企业/工程的骄傲。形象系统本身就是信息系统，信息系统也要注意自己的形象，使之和企业/工程的形象能在艺术上融合。往往一个信息系统应用很成功，但信息系统给人的形象很不好。如主页没内容或不更新，企业/工程的信息不容易得到，企业/工程信息人员给人的形象不好、服务不好等。这些不好的形象将会给客户一种印象，即企业/工程的管理水平不高，从而使客户对企业/工程产品失去信心。

（3）按照具体程度分类

按具体程度分，可将系统集成分为概念集成、逻辑集成和物理集成，这和系统按照抽象程度分成概念系统、逻辑系统和实在系统是对应的。形象地说，概念集成是看不见摸不着的，逻辑集成是看得见摸不着的，物理集成是看得见摸得着的。它们一个比一个更具体，但从重要性来说概念集成是最重要的，是决定一切的。概念集成是最高层抽象思维的集成。一般来说，它是定性的、艺术的，它确定了解决问题的总体思路。概念集成到物理集成的过程如图 1.17 所示。

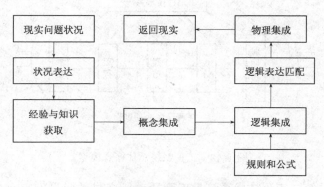

图 1.17　概念集成到物理集成

由图 1.17 可以看出，现实问题总要经过人的表达，根据这种表达提取经验与知识，接着就要进行概念的集成，首先是定性地给出解决问题的思路，有可能的话，给出定量的边界，勾画出系统集成的模型或框架。然后再利用深入的知识，包括规则和公式，将其深化成为逻辑集成模型，利用逻辑集成模型和状况表达比较，以确定集成方案能否很好地解决这个问题，再进行物理集成和实现。只有由概念集成到逻辑集成，再到物理集成这条路，才能真正做到最优集成。

3）系统集成策略

集成策略是进行集成的执行途径。由于集成策略不正确，很好的集成思想往往无法得到实现。这里指的集成策略包括三个阶段的组合：教育用户、系统装设、应用集成。

（1）教育用户

这是系统集成的最重要的阶段。首先是开发者和用户沟通，让开发者了解和熟悉用户，让用户了解系统知识和信息技术的潜能。培训过程是思想接近的过程，是建立概念集成共识的过程，当然培训也包括知识的传授。

（2）系统装设

这是技术集成、信息集成的主要阶段，它不仅要实现联通，而且要实现信息集成。这里既有总体上的问题，也有技术细节问题，即使一个很小的细节，如汉字系统不兼容，也可能造成系统的巨大缺陷。

（3）应用集成

这是组织人员集成的主要阶段。通过该阶段做到组织和系统的无缝结合，组织和人员可以得心应手使用系统，各种功能能得到发挥。应用集成一般要规定一些评价指标，通过这些指标可以检验是否达到集成。这种衡量要涉及系统、用户、环境和问题等。检验的内容包括系统对企业管理观念的改变，系统对企业运营过程的改变，系统对企业生产率的改善，以及系统本身的一些指标，如响应时间、运行成本的改善等。

1.3.5　工程系统模型

工程是在一定的时间跨度上和空间范围内建造和使用（运行）的，它是一个开放的系统。工程系统总体概念模型见图 1.18，涉及如下方面：

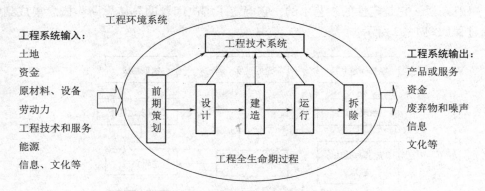

图 1.18　工程系统总体概念模型

1）工程技术系统。工程技术系统是工程活动所交付的成果，它有自身的结构（包括空间结构和专业系统构成）。它是工程的功能、经济、文化等方面作用的依托，在工程全寿命期中经历由生到死的过程，有自身的规律性。

2）工程全生命期过程。一个工程必然经过从前期策划、设计和计划、建造、运行，到最终结束（拆除、灭失）的全过程。在这个过程中，工程相关工作都是围绕工程技术系统进行的，所以这又是工程技术系统（物）的完整的生命期过程。

3）工程环境系统。工程环境是指对工程的建设、运行有影响的所有外部因素的总和，它们构成工程的边界条件。

4）工程系统输入。工程的系统输入决定了工程需求要素，包括：

（1）土地。任何工程都在一定的空间上建设和运行，都要占用一定的土地。"土地依附性"是工程的显著特点。工程从生到死都与土地紧密联系。

（2）资金。例如建设投资，运行过程中需要的周转资金、维修资金和更新改造资金等。

（3）原材料。如建筑所需的材料、构配件、工程建成后生产产品所需要的原材料。

（4）设备和设施。如施工设备、生产设备、厂房、基础设施等。

（5）劳动力。如施工劳务人员和运行维护人员等。

（6）工程技术和服务工作。如规划、各专业工程的设计技术、专利、施工技术、产品生产技术，建设过程中的技术鉴定和管理咨询服务。

（7）能源。如电力、燃料等。

（8）信息。工程建设者和运行人员从外界获得的各种信息、指令。

（9）工程文化。指对工程有影响的地区传统建筑文化，设计人员和决策者的审美观、艺术修养、价值观、组织文化等。

这些输入是工程建设和运行顺利进行的保证，是一个工程存在的条件。

5）工程系统输出。它决定了工程的价值和影响。工程在全寿命期中向外界环境输出：

（1）工程的产品或服务。如水泥厂生产出水泥，化工厂生产出化工产品，汽车制造厂生产小汽车，高速公路提供交通服务，学校培养学生等。这些产品或服务必须能够被环境接受，必须有相应的市场需求或社会需求。这是工程的价值体现。

（2）资金。即工程在运行过程中通过出售产品取得收益，产生盈利，归还贷款，向投资者提供回报，向政府提供税收等。这是工程经济作用的体现。

（3）废弃物。即在建设和运行过程中会产生许多废弃物，如建筑垃圾、废水、废气、废料、噪声，以及工程结束后的工程遗址等。

（4）信息。在建设和运行过程中向外界发布的各种信息，提交的各种报告。

（5）工程文化。指工程实体所反映的艺术风格、社会和民族文化、体现的时代特征，以及由工程所形成的新的组织制度、价值观和行为准则等。

（6）其他。如输出新的工程技术、管理人员和管理系统等。

工程的作用主要是通过工程的输入和输出实现的。

1.4 计算机基础知识

1.4.1 计算机硬件系统

硬件就是泛指的实际的物理设备，主要包括中央处理器（Central Processing Unit，CPU）、存储器（Memory）、输入设备（Input Device）和输出设备（Output Device）四部分。

1）中央处理器

中央处理器可以被简称做微处理器（Microprocessor），经常被人们直接称为处理器（Processor）。CPU 是一块超大规模的集成电路，是计算机的运算核心和控制核心，其重要性好比心脏对于人一样。实际上，处理器的作用和大脑更相似，因为它负责处理、运算计算机内部的所有数据。CPU 的种类决定了应使用的操作系统和相应的软件。CPU 主要包括运算器和高速缓冲存储器及实现它们之间联系的数据、控制及状态的总线（Bus）。

2）存储器

存储器是计算机系统中的记忆设备，用来存放程序和数据。计算机中的全部信息，包括输入的原始数据、计算机程序、中间运行结果和最终运行结果都保存在存储器中。它根据控制器指定的位置存入和取出信息。

存储器是用来存储程序和数据的部件，有了存储器，计算机才有记忆功能，才能保证正常工作。按用途存储器可分为主存储器（内存）和辅助存储器（外存）。内存指主板上的存储部件，用来存放当前正在执行的数据和程序，仅用于暂时存放程序和数据，关闭电源或断电，数据就会丢失，属于主机的组成部分。外存通常是磁性介质或光盘等，能长期保存信息，属于外部设备。

3）输入设备

输入设备是将数据、程序、文字符号、图像、声音等信息输送到计算机中的设备。计算机的输入设备包括鼠标（Mouse），键盘（Keyboard），控制杆（Joy Stick），指点杆（Pointing Stick），触控板（Touch Pad），触摸屏（Touch Panel），铁笔（Stylus Pen），数据手套（Data Glove），光笔（Light Pen），图像扫描仪，传真机，条形码阅读器，字符和标记识别设备，麦克风等。

4）输出设备

输出设备用于数据的输出。它把各种计算结果数据或信息以数字、字符、图像、声音等形式表示出来。常见的有显示器、打印机、绘图仪、影像输出系统、语音输出系统、磁记录设备等。

1.4.2　计算机软件系统

只有硬件的裸机是无法运行的，还需要软件的支持。计算机是依靠硬件系统和软件系统的协同工作来执行给定任务的。所谓软件，是指为解决问题而编制的程序及其文档。计算机软件包括计算机本身运行所需要的系统软件（包括操作系统、计算机语言及处理等）和用户完成任务所需要的应用软件（包括通用应用软件和专用应用软件）。

1）操作系统

操作系统（Operating System，简称 OS）是管理和控制计算机硬件与软件资源的计算机程序，是直接运行在"裸机"上的最基本的系统软件，任何其他软件都必须在操作系统的支持下才能运行。

操作系统是用户和计算机的接口，同时也是计算机硬件和其他软件的接口。操作系统的功能包括管理计算机系统的硬件、软件及数据资源，控制程序运行，改善人机界面，为其他应用软件提供支持，让计算机系统所有资源最大限度地发挥作用，提供各种形式的用户界面，使用户有一个好的工作环境，为其他软件的开发提供必要的服务和相应的接口等。

2）数据库管理系统

数据库管理系统（Database Management System，DBMS）是一种操纵和管理数据库的大型软件，用于建立、使用和维护数据库。它对数据库进行统一的管理和控制，以保证数据库的安全性和完整性。用户通过 DBMS 访问数据库中的数据，数据库管理员也通过 DBMS 进行数据库的维护工作。它提供多种功能，可使多个应用程序和用户用不同的方法在同时或不同时刻去建立，修改和询问数据库。它使用户能方便地定义和操纵数据，维护数据的安全性和完整性，以及进行多用户下的并发控制和恢复数据库。

目前有许多数据库产品，如 Oracle、Sybase、Informix、Microsoft SQL Server、Microsoft Access、Visual FoxPro 等产品各以自己特有的功能，在数据库市场上占有一席之地。

3）程序设计语言

程序设计语言是用于书写计算机程序的语言，它是一种被标准化的交流技巧，用来向计算机发出指令。

在过去的几十年间，大量的程序设计语言被发明、被取代、被修改或组合在一起。尽管人们多次试图创造一种通用的程序设计语言，却没有一次尝试是成功的。之所以有那么多种不同的程序设计语言存在的原因是：编写程序的初衷各不相同；新手与老手之间技术的差距非常大，有许多语言对新手来说太难学；不同程序之间的运行成本各不相同。有许多用于特殊用途的语言，只在特殊情况下使用。例如，PHP 专门用来显示网页；Perl 更适合文本处理；C 语言被广泛用于操作系统和编译器的开发。

高级程序设计语言（也称高级语言）的出现使得计算机程序设计语言不再过度地倚赖某种特定的机器或环境。这是因为高级语言在不同的平台上会被编译成不同的机器语言，而不是直接被机器执行。

在计算机系统中，硬件系统是物质基础，软件系统是指挥枢纽和灵魂。软件系统的功能与质量在很大程度上决定了整个计算机的性能。故软件系统和硬件系统一样，是计算机系统工作必不可少的组成部分。

1.4.3　计算机通信网络

1）通信介质

通信介质就是网络通信的线路。连接网络首先要用的东西就是传输线，它是所有网络的最小要求。常见的传输线有四种基本类型：同轴电缆、双绞线、光纤和无线电波。每种类型都满足了一定的网络需要，都解决了一定的网络问题。

（1）同轴电缆

同轴电缆是由内外相互绝缘的同轴心导体构成的电缆：内导体为铜线，外导体为铜管或网。电磁场封闭在内外导体之间，故辐射损耗小，受外界干扰影响小。同轴电缆的得名与它的结构相关。同轴电缆也是局域网中最常见的传输介质之一。

（2）双绞线

双绞线由两根具有绝缘保护层的铜导线组成的。把两根绝缘的铜导线按一定密度互相绞在一起，每一根导线在传输中辐射出来的电波会被另一根线上发出的电波抵消，能有效降低信号的干扰。实际使用时，双绞线是由多对双绞线一起包在一个绝缘电缆套管里的。

与其他传输介质相比，双绞线在传输距离，信道宽度和数据传输速度等方面均受到一定限制，但价格较为低廉。

（3）光纤

光纤是光导纤维的简写，是一种由玻璃或塑料制成的纤维，可以用于通信传输。通常光纤与光缆两个名词会被混淆。多数光纤在使用前必须由几层保护结构包覆，包覆后的缆线即被称为光缆。光纤外层的保护层和绝缘层可防止周围环境对光纤的伤害。光纤和同轴电缆相似，只是没有网状屏蔽层，中心是光传播的玻璃芯。

在日常生活中，光纤被用作长距离的信息传递。

（4）无线电通信

利用无线电波传输信息的通信方式即称为无线电通信，它能传输声音、文字、数据和图像等。与有线电通信相比，不需要架设传输线路，不受通信距离限制，机动性好，建立迅速；但传输质量不稳定，信号易受干扰或易被截获，易受自然因素影响，保密性差。

2）通信处理机及其功能

通信控制处理机（Communication Control Processor）是对各主计算机之间、主计算机与远程数据终端之间，以及各远程数据终端之间的数据传输和交换进行控制的装置。不同功能的通信控制处理机能把多台主计算机、通信线路和很多用户终端连接成计算机通信网，使这些用户能同时使用网中的计算机，共享资源。

（1）调制解调器

调制解调器（Modem），其实是 Modulator（调制器）与 Demodulator（解调器）的简称，中文称为调制解调器（港台称之为数据机）。根据 Modem 的谐音，亲昵地称之为"猫"。所谓调制，就是把数字信号转换成电话线上传输的模拟信号；解调，即把模拟信号转换成数字信号，合称调制解调器。

（2）交换机

交换机（Switch）就是一种在通信系统中完成信息交换功能的设备，是一种基于 MAC（Media Access Control，介质访问控制）地址识别，能完成封装转发数据包功能的网络设备。交换机可以"学习"MAC 地址，并把其存放在内部地址表中，通过在数据帧的始发者和目标接收者之间建立临时的交换路径，使数据帧直接由源地址到达目的地址。

（3）网络互联中继设备

网络互联的目的是使一个网络上的某一主机能够与另一网络上的主机进行通信，一个网络上的用户能访问其他网络上的资源，使不同网络上的用户相互通信和交换信息。若互联的网络都具有相同的构型，则互联的实现比较容易。因此，按照功能，互连中继设备可以分为以下几类。

①中继器

中继器（Repeater）是局域网互联的最简单设备，它只能在每一个分支中的数据包和逻辑链路协议是相同时才能正常工作。例如，在 802.3 以太局域网和 802.5 令牌环局域网之间，中继器是无法使它们通信的。但是，中继器可以用来连接不同的物理介质，并在各种物理介质中传输数据包。

中继器是扩展网络的最廉价的方法。当扩展网络的目的是要突破距离和结点的限制时，并且连接的网络分支都不会产生太多的数据流量，成本又不能太高时，就可以考虑选择中继器。中继器没有隔离和过滤功能，它不能阻挡含有异常的数据包从一个分支传到另一个分支。这意味着，一个分支出现故障可能影响到其他的每一个网络分支。

②集线器

集线器的英文称为"Hub"，主要功能是对接收到的信号进行再生整形放大，以扩大网络的传输距离，同时把所有节点集中在以它为中心的节点上。Hub 可以视作多端口的中继器，也是一个多端口的转发器，当以 Hub 为中心设备时，网络中某条线路产生了故障，并不影响其他线路的工作，所以 Hub 在局域网中得到了广泛的应用。大多数的时候它用在星型与树型网络拓扑结构中。

③网桥

网桥（Bridge）包含了中继器的功能和特性，不仅可以连接多种介质，还能连接不同的物理分支，如以太网和令牌网，能将数据包在更大的范围内传送。

④路由器

比起网桥，路由器（Router）不但能过滤和分隔网络信息流、连接网络分支，还能访问数据包中更多的信息。路由器比网桥慢，主要用于广域网或广域网与局域网的互连。

⑤桥由器

桥由器（Brouter）是网桥和路由器的合并。

⑥网关（Gateway）

网关能互连异类的网络，从一个环境中读取数据，剥去数据的老协议，然后用目标网络的协议进行重新包装。网关的一个较为常见的用途是在局域网的微机和小型机或大型机之间作翻译。网关的典型应用是网络专用服务器。

3）计算机网络分类

计算机网络分类很多，这里只介绍常见的两种分类。

（1）按网络的拓扑结构划分

网络拓扑结构是指用传输媒体互连各种设备的物理布局，就是用什么方式把网络中的计算机等设备连接起来。构成网络的拓扑结构有很多种，一般可分为星型结构、树型结构、总线型结构、环型结构、网状结构和混合结构。

①星型结构

星型结构是一种最古老的网络连接方式，如图1.19所示，是用集线器或交换机作为网络的中央节点，网络中的每一台计算机都通过网卡连接到中央节点，计算机之间通过中央节点进行信息交换，各节点呈星状分布而得名。星型结构是目前在局域网中应用得最为普遍的一种，在企业网络中几乎都是采用这一方式。星型网络几乎是以太网（Ethernet）网络专用。这类网络目前用得最多的传输介质是双绞线。

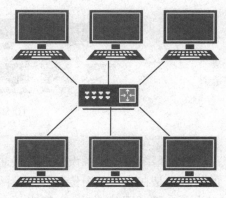

图1.19　星型网络拓扑结构图

星型结构的多个节点均以自己单独的链路与处理中心相连，呈辐射状排列在中央节点周围。网络中任意两个节点的通信都要通过中央节点转接，在同一时刻只能允许一对节点占用总线通信，单个节点的故障不会影响到网络的其他部分。这种网络结构简单，便于集中控制和管理，端用户设备因为故障而停机时也不会影响其他端用户间的通信，易于维护和安全，而且节点的扩展和移动也很方便。但这种结构的中心系统必须具有极高的可靠性，中心系统一旦损坏，整个系统便趋于瘫痪。

②树型结构

树型结构中，网络节点呈树状排列，整体看来就像一棵朝下的树，如图1.20所示。树型结构是总线型结构的扩展，它是在总线网上加上分支形成的，其传输介质可有多条分支，但不形成闭合回路，也可以把它看成是星型结构的叠加。

树型结构具有层次性，是一种分层网。网络的最高层是中央处理机（根节点），最低层是终端，其他各层可以是多路转换器、集线器或部门用计算机，其结构可以对称，具有一定容错能力。一般一个分支和节点的故障不影响另一分支节点的工作，任何一个节点送出的信息都由根节点接收后重新发送到所有的节点。

这种结构通信线路总长较短，成本较低，节点易于扩充，寻找路径比较方便。根节点出故障时全网不能正常工作。

③总线型结构

在计算机网络中，各个计算机部件之间传送信息的公共通路叫总线，它是由导线组成的传输线束，计算机的各个部件通过总线相连接，外部设备通过相应的接口电路再与总线相连接，从而形成了计算机硬件系统。总线型结构中，所有设备都直接与总线相连，如图1.21所示。它所采用的介质一般是同轴电缆，不过现在也有采用光缆作为总线型传输介质的。

总线型结构组网费用低，网络用户扩展较灵活，维护较容易。但所有的数据都需经过总线传送，总线若出现故障则整个网络就会瘫痪。而且一次仅能一个端用户发送数据，其他端用户必须等待到获得发送权。这种网络因为各节点是共用总线带宽的，所以在传输速度上会随着接入网络的用户的增多而下降。

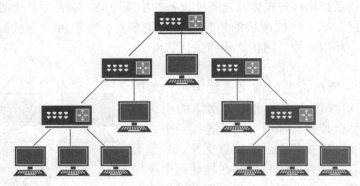

图 1.20　树型网络拓扑结构图

④环型结构

在环型结构中，各设备是直接通过电缆来串接的，最后形成一个闭环，整个网络发送的信息就是在这个环中传递，这种网络结构主要应用于令牌网中，因此通常把这类结构称之为"令牌环网"，如图 1.22 所示。环型结构中，环路中各节点地位相同，环路上任何节点均可请求发送信息，请求一旦被批准，便可以向环路发送信息。在环型拓扑结构中，有一个控制发送数据权力的"令牌"，它会按一定的方向单向环绕传送，每经过一个节点都要判断一次，是发给该节点的则接收，否则的话就将数据送回到环中继续往下传。

环型结构总线路短，抗故障性能好，但是回路中任意节点有故障时都会影响整个回路的通信。

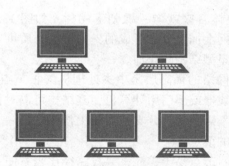

图 1.21　总线型网络拓扑结构图

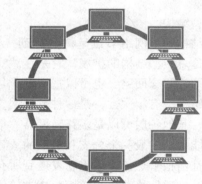

图 1.22　环型网络拓扑结构图

⑤网状结构

在网状结构中，各节点通过传输线互联连接起来，并且每一个节点至少与其他两个节点相连，如图 1.23 所示。网状拓扑结构具有较高的可靠性，但其结构复杂，实现起来费用较高，不易管理和维护，目前广域网基本都采用网状拓扑结构。

⑥混合型结构

将两种或几种网络拓扑结构混合称为混

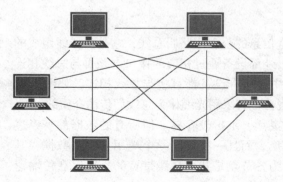

图 1.23　网状网络拓扑结构图

合型拓扑结构。最常见的混合型结构是将星型结构和总线型结构结合起来的网络结构，如图1.24所示。这种结构更能满足较大网络的拓展，突破星型网络在传输距离上的局限，而同时又解决了总线型结构在连接用户数量方面的限制问题，可以兼顾星型与总线型结构的优点，在缺点方面也可以得到一定的弥补，适用于较大型的局域网中。

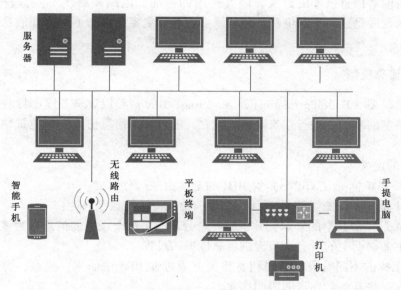

图1.24　混合型网络拓扑结构图

（2）按地理范围划分

按这种标准可以把各种网络类型划分为局域网、城域网和广域网三种，这也是最常见的分类。

①局域网

局域网（Local Area Network，LAN）是指在某一区域内由多台计算机互联成的计算机组，一般是方圆几千米以内。局域网可以实现文件管理、应用软件共享、打印机共享、工作组内的日程安排、电子邮件和传真通信服务等功能。局域网是封闭型的，可以由办公室内的两台计算机组成，也可以由一个公司内的上千台计算机组成。

LAN的拓扑结构常用的是总线型和环行，这是由于有限地理范围决定的，这两种结构很少在广域网环境下使用。LAN具有高可靠性、易扩缩和易于管理及安全等多种特性。

②城域网

城域网（Metropolitan Area Network，MAN）是在一个城市范围内所建立的计算机通信网，属宽带局域网。城域网中传输时延较小，它的传输媒介主要采用光缆。

③广域网

广域网（Wide Area Network，WAN）也称远程网，所覆盖的范围比城域网更广，它一般是不同城市之间的LAN或者MAN网络互联，所覆盖的范围从几十公里到几千公里，它能连接多个城市或国家，或横跨几个洲并能提供远距离通信，形成国际性的远程网络。它将分布在不同地区的局域网或计算机系统互连起来，达到资源共享的目的。因特网（Internet）是世界范围内最大的广域网。

1.5 信息技术基础知识

信息技术（Information Technology，IT）是主要用于管理和处理信息所采用的各种技术的总称。目前对信息技术的定义，因其使用的目的、范围和层次不同，表述非常多样化。信息技术发展迅猛，不断更新，种类繁多，本节主要介绍和工程管理信息系统相关的三种信息技术。

1.5.1 建筑信息模型

建筑信息模型（Building Information Modeling，BIM）是以建筑工程项目的各项相关信息数据作为模型的基础，进行建筑模型的建立，通过数字信息仿真模拟建筑物所具有的真实信息。

1）BIM 的定义

美国国家 BIM 标准（NBIMS）对 BIM 的定义由三部分组成：

（1）BIM 是一个设施（建设项目）物理和功能特性的数字表达；

（2）BIM 是一个共享的知识资源，是一个分享有关这个设施的信息，为该设施从建设到拆除的全生命周期中的所有决策提供可靠依据的过程；

（3）在工程的不同阶段，不同利益相关方通过在 BIM 中插入、提取、更新和修改信息，以支持和反映其各自职责的协同作业。

BIM 的技术核心是一个由计算机三维模型所形成的数据库，包含了贯穿工程全生命周期的各个阶段的信息，并且这些信息始终建立在一个三维模型数据库中，可以帮助工程管理各方清楚全面地了解工程及管理过程。

2）BIM 的特点

BIM 具有可视化、协调性、模拟性、优化性和可出图性五大特点。

（1）可视化

可视化即"所见即所得"的形式，例如一般的施工图纸只是各个构件的信息在图纸上采用线条绘制表达，但是其真正的构造形式就需要自行想象了。BIM 提供的可视化的思路可以将以往的线条式的构件形成一种三维的立体实物图形展示在人们的面前。BIM 的可视化是一种能够同构件之间形成互动性和反馈性的可视，在 BIM 中，由于整个过程都是可视化的，所以可视化的结果不仅可以用于效果图的展示及报表的生成，更重要的是，项目设计、建造、运营过程中的沟通、讨论、决策都在可视化的状态下进行。

（2）协调性

不管是施工单位还是业主及设计单位，无不在做着协调及相配合的工作。一旦项目的实施过程中遇到了问题，就要将各有关人员组织起来开协调会，找出问题发生的原因及解决办法，然后出变更，采取相应的补救措施来解决问题。这种问题的协调职能在出现问题后再进行。

在设计时，往往由于各专业设计师之间的沟通不到位，而出现各种专业之间的碰撞问题，例如暖通等专业中的管道在进行布置时，由于施工图纸是绘制在各自的施工图纸上的，真正施工过程中，可能在布置管线时正好在此处有结构设计的梁等构件妨碍管线的布置，这种就是施工中常遇到的碰撞问题，像这样的碰撞问题的协调解决一般只能在问题出现之后再进行，但 BIM 的协调性服务就可以帮助处理这种问题，BIM 可以在工程建设前期对各专业的碰撞问题进行协调，生成协调数据并提供出来。当然 BIM 的协调作用也并不是只能解决各专业间的碰撞问题，它还可以解决例如：电梯井布置与其他设计布置及净空要求的协调，防火分区与其他设计布置的协调，地下排水布置与其他设计布置的协调等。

（3）模拟性

BIM 的模拟性并不是只能模拟设计出的建筑物模型，还可以模拟不能够在真实世界中进行操作的事物。在设计阶段，BIM 可以对设计上需要进行模拟的一些东西进行模拟实验，例如：节能模拟、紧急疏散模拟、日照模拟、热能传导模拟等；在招标投标和施工阶段可以进行 4D 模拟（三维模型加工程的发展时间），也就是根据施工组织设计模拟实际施工，从而确定合理的施工方案来指导施工。同时还可以进行 5D 模拟（基于 3D 模型的造价控制），从而实现成本控制；后期运营阶段可以模拟日常紧急情况的处理方式，例如地震人员逃生模拟及消防人员疏散模拟等。

（4）优化性

工程的设计、施工、运营的过程就是一个不断优化的过程，当然优化和 BIM 也不存在实质性的必然联系，但在 BIM 的基础上可以进行更好的优化。

优化一般受到信息、复杂程度和时间的制约：没有准确的信息做不出合理的优化结果，BIM 模型提供了建筑物的实际存在的信息，包括几何信息、物理信息、规则信息，还提供了建筑物变化以后的实际存在。当建筑物的复杂程度比较高时，参与人员本身的能力无法掌握所有的信息，必须借助一定的科学技术和设备的帮助。现代建筑物的复杂程度大多超过参与人员本身的能力极限，BIM 及与其配套的各种优化工具提供了对复杂项目进行优化的可能。基于 BIM 的优化可以进行以下工作：

①工程方案优化：把项目设计和投资回报分析结合起来，设计变化对投资回报的影响可以实时计算出来；这样业主对设计方案的选择就不会主要停留在对形状的评价上，而更多地可以使得业主知道哪种项目设计方案更有利于自身的需求。

②特殊工程的设计优化：例如裙楼、幕墙、屋顶、大空间这些异形设计看起来占整个建筑的比例不大，但是占投资和工作量的比例和前者相比却往往要大得多，而且通常也是施工难度较大和施工问题较多的地方，对这些内容的设计施工方案进行优化，可以带来显著的工期和造价改进。

（5）可出图性

BIM 并不是为了出日常多见的建筑设计院所出的建筑设计图纸，以及一些构件加工的图纸，而是通过对建筑物进行了可视化展示、协调、模拟、优化以后，帮助业主出如下图纸：

①综合管线图（经过碰撞检查和设计修改，消除了相应错误以后）；

②综合结构留洞图（预埋套管图）；

③碰撞检查侦错报告和建议改进方案。

3）在我国的发展

我国 BIM 已进入了快速发展阶段。

（1）政府推广

2020 年 7 月 3 日，住房和城乡建设部、国家发展和改革委员会、科技部、工业和信息化部、人力资源和社会保障部、交通运输部、水利部等十三个部门联合印发《关于推动智能建造与建筑工业化协同发展的指导意见》，提出："加快推动新一代信息技术与建筑工业化技术协同发展，在建造全过程加大建筑信息模型（BIM）、互联网、物联网、大数据、云计算、移动通信、人工智能、区块链等新技术的集成与创新应用。"

2020 年 8 月 28 日，住房和城乡建设部、教育部、科技部、工业和信息化部等九部门联合印发《关于加快新型建筑工业化发展的若干意见》，提出："大力推广建筑信息模型（BIM）技术。加快推进 BIM 技术在新型建筑工业化全寿命期的一体化集成应用。充分利用社会资源，共同建立、维护基于 BIM 技术的标准化部品部件库，实现设计、采购、生产、建造、交付、运行维护等阶段的信息互联互通和交互共享。试点推进 BIM 报建审批和施工图 BIM 审图模式，推进与城市信息模型（CIM）平台的融通联动，提高信息化监管能力，提高建筑行业全产业链资源配置效率。"

（2）国家标准

我国针对 BIM 技术标准开展了一些基础性研究，制定了一些相关标准。

2016 年 12 月 2 日，中华人民共和国住房和城乡建设部发布《建筑信息模型应用统一标准》GB/T 51212—2016，自 2017 年 7 月 1 日起实施。

2017 年 5 月 4 日，中华人民共和国住房和城乡建设部发布《建筑信息模型施工应用标准》GB/T 51235—2017，自 2018 年 1 月 1 日起实施。

1.5.2 物联网

物联网（Internet of Things，简称 IOT）是新一代信息技术的重要组成部分，"物联网就是物物相连的互联网"。由此可见，首先，物联网的核心和基础仍然是互联网，是在互联网基础上的延伸和扩展的网络；其次，物联网的用户端延伸和扩展到了任何物品与物品之间，进行信息交换和通信。

1）物联网的定义

物联网是通过信息传感器、射频识别、红外感应器、全球定位系统、激光扫描器等各种装置与技术，按约定的协议，实时采集任何需要监控、连接、互动的物体或过程，采集其声、光、热、电、力学、化学、生物、位置等各种需要的信息，通过各类可能的网络接入，实现物与物、物与人的泛在连接，以实现对物品的智能化识别、定位、跟踪、监控和管理的一种网络。

物联网是一个基于互联网、传统电信网等的信息承载体，它让所有能够被独立寻址的普通物理对象形成互联互通的网络。

2）物联网的基本特征

物联网的基本特征可概括为整体感知、可靠传输和智能处理。

（1）整体感知

可以利用射频识别、二维码、智能传感器等感知设备获取物体的各类信息。

（2）可靠传输

通过对互联网、无线网络的融合，将物体的信息实时、准确地传送，以便信息交流、分享。

（3）智能处理

使用各种智能技术，对感知和传送到的数据、信息进行分析处理，实现监测与控制的智能化。

3）物联网处理信息的功能

根据物联网的以上特征，结合信息科学的观点，围绕信息的流动过程，可以归纳出物联网处理信息的功能：

（1）获取信息的功能：主要是信息的感知和识别。信息的感知是指对事物属性状态及其变化方式的知觉和敏感；信息的识别指能把所感受到的事物状态用一定方式表示出来。

（2）传送信息的功能：主要是信息发送、传输、接收等环节，最后把获取的事物状态信息及其变化的方式从时间（或空间）上的一点传送到另一点的任务，也就是常说的通信过程。

（3）处理信息的功能：指信息的加工过程，利用已有的信息或感知的信息产生新的信息，实际是制定决策的过程。

（4）施效信息的功能：指信息最终发挥效用的过程，有很多的表现形式，比较重要的是通过调节对象事物的状态及其变换方式，始终使对象处于预先设计的状态。

2021 年 7 月 13 日，中国互联网协会发布了《中国互联网发展报告（2021）》，物联网市场规模达 1.7 万亿元，人工智能市场规模达 3031 亿元。

1.5.3 项目信息门户

项目信息门户（Project Information Portal，PIP）是在对工程项目实施全过程中项目参与各方产生的信息和知识进行集中式存储和管理的基础上，为项目参与各方在 Internet 平台上提供的一个获取个性化（按需所取）项目信息的单一入口。它是基于互联网的一个开放性工作门户，为项目各参与方提供项目信息共享、信息交流和协同工作的环境。PIP 作为一种基于 Internet 技术的项目信息沟通解决方案，以项目为中心对项目信息进行有效的组织与管理，并通过个性化的用户界面和用户权限设置，为在地域上广泛分布的项目参与各方提供一个安全、高效的信息沟通环境，有利于项目信息管理和控制项目的实施。其信息交流特点如图 1.25 所示。

从图 1.25 可以看到，PIP 改变了传统工程项目信息交流的点对点式沟通方式，实现了项目实施全过程中项目参与各方的信息共享，大大提高了项目建设的信息透明度。PIP 在工程项目中的应用使工程项目的信息流动大大加快，信息处理效率极大提高，项目管理的作用得到充分的发挥，传统项目实施过程中的信息不对称现象得到有效遏制，由此造成的工程损失和浪费得到了根本的控制，工程建设的综合效益也得到显著的提高。国外大型工程项目实施的有关统计结果显示，PIP 在大型工程项目中的应用使工程项目的综合经济效益平均提高 10 %左右。

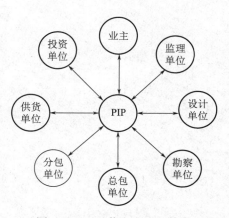

图 1.25 PIP 信息交流的特点

基于 PIP 的信息交流是一种有序的信息交流方式，项目信息以数字化的形式集中存储起来，项目的任一参与方可以通过 Internet 在任何时间和任何地点获取自己需要的被授权的项目信息。这种信息交流方式增强了业主对项目信息的主动控制权，同时可以降低项目参与各方信息交流与协同工作的复杂程度。

复习思考题

1. 请简述工程管理的特点。
2. 针对企业的组织形式有哪几种？请选择其中一种进行介绍。
3. 简述信息与数据的概念，以及它们之间的联系和区别。
4. 信息的基本属性有哪些？请简单介绍各个属性。
5. 信息的生命周期包括哪几个阶段？
6. 工程项目内部正式的信息渠道可分为哪几种？
7. 系统的概念是什么？有何特点？
8. 什么叫系统集成？系统集成的主要分类方法有哪些？
9. 请简述系统效率和系统功效的概念。
10. 网络的拓扑结构有哪几种？请简述各种的特点。
11. 建筑信息模型是指什么？有哪些特点？
12. 项目信息门户的信息交流有什么特点？

第 2 章　工程管理信息系统概述

本章要点

本章对工程管理信息系统进行了概述，工程管理信息系统是对工程进行管理的一个信息化系统，能够使得工程管理更为全面化和精细化。

（1）工程管理信息系统的概念：对信息系统、管理信息系统和跨组织信息系统进行了介绍，据此，提出了工程管理信息系统的定义、总体概念模型、主要子系统和特点，并用系统观念分析工程管理信息系统得出其系统特性。

（2）工程管理信息系统的结构：在概念结构、层级结构、功能结构、软件结构和硬件结构方面都体现了工程管理的特殊性。

（3）工程管理信息系统的开发步骤：即建立领导小组、组成系统开发小组、系统规划、系统分析、系统设计、系统实施、系统运行与维护，后五个步骤组成系统开发生命周期。

（4）工程管理信息系统的开发方式：包括自主开发、委托开发、合作开发和购买现成软件四种方式。

（5）工程管理信息系统的开发方法：包括结构化系统开发方法、原型法、面向对象法和计算机辅助方法，其中结构化系统开发方法是后续章节所介绍的系统开发所采用的方法。

2.1　信息系统

2.1.1　信息系统的发展历程

广义地说，任何系统中信息流的总和都可视为信息系统，它需要对信息进行获取、传递、加工、存储等处理工作。随着科学技术的进步，信息的处理越来越依赖于计算机等现代化手段，使得以计算机为基础的信息系统得到了快速发展，因此普遍认为信息系统是指基于计算机等现代化工具和手段，服务于管理领域的信息处理系统。

信息系统（Information Systems，IS）的发展历程有两种不同的划分方式。

1）从时间上可以分为如下三个阶段：

（1）单项事务处理阶段

20 世纪 50 年代到 60 年代是信息系统的产生阶段，这时的信息系统仅作为计算工具使用，进行工资、会计、统计等方面的计算工作，局部地替代管理人员的手工劳动，提高局部管理工作的效率，是信息系统在管理领域应用的初步阶段，这种计算机辅助管理的工作，也称为电子数据处理（Electronic Data Processing，EDP）。这一阶段有关管理业务在计算机上是按项目分别进行的，不同项目之间在计算机上没有联系，因此称为单项事务处理阶段。

20 世纪 60 年代初、中期，在美国，信息系统已逐步在大企业中推广应用，如工资核算、库存管理等，但是处理效率不高，主要是减轻工作强度。

（2）管理信息系统阶段

20 世纪 70 年代初，随着数据库和管理科学方法的发展，在数据处理系统的基础上，管理信息系统逐步成熟起来。具有统一规划的数据库是管理信息系统成熟的重要标志。20 世纪 70 年代是信息系统的发展阶段，称为管理信息系统阶段。信息系统已由单一的业务数据处理发展成为功能比较完善的综合性的管理信息系统，即能处理一组相互关联的单项事物的管理业务，能够实现企业中某一个管理子系统的功能，而且还有一定的信息反馈功能，在系统和整体性方面有了进一步发展。

管理信息系统有两个重要特点，一是高度集中，二是利用定量化的科学管理方法支持管理决策。中心数据库的出现标志着信息已集中成为资源，供各种用户共享。最初的设想是把管理信息系统作为一个高度一体化的系统来处理所有功能，通过实践发现这种高度统一的系统过于复杂，难以实现。因此，通过总体规划，开发一个一个子系统，使管理信息系统成为一些相关子系统的联合体。

（3）决策支持阶段

进入 20 世纪 80 年代后，管理信息系统进入决策支持系统 DSS（Decision Support Systems）发展阶段。随着数据库技术和计算机网络技术的进步，信息系统在基本理论和解决问题的方法方面渐趋完善和规范化。在系统中已将数据处理与经济管理模型结合起来进行预测和辅助决策。DSS 的特点在于以交互方式支持决策者解决半结构化的决策问题。在此基础上又提出了群体决策支持系统 GDSS（Group Decision Support Systems），支持决策群体共同决策。

（4）综合集成阶段

20 世纪 90 年代以来，现代信息技术及其应用有了新的发展，计算机应用更加广泛地渗透到社会生活的各个领域。应用信息技术与现代管理的理念与方法进行组织变革和制度创新，实现对体现组织核心能力的业务流程的改革，成为信息系统建设与运用的重要使命。信息化大大加速了组织内外信息的传递与反馈，使得减少管理层次、实现组织扁平化、网络化与虚拟化成为可能。组织中形同信息孤岛的各类应用系统，如 CAD、成本管理、质量管理等信息系统开始在统一规划与统一规范下实现综合集成，以支持组织的整体目标与战略，提高组织竞争能力。

2）从人们利用信息处理工具能力，可以分为以下几个阶段：

（1）人基信息系统

即基于人的信息系统，如中国的烽火台报警信息系统、皇家驿站信息传递系统等，在这些信息系统中，人是主体，工具是烽火台和千里马。

（2）人机信息系统

即人通过使用计算机对信息进行加工处理做出相关决策的信息系统。

（3）网基信息系统

即基于网络的信息系统。随着网络技术的飞速发展和"信息高速公路"的建设，信息系统快速地朝网络化方向迈进，这个阶段网络对信息系统的建设起着至关重要的作用。

（4）未来信息系统

信息系统是根据人的需求在不断地完善和发展的，如光基信息系统、基因信息系统等，体现了信息系统的开放性特点。

2.1.2 信息系统的概念

系统是一系列相互联系、相互制约的要素的集合，通过要素间的相互作用来实现相应的目的或目标。信息系统也是一群要素的集合，这些要素通过相互作用产生信息。组成信息系统的要素主要包括以下五个：（1）计算机硬件；（2）软件；（3）数据；（4）流程；（5）人。当然，从信息系统的发展过程看，在早期的信息系统中是不包括计算机硬件和软件的，在将来的信息系统中，也可能会有更新的可以替代计算机硬件和软件的工具，但这五个要素还是能够囊括目前的信息系统的整体构造的。

2.1.3 跨组织信息系统

跨组织信息系统（Inter-organizational Information System，IOS），也称组织间信息系统，其概念的提出可回溯到 1966 年有 Felix Kaufman 提出的"跨越组织边界的数据系统"。IOS 是以信息和通信技术为基础，连接两个或两个以上的组织，能够实现信息在组织之间的流动，服务于组织间业务流程，对企业内外信息进行集成管理，并支持组织间信息共享、交易合作和战略协同的信息系统。

和传统的企业内部的信息系统相比，IOS 具有以下特征：

1）跨越组织边界，需要两个及两个以上组织的互联和协调。

2）具备互操作性、动态性、兼容性和灵活性。

3）利用互联网技术和电子数据交换等标准，实现信息集成与共享，支持跨组织业务活动。

4）具有开放性和安全性，管理复杂性高。

跨组织信息系统是实现电子商务、供应链管理等商业运作模式的基础，也是虚拟组织概念产生的基础。

2.2 工程管理信息系统的定义

2.2.1 工程管理信息系统的定义

2.2.1.1 管理信息系统的定义

管理信息系统（Management Information Systems，MIS）是以管理、信息及系统为基础发展起来的。首先它是一个系统，其次是一个信息系统，再其次是一个应用于管理方面的信息系统。这说明一切用于管理方面的信息系统均可认为是管理信息系统。

1）管理信息系统的初始定义

管理信息系统一词最早出现在 1970 年，瓦尔特·肯尼万（Walter T. Kemevan）的定义为："以书面或口头的形式，在合适的时间向经理、职员以及外界人员提供过去的、现在的、预测未来的有关企业内部及其环境的信息，以帮助他们进行决策。"很明显，这个定义是出自管理的，而不是出自计算机的。它没有强调一定要用计算机，而是强调了用信息支持决策，但没有强调应用模型，所有这些均显示了这个定义的初始性。

1985 年，管理信息系统的创始人，明尼苏达大学卡尔森管理学院的著名教授高登·戴维斯（Gordon B. Davis）给出了管理信息系统一个较完整的定义："它是一个利用计算机硬件和软件，手工作业、分析、计划、控制和决策模型，以及数据库的用户—机器系统。它能提供信息，支持企业或组织的运行、管理和决策功能。"这个定义全面地说明了 MIS 的目标、功能和组成，反映了当时已达到的水平，说明了 MIS 在高、中、低三个层次上支持管理活动。

2）我国管理信息系统的定义

我国 MIS 的定义于 20 世纪 70 年代末 80 年代初出现于《中国企业管理百科全书》："管理信息系统 MIS 是一个由人、计算机等组成的能进行信息的收集、传送、储存、加工、维护和使用的系统。它能实测企业的运行情况，利用过去的数据预测未来，从企业全局出发辅助企业进行决策，利用信息控制企业的行为，帮助企业实现其规划目标。"这个定义强调了 MIS 的功能和性质，强调了计算机只是 MIS 的一种工具，MIS 不仅仅是一个技术系统，而且也是一个把人包括在内的人机系统，是一个社会系统。

朱镕基主编的《管理现代化》一书中定义为"管理信息系统是一个由人、机械（计算机等）组成的系统，它从全局出发辅助企业进行决策，它利用过去的数据预测未来，它实测企业的各种功能情况，它利用信息控制企业行为，以期达到企业的长期目标。"这个定义指出了当时中国一些人认为管理信息系统就是计算机应用的误区，再次强调了管理信息系统的功能和性质，强调了计算机只是管理信息系统的一种工具。

3）本书中管理信息系统的定义

管理信息系统可以定义为：开发和使用的用以帮助企业或者项目实现其管理目标的信息系统，其中，信息系统是指以人为主导，利用计算机硬件和软件，依靠业务流程将数据转化为信息，并进行信息的收集、传输、加工、存储、更新和维护的人机系统。

（1）开发和使用：不论从事什么行业，都会需要信息系统，为了保证信息系统满足需求，使用信息系统的人必须在系统开发中起到积极作用。即使不是程序员或者数据库设计者，也不是信息系统专业人士，也必须能够清楚说明对信息系统的要求，了解管理信息系统的开发过程，否则系统将很难满足使用者的真正需求。另外，使用者在使用过程中也要学会使用管理信息系统来实现目标，也有责任保证系统和信息的安全，对信息进行备份。

（2）实现管理目标：管理信息系统是用于帮助企业或者工程实现管理目标的，这也是工程或者企业使用管理信息系统的目的。工程或者企业并不是为了探索技术而开发或使用管理信息系统，也不是为了获得所谓的信息化或跟上现有技术的发展而使用或开发管理信息系统。

（3）信息系统：管理信息系统是一个信息系统，而不是信息技术（Information Technology，IT）。信息系统和信息技术是两个密切相关的术语，但也有区别。信息技术主要包括硬件、软件和数据，而信息系统除此之外，还包括流程和人。信息技术本身无法帮助项目或企业实现目标，只有硬件、软件和数据与使用系统的人及流程结合起来，信息技术才会变得有用。

2.2.1.2 工程管理信息系统的定义

将管理信息系统应用于工程管理领域，可以得到工程管理信息系统的定义：

工程管理信息系统是以人为主导，利用计算机硬件和软件，依靠业务流程将数据转化为信息，并进行工程相关信息的收集、传输、加工、存储、更新和维护，以工程整体的战略竞优、提高效益和效率为目的，支持工程项目组织的高层决策、中层控制和基层运作的集成化的人机系统。这个定义可看出：

1）组成要素：人，计算机硬件、软件，工程相关数据和业务流程。

2）处理功能：

（1）将工程相关数据转化为信息；

（2）进行信息的收集、传输、加工、存储、更新和维护，即覆盖了信息的生命周期全过程；

（3）支持工程项目组织的高层决策、中层控制和基层运作。

3）目标：以工程整体的战略竞优、提高效益和效率为目的。

工程管理信息系统是面向工程的信息系统，其处理对象主要是工程中的相关数据和信息，但开发工程管理信息系统的一般为参与工程的企业，如业主、承包商等，在本书中一般称为用户企业，即出资开发工程管理信息系统的主体。

工程管理信息系统的用户不仅包括用户企业的人员，还包括工程中其他参与方人员。一些大型工程，会开发工程全过程的管理信息系统，比如三峡大坝这类工程，这些工程管理信息系统的用户企业一般为业主，但用户包括参与工程的所有相关工程管理人员。而有些工程，会开发工程某个职能或者工程某个方面的小型管理信息系统，比如现场材料管理信息系统，一般用户企业为承包商，但用户除承包商在工程中的人员外，也会包括监理等其他企业人员。工程管理信息系统的开发应该考虑到和用户企业管理信息系统的结合，也要考虑到其他工程参与方的影响。

2.2.2　工程管理信息系统的总体概念

根据工程管理信息系统的定义，以图的形式给出其系统概念图，如图 2.1 所示。

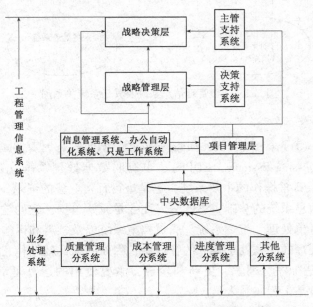

图 2.1　工程管理信息系统的总体概念图

由图 2.1 可以看出，工程管理信息系统是一个人机系统，"机"包含计算机硬件及软件（包括业务信息系统、知识工作系统、决策和主管支持系统），各种办公机械及通信设备；"人"包括工程项目组织的高层管理人员、中层管理人员和基层工作人员，由这些人机组成一个和谐的配合默契的系统，不同层次的人员对应使用相应的系统。系统设计者应当很好地分析把什么工作交给"机"做比较合适，什么工作交给"人"做比较合适，"人"和"机"如何联系，从而充分发挥"人"和"机"各自的特长。

2.2.3 工程管理信息系统的主要子系统

管理信息系统的概念是发展的。最初许多倡议者设想管理信息系统是一个单个的高度一体化的系统，它能处理所有的组织功能。随着时间的推移，这种高度一体化的单个系统显得过于复杂，并难以实现。管理信息系统的概念转向各子系统的联合按照总体计划、标准和程序，根据需要，开发和实现一个个子系统。这样，一个信息系统不是只有一个包罗万象的大系统，而是一些相关的信息系统的集合。有些组织所用的信息系统可能只是相关的小系统，它们均属于管理信息系统的范畴，但不是管理信息系统的全部。常见的管理信息系统包括如图 2.2 所示的 5 个子系统，工程管理信息系统也是类似的。

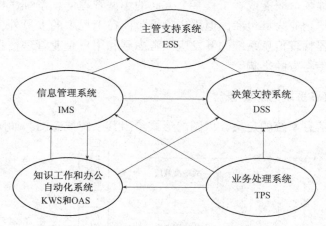

图 2.2 工程管理信息系统及其子系统关系图

1）业务处理系统

业务处理系统（Transaction Processing Systems，TPS）有时又叫电子数据处理系统（Electronic Data Processing Systems，EDPS），也有叫数据处理系统（Data Processing Systems，DPS），是基层日常操作的主要系统，也是进行日常业务的记录、汇总、综合、分类的系统。它是管理信息系统的基础。它的输入往往是原始单据，它的输出往往是分类或汇总的报表，如材料订单处理、工资系统、雇员档案系统以及领料和运输系统等。

由于这个系统处理的问题处于较低的管理层，因而问题比较结构化，即处理步骤较固定。其主要的操作是排序、列表、更新和生成，主要使用的运算是简单的加、减、乘、除，主要使用的人员是工程实施人员。

2）知识工作和办公自动化系统

知识工作系统（Knowledge Work System，KWS）是支持项目管理人员工作的系统，又叫计算机辅助设计系统（Computer Aided Design System，CADS），它能协助设计出新产品，产生新的信息。知识工作系统可以大大提高知识工作的效率，缩短设计时间，改善输出的知识产品的质量。

办公室自动化系统（Office Automation Systems，OAS）也是支持项目管理人员工作的系统。典型的办公自动化系统处理和管理文件，包括字符处理、文件印刷、数字填写、调度（通过电子日历）和通信（通过电子邮件，话音信件，可视会议等）。

3）决策支持系统

决策支持系统（DSS）是一种以计算机为基础工具，应用决策科学及有关理论和方法，辅助管理者进行决策的信息系统，它通过提供分析大量数据的分析模型和访问数据库，帮助战略管理层解决半结构化问题。决策支持系统主要是为决策过程提供帮助，而不是提出一个解决方案。在决策过程中，当管理者的判断力和强大的计算能力都需要时，决策支持系统就能起到很好的作用。决策支持系统有的只提供数据支持，叫面向数据的决策支持系统（Data Oriented DSS）；有的只提供模型支持，叫面向模型的决策支持系统（Model Based DSS）。现在的决策支持系统均为既面向数据又面向模型的系统。

4）信息管理系统

信息管理系统（Information Management System，IMS）是一个专门应用于管理的数据库系统。信息管理系统 IMS 包括两个主要的部分，分别是数据库管理系统（IMS DB）和事务管理系统（IMS TM）。在数据库管理系统里，数据被分层处理，层与层之间的数据彼此独立。这样处理数据的目的是使得数据保持彼此的独立完整，优化数据的存储和获取进程。事务管理系统主要负责输入或输出程序、提供格式化、记录日志和信息复原、维护系统交流的安全、监视程序的计划和执行情况。它还应用于信息系统中排列请求。

5）主管支持系统

主管支持系统（Executive Support System，ESS）是综合了各种信息报告系统和决策支持系统而构成的专为组织中的战略决策层使用的信息系统。从它所处理的信息特点来看，主要是为了满足战略决策层对战略信息的需求。它依靠先进的存取手段，可以存取 DSS 和 IMS 数据库中的数据，而且可以存取外界包括市场行情、新的税收规定以及竞争者情况的信息。它具有很好的图形显示能力和实用的分析能力。ESS 不仅支持战略决策层进行决策，提高效益，而且支持日常办公，提高效率。

以上各子系统均是工程管理信息系统的一部分而不是它的全部，工程管理信息系统可以认为是这些系统的集成。表 2.1 是对各子系统功能的归纳。

工程管理信息系统的子系统及其功能一览表　　　　　　　　　　表 2.1

组织层次	系统类型	典型功能（成本管理为例）
战略决策层	主管支持系统（ESS）	项目总成本预测，投资回收预测
战略管理层	决策支持系统（DSS）	项目总成本决策
项目管理层	信息管理系统（IMS）	项目成本管理，项目成本分析
	办公自动化系统（OAS）	项目成本文档管理、电子邮件、电子日历
	知识工作系统（KWS）	计算机辅助成本计算
实施层	事务处理系统（TPS）	项目实际成本列表等

2.2.4 工程管理信息系统的特点

1）是一个人机系统

从管理信息系统的概念图以及工程管理信息系统的定义中就可以看出这一点。

2）是一个一体化的集成系统，以系统的思想为指导进行设计和开发

工程管理信息系统是一个一体化集成系统，就是说它进行工程的信息管理是从总体出发，全面考虑，保证各工程部门共享数据，减少数据的冗余度，保证数据的兼容性和一致性。严格地说只有信息的集中统一，信息才能成为工程的资源。数据的一体化并不限制个别功能子系统可以保存自己的专用数据，为保证一体化，首先要有一个全局的系统计划，每一个小系统的实现均要在这个总体计划的指导下进行。其次，是通过标准、大纲和手续达到系统一体化。这样数据和程序就可以满足多个用户的要求，系统的设备也应当互相兼容，即使在分布式系统和分布式数据库的情况下，保证数据的一致性也是十分重要的。

3）数据库技术和数学模型的应用

具有集中统一规划的数据库是管理信息系统成熟的重要标志，它象征着管理信息系统是经过周密地设计而建立的，它标志着信息已集中成为资源，为各种用户所共享。数据库有自己功能完善的数据库管理系统，管理着数据的组织、数据的输入数据的存取，使数据为多种用户服务。绝大多数工程管理信息系统是以数据库技术为基础来实现的，这一特点是其重要特点。

工程管理信息系统可以用数学模型分析数据，辅助决策。只提供原始数据或者总结综合数据对工程管理者来说往往感到不满足，工程管理者希望直接给出决策的数据。为得到这种数据往往需要利用数学模型，例如投资决策模型，成本模型等。模型可以用来发现问题，寻找可行解、非劣解和最优解。在高级的工程管理信息系统中，系统备有各种模型，供不同的子系统使用，这些模型的集合叫模型库。高级的智能模型能和管理者以对话的形式交换信息，从而组合模型，并提供辅助决策信息。

4）现代管理方法和手段相结合的系统

在工程管理信息系统应用的实践中发现，如果只是简单地采用计算机技术提高处理速度，而不采用先进的管理方法，工程管理信息系统的应用仅仅是用计算机系统仿真原手工管理系统，只是在一定程度上减轻工程管理人员的劳动，其作用是有限的。要完全发挥工程管理信息系统在工程管理中的作用，就必须与先进的管理方法和手段结合起来，例如业务流程再造、全生命周期管理、集成化管理等。

5）具有工程特色

工程管理信息系统的管理对象是工程中的信息，因此带有工程特色，不同类型的工程，其信息类型、来源等都具有很大差异性，这对工程管理信息系统的开发提出了更高的要求。既要提炼出各工程的一般性特征，又要带有不同类型工程的特色，这是工程管理信息系统的特点，也是难点。

6）用户更为广泛

工程管理信息系统的用户虽然都是在一个工程中，但是来自不同的企业，因此，要满足用户要求，使用户满意很难做到。既要考虑用户企业的人员，又要考虑工程其他参与方人员的要求，而这些人员的要求很可能本身就是相互矛盾的。

2.2.5　工程管理信息系统的系统特性

工程管理信息系统是一个系统，它具备 1.3.1 中系统所有的性质。我们要以系统的观念来进行工程管理信息开发。

1）整体性

工程管理信息系统是一个由若干个子系统所构成的大系统，各个子系统组成大系统后，通过信息流动，能表现出比单个独立子系统功能更为集成、更为综合的功能。

2）层次性

从图 2.1 和表 2.1 都可以看出，工程管理信息系统是有层次的，而且是和工程项目组织所对应的层次。在进行工程管理信息系统分析时，要注意层次性，实施层的事务处理系统是其他子系统的基础，高层的主管支持系统会对下层系统形成制约。

3）有机关联性

工程管理信息系统的各个子系统之间是有机关联，相互作用的，各子系统间有信息的流入流出，从图 2.2 可以看出各子系统之间的关系。

同时，工程管理信息系统是一个人机系统，在系统形成过程中，要考虑工程项目、用户企业等对它的需求，和外部环境之间也有机关联。

4）目的性

从工程管理信息系统的定义（2.2.1.2）可以看出，其目的是以工程整体的战略竞优、提高效益和效率。

5）环境适应性

在工程管理信息系统开发过程中，系统规划时需要进行用户系统调查（详见 5.2），系统分析时需要系统详细调查与分析（详见 6.2）、组织结构与功能分析（详见 6.3）、业务流程分析（详见 6.4）等也是对工程管理现实组织结构、业务流程的调研和分析，这些都属于系统环境的内容。用户系统、组织结构、业务流程等的变化，会引起工程管理信息系统的变化。工程管理信息系统要实现预定的目标或功能，必须能够适应系统环境的变化。

2.3　工程管理信息系统的结构

工程管理信息系统的结构是指各部件的构成框架，由于对部件的不同理解就构成了不同的结构方式，其中最重要的是概念结构、层次结构、功能结构、软件结构和硬件结构。

2.3.1　概念结构

从概念上看，工程管理信息系统由四大部件组成，即信息源、信息处理器、信息用户和信息管理者，如图 2.3 所示。

这里，信息源是信息产生地；信息处理器担负信息的传输、加工、保存等任务；信息用户是信息的使用者，他应用信息进行决策；信息管理者负责工程管理信息系统的设计实现，在实现以后，他负责工程管理信息系统的运行和协调。

图 2.3 工程管理信息系统概念结构图

按照以上四大部件及其内部组织方式，可以把工程管理信息系统分为开环和闭环结构。开环结构又称无反馈结构，系统在执行一个决策的过程中不收集外部信息，并不根据信息情况改变决策，直至产生本次决策的结果，事后的评价只供以后的决策作参考。闭环结构是在过程中不断收集信息、不断送给决策者，不断调整决策。事实上最后执行的决策已不是当初设想的决策，如图 2.4 所示。

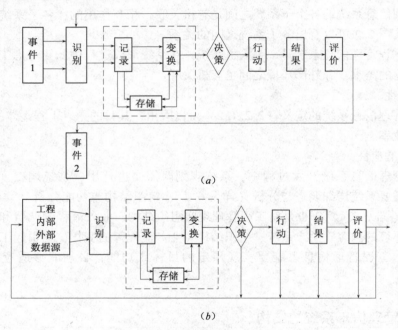

图 2.4 开环结构与闭环结构
（a）开环结构；（b）闭环结构

一般来说，计算机实时处理的系统均属于闭环系统，而批处理系统均属于开环系统，但对于一些较长的决策过程来说，批处理系统也能构成闭环系统。

2.3.2 层级结构

一般的工程管理是分层次的，可分为战略计划、管理控制、运行控制三层，为它们服务的信息处理与决策支持也相应分为三层，这三个层次构成了工程管理信息系统的纵向结构。从横向来看，任何工程项目组织都可以按照职能进行划分，工程管理信息系统也可以据此分为质量管理、成本管理、进度管理、合同管理、安全健康环境（Safety Health & Environment，SHE）管理等。从处理的内容及决策的层次来看，信息处理所需资源的数量随工程管理任务的层次而变化。一般来说，下层系统处理量大，上层处理量小，所以就组成了纵横交织的金字塔结构，如图 2.5 所示。

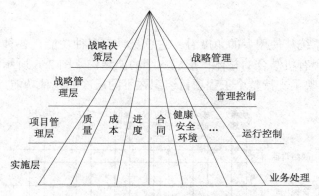

图 2.5　工程管理信息系统的层级结构

纵向根据工程管理的职能进行划分，和实施层的管理有一定的对应性。管理信息系统按照自下而上的层次结构，分为业务处理、运行控制、管理控制和战略管理四个层次。横向的工程管理工作也对应可以分为以下四个层次：

1）战略决策层

该层是工程的投资者（或发起者），包括工程所属企业的领导、投资工程的财团、参与工程融资的单位。它居于工程项目组织的最高层，在工程的前期策划和实施过程中开展战略决策和宏观控制工作。它的组成由工程的资本结构决定，但由于它通常不参与工程的具体实施和管理工作，所以一般不出现在工程项目组织中。

2）战略管理层

投资者通常委托一个工程主持人或建设的负责人作为业主，以工程所有者的身份进行工程全过程总体的管理工作，包括：

（1）工程重大的技术和实施方案的选择和批准。

（2）批准工程的设计文件、实施计划和它们的重大修改。

（3）确定工程组织策略，选择承发包方式、管理模式，委托工程任务，并以工程所有者的身份与工程管理单位和工程实施者（承包商、设计单位、供应单位）签订合同。

（4）审定和选择工程所用材料、设备和工艺流程等，提供工程实施的物质条件，负责与环境的协调，取得官方的批准。

（5）对工程进行宏观控制，给工程管理单位以持续的支持。

（6）按照合同规定向工程实施者支付工程款和接受已完工程等。

3）项目管理层

通常由业主委托项目管理公司或咨询公司在工程实施过程中承担计划、协调、监督、控制等一系列具体的项目管理工作，在工程项目组织中是一个由项目经理领导的项目经理部（或小组），为业主提供有效的独立的项目管理服务，主要责任是实现业主的投资目的，保护业主利益，保证项目整体目标的实现。

4）实施层

工程的设计、施工、供应等单位，为完成各自的项目任务，分别开展相应的工程管理工作，如质量管理、安全管理、成本管理、进度管理、信息管理等。这些管理工作由他们各自的项目经理部承担。

2.3.3 功能结构

一个管理信息系统从使用者的角度看，它总是具有多种功能，各种功能之间又有各种信息联系，构成一个有机结合的整体，形成一个功能结构。图 2.6 所示的工程管理信息系统功能/层次矩阵反映了支持整个工程项目组织在不同层次的各种功能。

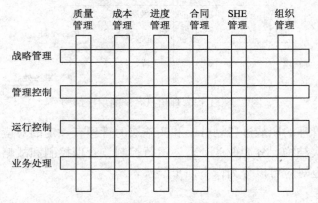

图 2.6 工程管理信息系统功能矩阵

这个图的每一列代表一种管理功能。其实这种功能没有标准的分法，因组织不同而异。图中每一行表示一个管理层次，行列交叉表示每一种功能子系统。对于图中各个职能子系统的简要职能如下：

1）质量管理子系统

质量管理子系统面向具体的施工产品和过程，集成工程信息和施工活动中的质量信息，实时监控工程质量，是施工质量管理各相关方参与质量活动的重要工具。其主要功能包括施工过程质量控制、施工产品验收管理、材料设备管理、质量统计分析工具、质量文档管理等。

2）成本管理子系统

成本管理子系统用于收集、存储和分析施工成本有关的信息，在工程实施的各个阶段制定成本控制计划，收集成本相关信息，从而实现工程成本的动态控制。应该具有以下功能：

（1）分析归纳将要发生的各项费用，为编制成本计划提供可靠的依据；

（2）编制成本（投资）预测和计划，包括工程成本（投资）的估算、概算和预算；

（3）编制工程的支付计划、收款计划、资金计划和融资计划；

（4）进行费用偏差分析；

（5）成本跟踪和诊断；

（6）编制竣工结算以及最终结算。

3）进度管理子系统

进度管理子系统的主要功能包括进度计划和进度控制两方面。

（1）进度计划

在明确进度目标的基础上，对整个工程进行工作分解，确定工程所有可能包含的分项工程。按照工程要求及各项约束条件，绘制横道图、网络图、资源图等，并按照总工期目标合理安排各工程活动的工期。

（2）进度控制

包括收集进度日报、月进度报告，绘制实际进度曲线及实际施工计划，预测进度状况，编制工程综合进度统计表，调整（修改）进度计划等。

4）合同管理

合同管理子系统包含如下主要功能：

（1）招标投标管理，包括招投标文件的存档和管理等；

（2）合同实施控制，包括会议纪要编号存档、来往函件存档等；

（3）合同变更管理，包括图纸变更文件存档、变更补偿计算等；

（4）合同索赔管理，包括收集整理索赔证据、索赔程序规范化等。

5）SHE 管理子系统

SHE 管理子系统是为了实现工程的安全、健康、环境控制，它包括以下功能：现场施工、操作规章制度管理；施工现场监测视频管理；质量安全和环境信息管理；日常安全和环保情况管理；工程现场事故率的统计等。

6）组织管理子系统

组织管理子系统包括工程项目组织人员的雇用、培训、考核记录、工资和解雇等情况的管理。

2.3.4　软件结构

在工程管理信息系统的功能矩阵的基础上进行纵横综合，纵向上把不同层次的管理业务按职能综合起来，横向上把同一层次的各种职能综合起来，做到信息集中统一，程序模块共享，各子系统功能无缝集成。由此形成一个完整的一体化的系统，即工程管理信息系统的软件结构，也是支持管理信息系统各种功能的软件系统或软件模块所组成的系统结构，如图 2.7 所示。

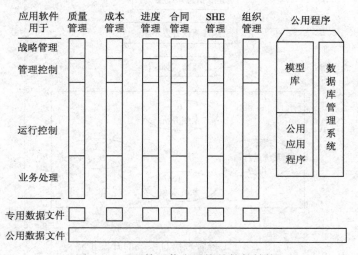

图 2.7　工程管理信息系统的软件结构

从图 2.7 可以看出，工程管理信息系统是由各功能子系统组成的，每个功能子系统又可分为业务处理、运行控制、管理控制、战略管理四个主要的信息处理模块。每个功能子系统都有自己的程序式文件，即图中每个方块是一段程序块或一个文件，每一个纵行是支持某一管理领域的软件系统。例如质量管理的软件系统是由支持战略管理、管理控制、运行控制以及业务处理的模块所组成的系统，同时还带有它自己的专用数据文件。整个系统有为全系统所共享的数据和程序，包括公用数据文件、公用程序、公用模型库及数据库管理系统等。当然这个图所画的是总的粗略一级的结构，事实上每个模块均可再用一个树结构表示，每个树的叶子均表示一个小的程序模块。

2.3.5　硬件结构

工程管理信息系统的硬件结构不仅要说明硬件的组成及其连接方式，还要说明硬件所能达到的功能。在工程管理信息系统总体规划中，不仅要进行硬件的选型，更重要的是规划它们如何构成系统，即系统的架构。系统架构的规划原则是根据工程管理信息系统的应用架构，结合组织的现有资源，考虑信息技术的发展趋势来合理地确定管理工程信息系统建设的技术路线和系统架构，也是确定工程管理信息系统的系统硬件结构。

设备的选型主要确定设备的档次级别、品牌型号，例如选择 PC 级的服务器，还是使用小型机；选择名牌设备，还是选择一般品牌。必须根据系统的架构需要、系统的规模来确定，还要考虑硬件的能力，例如有无实时处理、分时处理或批处理的能力等。

2.4　工程管理信息系统的开发步骤和方式

2.4.1　工程管理信息系统的开发步骤

工程管理信息系统的开发是一项大的系统工程性质的工作，其开发步骤一般如图 2.8 所示。

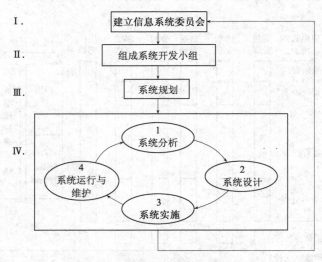

图 2.8　工程管理信息系统的开发步骤

下面对每个步骤的工作做一简要说明。

1）建立领导小组

由于管理信息系统耗资大，历时长，并且涉及管理方式的变革，因而必须由主要领导亲自抓这项工作，才能取得成功。对于工程管理信息系统而言，虽然其管理对象为工程，但一般都是由工程的某个参与企业如业主、承包商进行系统开发，因此，一般由该用户企业的主管领导来负责此项工作，并组成一个信息系统委员会。信息系统委员会可以由工程项目组织的其他参与单位的主管领导或者参与工程的高层管理人员参加。

2）组成系统开发小组

在信息系统委员会的领导下建立一个系统开发小组，这个小组的组成人员应包括各方面的专家，如计划专家、系统分析员、运筹专家、计算机专家等。这个队伍可以由本单位（若具备条件）抽人组成，也可请外单位（如科研单位、咨询公司、工程中其他参与单位）派出专家与本单位专家联合组成。

3）系统规划

系统规划是系统开发的一个关键步骤，系统规划阶段的成果是系统规划文本，它是后续系统开发工作的指南。系统规划的主要内容包括用户系统调查、系统规划方法选择、新系统开发初步计划制定及系统可行性研究等。

4）系统开发中的循环

系统规划、系统分析、系统设计、系统实施、系统运行与维护这五个阶段组成一个系统开发的生命周期。其中，系统分析、系统设计、系统实施、系统运行与维护这四个阶段是周而复始进行的。一个系统开发完成以后就不断地积累问题，积累到一定程度就要重新进行系统分析。一般来说，不管系统运行的好坏，每隔3~5年也要进行新的一轮的循环。

其中，系统分析的内容包括系统详细调查与分析、组织结构与功能分析、业务流程图和数据流程图分析以及功能/数据分析等。系统设计包括系统总体设计、系统数据库设计、代码设计、输入/输出及界面设计模块功能与处理过程设计等。系统实施包括程序设计、系统测试、系统试运行与切换。系统运行与维护包括系统的运行、维护、评价、安全管理等。

系统开发过程中应注意的几个问题如下：

（1）系统分析占了很大的工作量

有人对各阶段所耗人力及财力作了描述，如图2.9所示。从图中可以看出在系统分析阶段技术人员的人力耗费是很多的。只有分析得好，计划得好，以后的设计才能少走弯路。那种不重视分析，只想马上动手设计的做法值得慎重考虑。

（2）不应把购买设备放在第一位

因为只有在进行了系统分析与设计以后才知道是否需要买计算机，买什么样的计算机。尤其对于大的系统开发可能长达3年，现代计算机差不多5年换一代，微型机3年一换代，或者说3年以后的价格要比原来的少一半，如果一开始就买机器，没等用上就折旧了许多，实在不划算。因此硬件的购买应在系统分析后，而不是第一位。

（3）程序的编写应在系统分析与设计阶段以后进行

程序的编写要在弄清楚要干什么和怎么干的情况下，而且有了严格的说明时才好进

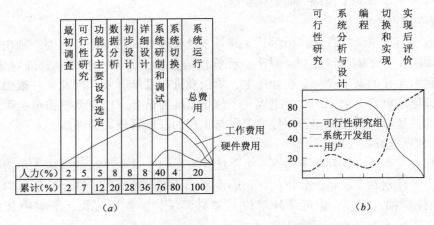

最初调查	可行性研究	功能及主要设备选定	数据分析	初步设计	详细设计	系统研制和调试	系统切换	系统运行
人力（%）2	5	5	8	8	8	40	4	20
累计（%）2	7	12	20	28	36	76	80	100

(a)

(b)

图 2.9 系统开发各阶段所耗人力及财力
(a) 各阶段耗用人力财力需求情况；(b) 各类人员在各阶段需求情况

行。若一开始就编程序，可能会编得不合要求，以后改不胜改，反而会大大浪费人力和时间。某些企业领导对花钱买设备感到看得见，摸得着，而投资搞规划搞软件却舍不得。随着信息社会的到来，硬件的价格在下降，软件价格在上升，已逐渐达到对等的地步。一个开发人员的费用已大大提高了。1997 年初，国内正规公司一个开发人员的年产值达到 10 万元。就是说如果一个软件要 10 个人/年才能完成，则这个软件的价值为 100 万元。这是对单件生产而言，如果是软件产品，当然每个产品的价格将大大下降。

（4）应该与工程项目的流程再造结合起来

工程管理信息系统的开发往往要和工程的流程再造同时进行。流程再造（Business Process Reengineering，BPR）来源于企业管理，现在也可以将这种思想用于工程管理中。它是以过程的观点来看待工程项目的运作，对其运作的合理性进行根本性的再思考和彻底的再设计，以组织和信息技术为主要工具，以求工程的利润率等关键指标得到巨大的改善和提高。这就是说在进行工程管理信息系统的规划和系统分析的时候，首先要考虑管理思想、管理方法和管理组织以及管理系统的变革，充分考虑信息技术的潜能，以达到系统的开发效果，使之合理性最大。以 BPR 为指导思想进行管理系统的变革，可以更好地进行信息系统的规划与开发。工程管理信息系统开发可以与工程的 BPR 相结合，其流程如图 2.10 所示。

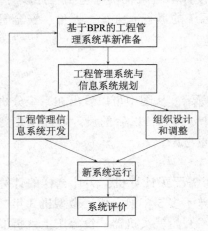

图 2.10 基于工程项目流程再造的管理信息系统变革步骤

（5）参与人员要分清各自的职责

工程管理信息系统参与人员通常是比较多的，包括用户企业领导、专家、技术人员等，只有分清各自的职责，才能完成整个工作内容，否则很容易出现界面工作没有人处理的情况。

2.4.2 工程管理信息系统的开发方式

工程管理信息系统的开发方式主要包括：自主开发、委托开发、合作开发和购买现成软件四种。不论哪一种开发方式，都有优点和缺点，都需要用户企业的领导和业务人员参加，并在管理信息系统的整个开发过程中，培养、锻炼、壮大用户企业的系统开发、设计和运行维护队伍。这四种开发方式的选择，要根据用户企业的技术力量、资金情况、外部环境等各种因素进行综合考虑。

1）自主开发

自主开发即用户企业完全以自己的力量进行开发。自主开发适合于有较强的管理信息系统分析与设计队伍和程序设计人员、系统维护使用队伍的组织和单位，如高等院校、研究所、设计院等单位。

自主开发的优点：易于协调，可以保证进度；开发费用少，开发后的系统能够适应本单位的需求且满意度较高；系统维护方便；可以满足特殊要求等。

自主开发的缺点：由于不是专业开发队伍，容易受计算机业务工作的限制，系统优化不够，系统的技术水平和规范程度不高。

2）委托开发方式

委托开发即用户企业将开发项目完全委托给一个开发单位，系统建成后再交付企业使用，类似交钥匙工程。这种方式适合于用户企业无管理信息系统分析、设计及软件开发人员或开发队伍力量较弱、但资金较为充足的组织。这种方式省时、省事，系统的技术水平较高，但费用高、系统维护需要开发单位的长期支持。

此种方式需要用户企业的业务骨干参与系统的论证工作，开发过程中，需要开发单位和用户企业双方及时沟通，进行协调和检查。

3）合作开发方式

合作开发即用户企业与外部开发单位合作，双方共同开发。合作开发方式适合于用户企业有一定的管理信息系统分析、设计及软件开发人员，但开发队伍力量较弱，希望通过工程管理信息系统的开发来建立、完善和提高自己的技术队伍以便于系统维护工作的单位。双方共同开发成果，实际上是一种半委托性质的开发工作。

这种开发方式的优点是：相对于委托开发方式比较节约资金，可以培养、增强用户企业的技术力量，便于系统维护工作，系统的技术水平较高。

这种方式的缺点是：双方在合作中沟通易出现问题，需要双方及时达成共识，进行协调和检查。

4）购买现成软件

目前，软件的开发正在向专业化方向发展，一些专门从事工程管理信息系统开发的公司已经开发出一批使用方便、功能强大的专项业务管理信息系统软件。为了避免重复劳动，提高系统开发的经济效益，也可以购买现成的适合于本单位业务的管理信息系统软件，如施工项目成本管理系统等。

这种方式的优点是：节省时间、系统技术水平高。

这种方式的缺点是：通用软件专用性较差，跟本单位的实际工作需要可能有一定的差距，有时可能需要做二次开发工作。

5) 四种开发方式的比较（表2.2）

四种开发方式的比较 表2.2

比较内容 开发方式	自主开发	委托开发	合作开发	购买现成软件
分析和设计能力的要求	较高	一般	逐渐培养	较低
编程能力的要求	较高	不需要	需要	较低
系统维护的难易程度	容易	较困难	较容易	较困难
开发费用	少	多	较少	较少
说明	开发时间较长，系统适合本单位，可以培养自己的开发人员	省时，开发费用高	开发出的系统便于维护	最省时，但不一定完全适合本单位

2.5 工程管理信息系统的开发方法

工程管理信息系统的开发方法很多，这些方法各自遵循一定的基本思想，适用于一定的范围，其解决问题的出发点和侧重点各不相同。无论何种开发方法，都必须实现两个基本目标，一是提高信息系统开发效率，二是提高信息系统的质量。

2.5.1 系统开发前的准备工作

1) 基础准备

（1）管理工作要严格科学化，具体方法要程序化和规范化；

（2）做好基础数据管理工作，严格计量程序、计量手段、检测手段和数据统计分析渠道；

（3）数据、文件、报表的统一化。

2) 人员组织准备

（1）领导是否参与开发是确保系统开发能否成功的关键因素。工程管理信息系统的信息系统委员会是领导整个系统开发工作的，它审核开发工作的计划与进度，协调各部门对工程管理信息系统数据流程、工作制度、数据标准等事项的要求。有关人员、计划、任务的布置工作，阶段文件的审核，都应该由信息系统委员会负责与审核。

（2）建立一支由系统分析员、管理岗位业务人员和信息技术人员组成的系统开发小组。

（3）明确各类人员（系统分析员、用户企业领导、业务管理人员、计算机维护人员、数据录入人员、系统操作人员等）的职责。

3) 技术准备

（1）技术人才的准备，主要有系统分析员、程序员、硬件人员、操作人员等；

（2）对用户企业的业务人员进行培训，介绍系统分析和设计的一般概念，学习有关计算机知识，使业务人员不仅在研制过程中能给予积极配合，而且在新系统转换运行时也能胜任新系统的需要，较快地掌握新系统的使用方法。

2.5.2 结构化系统开发方法

结构化系统开发方法（Structured System Development Methodologies），亦称 SSA&D（Structured System Analysis & Design）或 SADT（Structured Analysis and Design Technologies），是运用系统论的观点，从全局出发，统筹考虑和协调各方面和各要素的总体而全面的系统开发方法。

结构化系统开发方法是自顶向下结构化方法、工程化的系统开发方法和生命周期的结合，结构化的核心是按 MIS 的生命周期进行开发，出发点是使开发工作标准化。概括起来说就是自顶向下、逐步求精，分阶段实现的软件开发方法，是一种先整体后局部的信息系统开发方法，也是迄今为止开发方法中应用最普遍、最成熟的一种。

1）结构化系统开发方法的生命周期

用结构化系统开发方法开发一个系统，将整个开发过程从大的方面划分为系统规划阶段和系统建设两个阶段，又可细分为五个首尾相连接的阶段，一般称之为系统开发生命周期（Systems Development Life Cycle，SDLC），如图 2.11 所示。

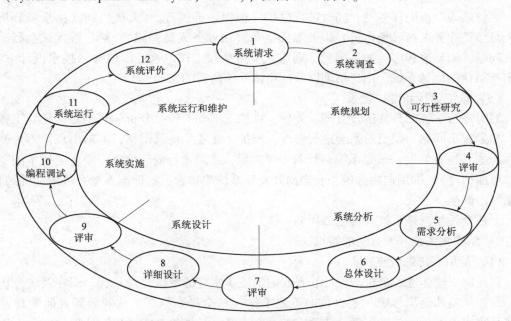

图 2.11　结构化系统开发的生命周期

生命周期法思想认为：信息系统同其他事物一样都有发生、发展和消亡的过程，新系统在旧系统的基础上产生、发展、老化、淘汰最后被更新的系统取代，这种系统发展更新的过程称为系统的生命周期。按生命周期法，系统的开发的主要阶段有：系统规划、系统分析、系统设计、系统实施、系统运行和维护。

系统开发生命周期各阶段的主要工作如下：

（1）系统规划阶段

根据用户的系统开发请求，初步调查，明确问题，确定系统目标和总体结构，确定分阶段实施进度，然后进行可行性研究。如果不满意，则要反馈修正这一过程；如果不可行，则取消项目；如果可行并满意，则进入下一阶段工作。这一阶段输入业务目标、现行系统的所有细节及约束；输出信息系统规划、列入开发计划的应用开发项目。

（2）系统分析阶段

系统分析阶段的任务是：分析业务流程，分析数据与数据流程，分析功能与数据之间的关系，最后提出新系统逻辑方案。若方案不可行则停止项目；若方案不满意，则修改这个过程；若可行并满意，则进入下一阶段的工作。这一阶段输入列入开发计划的应用开发项目，现行系统的所有细节及约束、事实和需求；输出业务需求说明书。

（3）系统设计阶段

目的是设计一个以计算机为基础的技术解决方案，以满足用户的业务需求。本阶段的任务是：总体结构设计，代码设计，数据库/文件设计，输入/输出设计，模块结构与功能设计。与此同时根据总体设计的要求购置与安装设备，最终给出设计方案。如不满意，则修改这个过程；如可行，则进入下一阶段工作。这一阶段输入业务需求说明书，系统用户所推荐的设计观点；输出技术设计方案，包括总体设计和详细设计两个方面。

（4）系统实施阶段

系统实施阶段的任务是：同时进行编程（由程序员执行）、人员培训（由系统分析设计人员培训业务人员和操作员）以及数据准备（由业务人员完成），然后投入试运行。如果有问题，则修改程序；如果满意，则进入下一阶段工作。这一阶段输入技术设计方案；输出产品化的信息系统、用户培训以及使用该系统所需的文档。

（5）系统运行和维护阶段

同时进行系统的日常运行管理、评价、维护三部分工作。分析运行结果，指导工程活动；如果有小问题，则要对系统进行修改、维护，或者是局部调整；如果出现了不可调和的大问题（这种情况一般是系统运行若干年之后，系统运行的环境已经发生了根本的变化时才可能出现），则用户将会进一步提出开发新系统的要求，这标志着老系统生命的结束，新系统的诞生。

上述全过程就是系统开发生命周期。

2）结构化系统开发方法的特点

（1）运用系统的观点

自顶向下整体性的分析与设计和自底向上逐步实施的系统开发过程。即在系统分析与设计时要从整体全局考虑，要自顶向下地工作（从全局到局部，从领导到普通管理者）；而在系统实施时，则要根据设计的要求先编制一个个具体的功能模块，然后自底向上逐步实现整个系统。

（2）用户至上

用户对系统开发的成败是至关重要的，故在系统开发过程中，必须与用户保持密切联系，要充分了解用户对系统的需求和愿望，也要让用户了解系统的进展，以保证开发工作的正确方向和质量。

（3）严格区分工作阶段

把整个系统开发过程划分为若干个工作阶段，每个阶段都有其明确的任务和目标，每一阶段又可划分为若干个工作步骤。这种有序安排不仅条理清楚,便于计划管理和控制进度,而且后一阶段的工作完全基于前一阶段的成果,前后衔接,不易返工。

（4）设立检查点

在系统开发的每一个阶段均要设立检查点,用于评估所开发系统的可行性,避免某阶段的失败造成后续系统的更大损失。对于每一个阶段,一般要从功能、预算、进度和质量四个方面进行评估和检查。

（5）充分预料可能发生的变化

因为系统开发是一项消耗人力、财力、物力且周期很长的工作,一旦周围环境（组织的内外部环境、信息处理模式、用户需求等）发生变化,就会直接影响到系统的开发工作,所以结构化开发法强调在系统调查和分析时,对将来可能发生的变化给予充分的重视,强调所设计的系统对环境的变化具有一定的适应能力。

（6）开发过程工程化

系统开发过程中,资料的积累、整理、保管是十分重要的,是系统开发所得的宝贵财富。因此,所有工作文件（文档）必须要求标准化、规范化,按照统一的标准整理、归档,便于管理、交流和使用。文档的标准化是进行良好通信的基础,是系统开发人员与用户沟通和交流的手段。

3）结构化系统开发方法的优点

（1）从系统整体出发,强调在整体优化的条件下"自上而下"地分析和设计,保证了系统的整体性和目标的一致性;

（2）遵循用户至上原则;

（3）严格区分系统开发的阶段性,提高了系统的正确性、可靠性和可维护性;

（4）每一阶段的工作成果是下一阶段的依据,便于系统开发的管理和控制;

（5）文档规范化,按工程标准建立标准化的文档资料。

4）结构化系统开发方法的缺点

（1）用户素质或系统分析员和管理者之间的沟通问题;

（2）开发周期长,难以适应环境变化,且成本高;

（3）采用该方法的前提是早期就明确用户需求,是一种预先定义需求的方法,而在实际中这一点很难做到,用户很难陈述其需求;

（4）文档的编写工作量极大,随着开发工作的进行,文档需要及时更新。

5）结构化系统开发方法的适用范围

结构化系统开发方法主要适用于规模较大、结构化程度较高的系统的开发,即一些组织相对稳定、业务处理过程规范、需求明确且在一定时间内不会发生大变化的大型复杂系统的开发。

2.5.3　原型法

原型法（Prototyping Method）是20世纪80年代随着计算机软件技术的发展,特别是在关系数据库系统（Relational Database System,RDBS）、第四代程序生成语言（Fourth-Generation Language,4GL）和各种系统开发生成环境产生的基础上,提出的一种从设计思想、工具、手段都全新的系统开发方法。它摒弃了原有的一步步周密细致地调查分析,然后逐步整理出文字档案，最后才能让用户看到结果的繁琐做法。其核心是用交互的、快速建立起来的原型取代形式的、僵硬的（不允许更改的）大部分的规格说明，用户通过在计算机上实际运行和试用原型系统而向开发者提供真实的、具体的反馈意见。所谓信息系统原型，就是一个可以实际运行、可以反复修改、可以不断完善的信息系统。

1）原型法产生的原因

在结构化系统开发中，采用的是严格定义、预先明确用户需求的方法。这种方法要求系统开发人员和用户在系统开发初期就要对整个系统的功能有全面、深刻的认识，并制定出每一阶段的计划和说明书，以后的工作范围便围绕这些文档进行。如果用户需求不能被预知或被错误理解了，即在系统分析阶段出现错误，则后续各阶段的工作就失去了意义，而且会造成巨大的浪费。组织自身的变革、新的管理思想和方法的提出以及信息技术的飞速发展，给传统的开发方法带来严峻的挑战。为了适应竞争，许多组织的结构和其经营项目在不断变化，这对信息系统提出了更高的要求。

（1）信息系统的开发要快

以往的开发方法涉及面太广，人员太多，手续太繁杂，如果开发信息系统的周期过长，系统的建成之日可能就是它的寿命周期终结之时。

（2）信息系统要有灵活性

信息系统的使用环境在经常发生变化，有足够的灵活性才能保证系统的正常运转。传统的设计方法从一开始就给系统定下了一个框框，系统的一切活动都围绕着这个框框进行，如果出现不能预料的变化，那么再来修改就很困难了。

为解决这些问题，考虑到人自身灵活、多变、根据经验办事的特点，特别是计算机硬、软件的性能大幅度增强，于是产生了一种新的信息系统的开发方法——原型法，也称快速原型法。

2）原型法的基本思想

用户和开发人员之间总是存在这样或那样的隔阂，用户或者开发人员也不清楚系统的最终需求，或者由于交流上的障碍，无法把自己的意图向开发人员完全表达出来。用户只有看到一个具体的系统或者经过启发，才能清楚地了解到自己的需要和系统的缺点。这说明，并非所有的需求都能预先定义。由于存在这样的隔阂，系统不能满足用户的要求是常有的事。因此信息系统的开发过程中大量反复是必然的、不可避免的，也是使系统具有更强适应性所要求的。因此，原型法是在系统开发初期，凭借系统开发人员对用户的需求的了解和系统主要功能的要求，在强有力的软件环境支持下，迅速构造出系统的初始原型，然后与用户一起不断对原型进行修改、完善，直到达到满足用户需求为止。

基于上述观点，原型法就产生了与传统开发方法截然不同的两个特点：一是在未完全弄清楚需求之前，通过一个原型化设计环境，迅速地建立原始系统；二是在原型化环境上，能方便地对原型不断地进行修改、扩充和完善。其中，原型就是模型，是待构筑的实际系统的缩小比例模型，但是保留了实际系统的大部分性能。这个模型可在运行中被检查、测试、修改，直到它的性能达到用户需求为止。因而这个工作模型很快就能转换成原样的目标系统。

3）原型法的开发过程

利用原型法开发信息系统一般要经过如图 2.12 所示七个阶段。

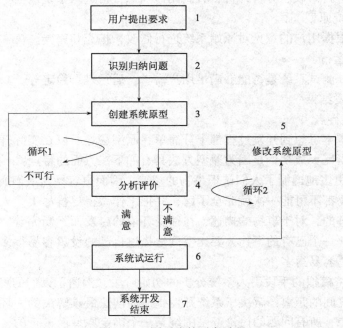

图 2.12　原型法的开发过程

（1）用户提出要求

即用户根据自己的需要提出开发系统的要求。

（2）识别归纳问题

系统开发人员向用户了解其对信息系统的基本需求，即应该具有的一些基本功能、人机界面的基本形式等。这种了解可以是不完全的，也可能会有缺陷，在后面几个阶段的工作中可以发现和予以改正，这是原型法的最大特点。

（3）创建系统原型

在对系统有了基本了解的基础上，系统开发人员应争取尽快建造一个具有这些基本功能的系统，即系统原型。在建造系统原型时，要考虑到以后修改的容易性。由于要求速度快，这一阶段应该尽量使用一些软件工具，特别是专门的原型建造工具，辅助进行系统实施。原型法的开发过程非常重视开发工具的使用，只有有效地利用工具，才能很快地建成一个系统，并能多次对其进行修改、完善。

（4）分析评价

这是整个开发过程的关键。用户和开发人员一起对刚完成的或经过若干次修改后的系统进行分析评价，提出完善意见。在这个阶段，用户是主角。用户通过亲自使用这个系统，能更了解到自己的需求到底是什么，发现系统是否存在一些问题。这时开发人员一方面要记录用户对该系统提出的缺点和不足之处，同时也要引导、启发用户表达对系统的最终要求，从而清楚地了解用户的意图。分析评价的结果有两种情况，一是系统原型不可行，这时候就转到上一阶段重新创建系统原型；二是对系统原型不满意，这时就转到下一阶段修改系统原型。开发人员在重新创建原型或对系统原型进行修改后，又与用户一起就新的系统进行分析评价，如果再不可行则转创建系统原型，如果还不满意则转修改系统原

65

型。如此反复地进行修改、分析评价，直到用户满意，再进入系统试运行阶段。

（5）修改系统原型

开发人员要根据用户的意见对原始系统进行修改、扩充和完善。

（6）系统试运行

通过试运行，测试系统是否能够满足用户需求，运行是否稳定等。

（7）系统开发结束

4）原型法的特点

原型法从其基本思想到开发过程都十分简单，原型法之所以在实际开发过程中备受推崇，在实践中获得巨大成功，是因为原型方法具有如下三方面的特点：

（1）原型法更多地遵循了人们认识事物的规律，因而更容易为人们所普遍接受。因为人们认识任何事物都不可能一次就完全了解，并把工作做得尽善尽美。人们的认识和学习过程都是循序渐进的，对于事物的描述，往往受环境的启发而不断完善，现实生活中经常出现的现象是批评一个已有的事物，要比空洞地描述自己的设想容易得多，改进一些事物要比创造一些事物容易得多。

（2）原型法将模拟的手段引人系统分析的初始阶段，沟通了人们的思想，缩短了用户和系统分析人员之间的距离，解决了系统开发生命周期法最难解决的一环。在应用原型法开发系统的过程中，所有问题的讨论都是围绕某一个确定原型而进行的，彼此之间不存在误解和答非所问的可能性，为准确认识问题创造了条件；通过运行原型，能启发人们对原来想不起来、很难发掘或不易准确描述的问题有一个比较确切的描述，而且能够及早地暴露出系统实施后存在的一些问题，促使人们在系统实施之前就加以解决。

（3）充分利用了最新的软件工具，使系统开发的时间、费用大大地减少，效率、技术等都大大地提高了。

5）原型方法所需要的软件支撑环境

原型法有很多长处，有很大的推广价值，但它的推广必须有一个强有力的软件支持环境作为背景，否则它将变得毫无价值，若不可能快速地构造原型，就没有实际意义。一般认为主要有以下几方面：

（1）一个方便灵活的关系数据库系统（Relation Database System，RDBS）。

（2）一个与 RDBS 相对应的、方便灵活的数据字典，它具有存储所有实体的功能。

（3）一套与 RDBS 相对应的快速查询系统，能支持任意非过程化的（即交叉定义方式）组合条件的查询。

（4）一套高级的软件工具（如 4GL 或信息系统开发生成环境等），用以支持结构化程序，并且允许采用交互的方式迅速地进行书写和维护，产生任意程序语言的模块（即原型），一个非过程化的报告或屏幕生成器，允许设计人员详细定义报告或屏幕输出样本。

（5）现在一些可视化程序设计语言所提供的"向导"（Wizard）能够比较好地解决原型的快速建立问题。市场上还有一些信息系统生成器的软件，对于构造原型也是极为快速方便的。

6）原型法的适用范围

作为一种具体的开发方法，原型法不是万能的，它有一定的适用范围和局限性。对于一个大型的系统，如果不经过系统分析来进行整体性划分，想要直接用屏幕来一个一个地模拟是很困难的；对于大量运算的、逻辑性较强的程序模块，原型法很难构造出模型来供人评价，因为这类问题没有那么多的交互方式（如果有现成的数据或逻辑计算软件包，则情况例外），也不是三言两语就可以把问题说得清楚的；对于基础管理不善、信息处理过程混乱的问题，使用原型法也有一定的困难。因此，原型法的适用范围是比较有限的，对于小型、简单、处理过程比较明确，没有大量运算和逻辑处理过程的系统，应用原型法会取得较好的效果，特别是将原型法与生命周期法结合起来使用效果会更好。

2.5.4　面向对象法

面向对象（Object Oriented，OO）法可以认为是面向过程技术和面向数据技术相结合的产物。在此以前的一些开发方法，要么只能是单纯地反映管理功能的结构状况，要么只是侧重反映事物的信息特征和信息流程，而 OO 法把数据和过程包装成为对象，以对象为基础对信息系统进行处理，因此它是一种综合性的开发方法。面向对象法迄今为止还没有一个明确的定义，一般认为，在软件开发中使用对象、类和继承等概念就是面向对象技术。实际上面向对象技术涉及领域非常广泛，包括软件开发时使用的方法学，软件开发阶段所使用的语言、数据库等。面向对象技术还渗入人工智能、操作系统、并行处理等各个研究领域。

1）基本概念

（1）对象

客观世界中的任何事物在计算机程序世界里的抽象表示，或者说，是现实世界中个体的数据抽象模型。事物是行为的主体，任何事物都由状态和行为两个方面构成，状态反映了事物的内部结构，行为反映了事物的运动规律，两者分别反映了事物的表态和动态特性，故对象（Object）是事物状态和行为的数据抽象，既是事物状态的集合，也是为改变状态而施加的操作方法或算法程序的集合。在 OO 法中的对象就是一个一个的可重用部件，是面向对象程序设计的基本元素。

（2）对象类

对象类（Class）是指将具有相同或相似结构、操作和约束规则的对象组成的集合。故对象类是一个共享属性和操作方法的集合。任何一个对象都是某一对象类的实例，每一个对象类都是由具有某些共同特征的对象组成的。对象类把大量的细节隐藏起来，只露出一个简单的接口，符合人们喜欢抽象的心理，提供了封装和复用的基础。

对象类由类说明和类实现两部分组成。类说明描述了对象的状态结构、约束规则和可执行的操作，定义了对象类的作用和功能。类实现是由开发人员研制实现对象类功能的详细过程以及方法、算法和程序等。

（3）消息和方法

客观世界的各种事物都不是孤立的，而是相互联系、相互作用的。实际问题中的每一个个体也是相互联系、相互作用的，个体之间的相互联系反映了问题的静态结构，相互作用则反映了问题的动态变化，当抽象为对象和对象类以后如何反映出它们之间的相互联系和作用呢？为此，OO 法又引入消息和方法（Message and Method）这两个概念。通过消息和方法实现对象之间的通信。

（4）继承机制

继承性（Inheritance）是一种表达相似性的机制，是自动地共享类、子类和对象中的数据和方法的机制。

继承性是面向对象方法实现可重用性的前提和最有效的途径，它不仅支持系统的可重用性，而且还促进了系统的可扩充性。因此，继承机制又称可重用机制或代码共享机制，它是软件部件化的基础。

继承机制很好地避免了属性描述信息和操作程序信息的冗余，简明自然地把客观事物的行为和状态及个体之间的层次关系和所属关系抽象为计算机的数据模型或算法程序。例如图类（封闭图、开图、五边形、多边形、线形、矩形、三角形、椭圆、圆）可用图2.13来表示图的继承关系。

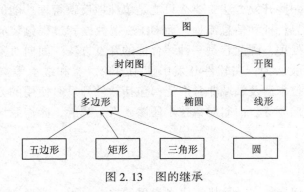

图2.13　图的继承

（5）封装机制

封装（Encapsulation）又称信息隐蔽。它是软件组成部件（模块、子程序、方法等）应当分离或隐藏为单一的设计。

用户只能看见对象封闭界面上的信息，对象内部对用户而言是隐蔽的。它是指在确定系统的某一部分内容时，应考虑到其他部分的信息联系都在这一部分内部进行，外部各部分之间的信息联系应尽可能的少。

封装的原则很像结构化系统开发方法中划分子系统或模块时的内部信息聚合度（Cohesion）原则。如果分析人员能在面向对象的分析方法（Object-oriented Analysis，OOA）中封装需求分析的各个部分，则当需求改变时，各部分相对独立，系统的维护将对整个系统的影响程度减至最小。

（6）对象抽象机制

就是把对象的动态特性和静态特性抽象为数据结构以及在数据结构上所施加的一组操作，并把它们封装在一起，使对象状态变成对象属性值的集合，对象行为变成能改变对象状态的操作方法（算法和程序等）的集合，变成对象功能或作用的集合。

（7）类型定义机制

面向对象系统本质上就是一种类型定义机制。

数据类型的概念在绝大多数计算机程序设计语言中早已引入了，例如，整数、浮点数、字符串等是单一的数据类型，数组、记录和联合是复合数据类型。引入类型定义的目的无非是计算机系统中以最基本的数据单元构成更大、更复杂、更实用的数据结构。

大多数非面向对象的语言都支持新数据结构的构造，但仅仅是支持新类型的表示定义，即：由现有的数据类型表示新的数据类型。面向对象的语言不仅支持新数据类型的表示定义，还支持新类型的操作定义，这大大方便了新类型的使用。

2）OO 法的开发过程

OO 法的开发过程分为如下四个阶段：

（1）系统调查和需求分析

对系统面临的问题和用户的开发需求进行调查研究。

（2）分析问题的性质和求解问题

在复杂的问题域中抽象识别出对象及其行为、结构、属性和方法。这一个阶段一般称为面向对象分析，即 OOA（Object Oriented Analysis）。

（3）整理问题

对分析的结果进一步抽象、归类整理，最终以范式的形式确定下来，即面向对象设计（Object Oriented Design，OOD）。

（4）程序实现

使用面向对象的程序设计语言将其范式直接映射为应用程序软件，即 OOP（Object Oriented Programming）。面向对象的程序设计完全不同于传统的面向过程程序设计，它是一种计算机编程架构，其基本原则是计算机程序是由单个能够起到子程序作用的单元或对象组合而成。OOP 达到了软件工程的三个主要目标：重用性、灵活性和扩展性。为了实现整体运算，每个对象都能够接收信息、处理数据和向其他对象发送信息。它大大地降低了软件开发的难度，使编程就像搭积木一样简单，是当今电脑编程的一股势不可挡的潮流。

3）OOA 方法

面向对象的分析方法，即 OOA 方法，是 OO 方法的组成部分。在一个系统的开发过程进行了系统业务调查以后，就可以按照面向对象的思想来分析问题了。应该注意的是，OOA 所说的分析与结构化分析有较大的区别。OOA 所强调的是在系统调查资料的基础上，针对 OO 方法所需要的素材进行的归类分析和整理，而不是对管理业务现状的方法的分析。

OOA 方法是建立在对处理对象客观运行状态的信息模拟和面向对象程序设计语言的概念基础之上。它从信息模拟中吸取了属性、关系、结构以及对象作为问题域中某些事物的、实例的表示方法等概念；从面向对象的程序设计语言中吸取了属性和方法的封装，属性和方法作为一个不可分割的整体，以及分类结构和继承性等概念。

面向对象分析就是抽取和整理用户需求并建立问题模型的过程，我们也称其为面向对象建模。一般需要建立三种形式的模型：

（1）描述系统数据结构的对象模型；

（2）描述系统控制结构的动态模型；

（3）描述系统功能的功能模型。

4）OOD 方法

面向对象的设计方法，即 OOD 方法，是 OO 方法中一个中间环节。其主要作用是对 OOA 分析的结果作进一步的规范化整理，以便能够被 OOP 直接接受。就是将分析阶段的结果转换成系统实施方案的过程，也叫问题域的求解过程。

面向对象设计是一种软件设计方法，就是"根据需求决定所需的类、类的操作以及类之间关联的过程"。OOD 的目标是管理程序内部各部分的相互依赖。为了达到这个目标，OOD 要求将程序分成块，每个块的规模应该小到可以管理的程度，然后分别将各个块隐藏在接口的后面，让它们只通过接口相互交流。比如说，如果用 OOD 的方法来设计一个服务器—客户端应用，那么服务器和客户端之间不应该有直接的依赖，而是应该让服务器的接口和客户端的接口相互依赖。这种依赖关系的转换使得系统的各部分具有了可复用性。还是拿上面那个例子来说，客户端就不必依赖于特定的服务器，所以就可以复用到其他的环境下。如果要复用某一个程序块，只要实现必须的接口就行了。

由 Coad 和 Yourdon 提出的面向对象设计模型如图 2.14 所示，该模型由四个部分和五个层次组成。

图 2.14　OOD 系统模型

其四个组成部分是问题空间部件（Problem Domain Component，PDC）、人机交互部件（Human Interaction Component，HIC）、任务管理部件（Task Management Component，TMC）和数据管理部件（Data Management Component，DMC）。五个层次是主题层、对象层、结构层、属性层和服务层，这五个层次分别对应 Coad 的面向对象分析方法中的确定对象、确定结构、定义主题、定义属性、确定服务等行动。这四个部件对应目标系统的四个子系统，在不同的软件中，这四个部件的大小和重要程度可能差异较大，可以根据需要做出进一步的合并和分解。PDC 是针对总体进行的设计，HIC 给出实现人机交互需要的对象，TMC 提供协调和管理目标系统软件各个任务的对象，DMC 定义专用对象。

OOD 系统模型的基本思路是简单的，但很重要。它以 OOA 模型为设计模型的雏形，使用 OOA 模型中的类和对象，围绕着这些类和对象又加入了一些其他的类和对象，用来处理与现实有关的活动，如 TMC、DMC 和 HIC。DMC 将对象转换成数据库记录或表格；HIC 将大量的精力放在窗口和屏幕设计上，以向用户提供友好的图形用户界面（GUI）；TMC 则结合每个任务单，给出了每个任务单实现的连接方式。而在传统的方法中，基本上废弃了分析模型，并以一个新的设计模型重新开始，这正是 OOD 方法的核心所在。OOD 模型类似于构件蓝图，它以完整的形式全面定义了如何用特定的实现技术建立一个目标系统。

5）OO 法的特点

OO 法使软件开发周期变短，开发的软件使用周期变长，最终导致开发费用降低。OO 法成功的关键在于它的设计方法、分析问题的起点以及整个设计的过程。OO 法具有以下五个特点：

（1）从应用设计到解决问题的方案更加抽象化，而且具有极强的对应性；

（2）在设计中容易和客户沟通；

（3）把信息和操作封装到对象里去；

（4）设计中产生各式各样的部件，然后由部件组成构架，以至整个程序；

（5）由 OO 法设计出来的应用程序具有易重复使用、易改进、易维护和易扩充的特性。

需要说明的是，尽管 OO 法研究是当前的热点，但是还局限于面向对象的程序方面，对于面向对象的分析和面向对象的设计在实际系统开发应用中还有相当多的问题，如如何构造对象等。

2.5.5 计算机辅助方法

计算机辅助软件工程（Computer Aided Software Engineering，CASE）的目的是为了加快系统开发的过程，并提高所开发系统的质量。因此，CASE 实质上属于软件开发环境/工具的范畴。

2.5.5.1 CASE 的概述

1）CASE 的概念

CASE 是 20 世纪 80 年代末期，随着计算机图形处理技术和程序生成技术的出现，运用人们在系统开发过程中积累的大量宝贵经验，再让计算机来辅助信息系统开发和实现。这就是集图形处理技术、程序生成技术、关系数据库技术和各类开发工具于一身的 CASE。

CASE 是计算机技术在系统开发活动、技术和方法中的应用，是软件工具与开发方法的结合体。CASE 工具则是指能够支持或使系统开发生命周期法中一个或多个阶段自动化的计算机程序（软件）。

CASE 实际上是一种软件自动化技术，不能作为一种独立的方法使用。

2）CASE 的目的

使开发支持工具与开发方法统一和结合起来，实现分析、设计与程序开发、维护的自动化，提高信息系统开发的效率和信息系统的质量，最终实现系统开发的自动化。

3）CASE 方法的基本思路

由于 CASE 是从计算机辅助编程工具、第四代程序生成语言发展而来的大型综合计算机辅助软件工程开发环境，因此，CASE 可以进行各种需求分析、功能分析，生成各种结构化图表（如数据流程图、结构图、实体/关系图，层次化功能图、矩阵图）等，并能支持系统开发整个生命周期。CASE 的概念也从具体的工具发展成为一门方法。它是一种从开发者的角度支持信息系统各种开发技术和方法（如结构化方法、快速原型法、面向对象方法）的计算机技术。

2.5.5.2 CASE 方法的体系结构

CASE 体系结构指出了 CASE 工具之间的相互关系，根据他们在系统开发生命周期中所支持的阶段来划分，一般分为如下四类：集成化 CASE，上游 CASE（Upper CASE）或称前端 CASE（Front-end CASE），下游 CASE（Lower CASE）或称后端 CASE（Back-end CASE），支持项目管理并贯穿于整个信息系统开发生命周期的 CASE。其体系结构如图 2.15 所示，其中，中央资源库是 CASE 的一个关键部分。

1）上游 CASE

上游 CASE 描述了 SDLC 前期几个阶段：包括用于系统规划的 CASE 和系统分析和设计的 CASE。

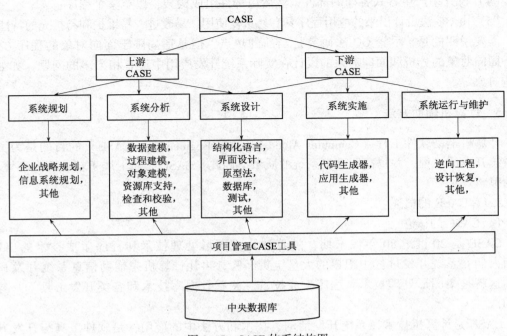

图 2.15 CASE 体系结构图

（1）用于系统规划的 CASE

主要是帮助系统分析员采集、存储、组织并分析业务模型，具体地讲就是用来描述工程的目标、问题、组织结构、地理环境、信息需求等，这些信息可以以模型、描述以及矩阵等方式输入。

系统规划阶段的主要项目有：

①正在或将要实施的业务策略；

②充实将要实施的信息系统和信息技术的策略；

③所要开发的数据库；

④所要开发的网络；

⑤围绕数据库和网络所需开发的应用程序。

（2）用于系统分析和设计的 CASE

用来帮助系统分析员更好地表达用户的需求，提出设计方案，以及分析信息的一致性、完整性和整体性。具体是：

①定义系统范围和系统边界；

②建立模型，描述现行信息系统；

③建立需求模型；

④设计信息系统，以满足用户的业务需求；

⑤建立特殊部件（如屏幕设计、报表设计等）的原型。

2）下游 CASE

下游 CASE 描述了支持 SDLC 后期几个阶段，包括用于系统详细设计和实施的 CASE 和用于系统维护的 CASE。

72

（1）用于系统详细设计和实施的 CASE

它主要是帮助设计人员和程序员更快地产生应用软件，其中包括：

①测试程序代码并改正其中错误；

②设计并自动生成像屏幕、数据库等特殊的或详细的系统设计部件；

③根据系统分析和设计说明书，自动生成完整的应用程序代码。

（2）用于系统维护的 CASE

它帮助系统分析员、设计员和程序员重新考虑不可避免的、永远变化的项目和技术环境。可用于对现运行系统进行再构造，而不是再开发。它包括：

①重新构造现行系统的程序代码；

②重新考虑用户需求的变化；

③在程序设计中充分利用新的技术；

④确定何时系统维护的费用已超过了系统的效益；

⑤发现新的信息，以便重新开发新的信息系统。

3）支持项目管理的、支持整个系统开发生命周期的 CASE

项目管理是任何一个项目中贯穿于整个信息系统开发生命周期的一个非常重要的活动，它可以帮助系统管理人员对项目进行合理的计划和进程安排，并对项目和资源进行有效的管理。主要包括：

（1）过程管理；

（2）项目评估；

（3）文档管理。

4）中央资源库和局部资源库

CASE 的中心结构是一个数据库，即中央资源库。它存储了各种图表、描述、规格说明、应用程序以及其他的一些开发副产品。因此，也有人称之为设计数据库、字典、百科全书等。

2.5.5.3 CASE 工具

1）典型的 CASE 通常包括下列工具

一个完整的 CASE 系统应该支持不同的开发管理和控制方法（结构化系统开发方法、快速原型法），也要支持系统开发中的各个阶段的活动。典型的 CASE 通常包括下列工具的一部分：

（1）图形工具：用图形和模型的方式表示信息系统所使用的各种技术。绘制结构图，生成图形符号，并能对其进行修改等操作。

（2）原型化工具：用于输入、输出、屏幕或报表的分析和设计，快速实现各种原型，包括界面原型、功能原型、性能原型等。

（3）代码生成器：从原型系统的工具中自动产生可执行的程序源代码。

（4）测试工具：用于测试各类错误，包括对程序的结构、生成的源代码、系统集成等各方面的测试，保证系统的质量。

（5）文件生成器：用于将图形、资源库描述、原型以及测试报告组装成正式的文档，产生用户系统文件。

2）CASE 工具之间的数据交换

CASE 工具之间的数据交换存在两个主要问题：一是问题协议的建立；二是交换数据的含义的一致性。比如，两个异国的学者讨论一个学术问题，那么通信手段（如电话）和通信语言（如英语）的问题就是协议问题，而所使用的术语的确切含义则是数据含义或语义的问题。

3）CASE 工具的特点

CASE 工具首先支持不同的软件开发方法（结构化系统开发方法、快速原型法、面向对象方法等）；其次支持软件开发生命周期的各个阶段（上游、下游、项目管理）。最后通过一系列集成化的软件工具、技术和方法，使整个计算机信息系统的开发自动化。

CASE 方法与其他方法相比，一般来说，有如下十个方面的特点：

（1）提高了信息系统的开发效率。

（2）提高了信息系统的开发质量。

（3）加快信息系统的开发进程。

（4）降低信息系统的开发费用。

（5）实现系统设计的恢复和逆向软件工程的自动化。

（6）自动产生程序代码。

（7）自动进行各类检查和校验。

（8）项目管理和控制实现自动化。

（9）软件工具高度集成化。

（10）提高了软件复用性和可移植性。

复习思考题

1. 从时间上进行划分，信息系统经历了哪三个阶段？请简要说明。

2. 工程管理信息系统的定义是什么？请绘制出其总体概念图。

3. 工程管理信息系统的系统特性包括哪些？

4. 工程管理信息系统的结构分为哪五种？请选择其中一种进行简要说明。

5. 工程管理信息系统的层级结构是怎样的？请绘图示意。

6. 简述工程管理信息系统的开发步骤。

7. 工程管理信息系统的开发方式有哪几种？请简述各种方式。

8. 什么是结构化系统开发方法？其生命周期可分为哪几个阶段？

9. 请简述结构化系统开发方法的特点。

10. 请简述原型法的开发过程。

11. 请简述原型法的特点。

12. 请简述结构化开发方法和原型法的适用范围。

13. 面向对象开发方法的特点是什么？

14. CASE 开发方法的体系结构包括哪四大类 CASE？

15. 假设某大型工程要开发一个成本管理信息系统，你觉得采用哪种开发方法比较合适？原因是什么？

第2篇　数据库基础

第3章　数据库概述

本章要点

本章对数据库进行了概述性介绍，数据库是工程管理信息系统的开发基础。

（1）数据库技术概述：介绍了数据组织层次，数据库的基本概念、发展历程、特点、文件组织形式、典型的数据库管理系统及其选择原则。

（2）数据模型：分为概念数据模型（简称概念模型）和逻辑数据模型（简称数据模型），是第四章数据库设计的基础。

（3）关系数据模型：是数据模型中目前最常用的一种，数据库设计和工程管理信息系统设计都以这部分内容作为基础知识。

（4）数据库系统结构：包括内部的模式结构（三级模式和二级映射）和外部的体系结构。

（5）数据仓库和大数据管理：数据仓库、数据挖掘和大数据管理是和数据库技术相关的几个概念。

3.1　数据库技术概述

计算机中应采取什么结构形式来存放大量的数据，才能反映出数据的内部联系，并使占用的存储空间最少，成本最低，存取、操作效率最高，这是数据组织要考虑的核心问题。

3.1.1　数据库概述

数据库技术产生于20世纪60年代末，是数据管理的最新技术，是计算机科学的重要分支。数据库技术是信息系统的核心和基础，它的出现极大地促进了计算机应用向各行各业的渗透。数据库的建设规模、数据库信息量的大小和使用频度已成为衡量一个国家信息化程度的重要标志。

3.1.2　数据组织的层次

数据的组织采用分层的思想，就像许多其他系统，如企业、工程项目组织一样。在以计算机为主要手段的信息处理中，数据的组织一般可分为数据项、记录、文件和数据库四个层次。

1）数据项

数据项（Data Item）是组成数据系统的有意义的最小基本单位，其作用是描述一个数据处理对象的某些属性。例如，若数据处理的对象是某工程，某工程的属性包括工程编号、工程名称、总投资等，则应设置一个数据项描述其"工程编号"属性，设置另一个数据项描述其"工程名称"属性，并且分别设置其他数据项，描述其他各个属性。

2）记录

与数据处理的某一对象有关的一切数据项构成了该对象的一条记录（Record）。若处理的对象是一个工程，则该工程的工程编号、工程名称、总投资等数据项构成了关于该工程的一条记录。标识记录的数据项称为关键项。通常把唯一地标识一条记录的关键项称为主关键项，通过主关键项可以寻找和确定一条唯一的记录。例如，在工程记录中，工程编号是记录的主关键项，它的值对应于一条唯一确定的记录。记录中除了主关键项外，其他数据项都可以作为次关键项，对应于一个次关键项的值可以有若干条记录，计算机的用户通过关键字查询数据。

3）文件

为了某一特定目的而形成的同类记录的集合称为文件（Document）。例如，工程文件包含有关工程的记录，但是，在需求时可以从某个现有文件中挑出一些特定的数据和记录重新组织，使之成为新的文件。文件的建立和维护，是计算机处理系统重要的工作之一。

4）数据库

按一定方式组织起来的逻辑相关的文件集合形成数据库（Database，DB）。数据库是数据结构体系中最高层的组织，是系统中所有文件的总和。运用数据库方式管理数据，可以把存在不同文件中的逻辑相关的数据改存在一个文件中，可以提高数据处理效率，也可以取消冗余的数据文件，这样每个应用文件不必拥有自己的数据文件，可以共享数据库中的数据。数据组织的层次结构如图 3.1 所示。

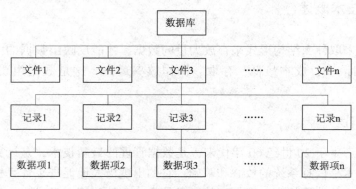

图 3.1　数据组织的层次结构

3.1.3　数据库的几个基本概念

1）数据

数据（Data）是数据库中存储的基本对象，是描述事物的符号记录。数据的种类包括：文字、图形、图像、声音。数据与其语义是不可分的。数据的形式不能完全表达其内容。如某个施工企业人员档案中的员工记录（李明，男，1986，江苏，工程部，施工员，2008），其语义为：员工姓名、性别、出生年月、籍贯、所在部门、职位、加入企业时间；解释为：李明是某个施工企业工程部施工员，1986年出生，江苏人，2008年加入企业。

2）数据库

数据库（Database，DB）是长期储存在计算机内、有组织的、可共享的大量数据集合。数据库中的数据按照一定的规格组织、描述和存储，具有较小冗余度和较高的数据独立性，易维护性与扩展性。更主要的是数据库中的数据可以共享使用，一经存储，数据库中的数据若不进行删除或修改等操作，则不会被损耗。

3）数据库系统

数据库系统（Database System，DBS）是指在计算机系统中引入数据库后的系统构成。在不引起混淆的情况下常常把数据库系统简称为数据库。数据库系统是由外模式、内模式和概念模式组成的多级系统结构，通常由数据库、数据库管理系统（及其开发工具）、硬件和软件支持系统、用户（最终用户、应用程序设计员和数据库管理员）构成。

数据库系统具有数据集成化、数据共享、数据的独立性、最小的数据冗余度、避免数据的不一致性，可以实施安全性保护，保证数据的完整性，可以发现故障和恢复正常状态，有利于实施标准化等特点。

4）数据库管理系统

数据库管理系统 DBMS 是位于用户与操作系统之间的一层数据管理软件。其用途是科学地组织和存储数据、高效地获取和维护数据。它提供以下五项功能：

（1）数据定义功能

DBMS 提供数据定义语言 DDL 来定义数据库结构，它们是刻画数据库框架，并被保存在数据字典中。

（2）数据存取功能

DBMS 提供数据操纵语言（Data Manipulation Language，DML），实现对数据库数据的基本存取操作，即检索、插入、修改和删除。

（3）数据库运行管理功能

DBMS 提供数据控制功能，即数据的安全性、完整性和并发控制等对数据库运行进行有效的控制和管理，以确保数据正确有效。

（4）数据库的建立和维护功能

包括数据库初始数据的批量装载、数据库转储、介质故障恢复、数据库的重组织、系统性能监视等功能。

（5）数据库的传输功能

DBMS 提供处理数据的传输，实现用户程序与 DBMS 之间的通信，通常与操作系统协调完成。

3.1.4 数据管理技术的产生和发展

数据管理就是对数据进行分类、组织、编码、存储、检索和维护，是数据处理的中心问题。数据管理技术随着计算机硬件和软件技术的发展，经历了人工管理、文件系统和数据库管理三个阶段。

1）人工管理阶段

20世纪50年代中期以前是人工管理阶段，是计算机用于数据管理的初级阶段。当时，计算机系统外存只有磁带、卡片、纸带等设备，没有磁盘等直接存取的存储设备；计算机没有操作系统，没有管理数据的软件。计算机只相当一个计算工具，主要用于科学计算。这个时期数据管理的主要特点在于：

（1）数据不长期保存

由于计算机主要用于科学计算，一般不需要将数据长期保存，只是在计算某一具体实例时将数据输入，用完就撤走。

（2）由程序来规定数据的逻辑和物理结构

数据由应用程序进行管理，应用程序不仅要规定数据的逻辑结构，还要设计数据的物理结构，包括存储结构、存取方法、输入输出方式等。因此，程序中存取数据的子程序随着存储的改变而改变，即数据与程序不具有独立性。不仅要花费许多精力在数据的物理布置上，而且如果数据在存储上有一些改变，就必须修改程序。这就迫使应用程序与物理地址直接打交道，效率低，数据管理不安全灵活。

（3）没有文件概念

数据的组织方式由程序员自行设计。

（4）数据不能共享

图3.2　人工管理阶段应用程序
与数据的对应关系

一组数据对应一个程序，数据是面向应用程序的，即使两个应用程序设计某些相同的数据，也必须各自定义，无法相互利用，相互参照，导致程序之间大量数据重复。

人工管理阶段应用程序与数据的对应关系为一对一的关系，如图3.2所示。

2）文件系统阶段

文件系统阶段从20世纪50年代末到60年代中期，这一阶段，计算机不仅用于科学计算，还大量用于管理。这阶段，硬件方面已经有了磁盘、磁鼓等直接存取的存储设备；软件方面，操作系统中已经有了专门的数据管理软件，一般称为文件系统。处理方式方面不仅有了文件批处理，还有了联机实时处理。

在文件系统阶段，数据可以长期保存，即数据能够以文件的形式有组织地被长期保存在外存储器上；系统能够通过程序反复对保存在外存储器上的数据进行查询、修改、插入和删除等操作；软件开始对数据进行管理。程序和数据之间有软件提供存取方法进行转换，有共同的数据查询修改的管理模块。文件的逻辑结构与存储结构由系统进行转换，使程序与数据有了一定的独立性。这样，程序员可以集中精力于算法，而不必过多地考虑物理细节。数据在物理存储上的改变不一定反映在程序上，从而极大地节省了维护程序的工作量。文件系统阶段应用程序与数据的对应关系如图3.3所示。

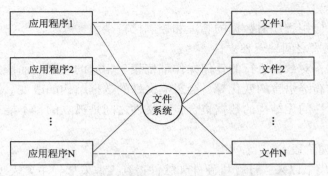

图 3.3　文件系统阶段应用程序与数据的对应关系

与人工管理阶段相比，文件系统在数据管理方面已经有了很大的改进，但还是存在许多缺点。

（1）缺乏灵活性

文件系统中，文件是为某一个特定应用程序服务的，文件的逻辑结构对该应用程序来说是优化的。一个文件至少需要 5 个管理程序，即建立文件结构程序；输入数据程序；删除数据程序；修改数据程序；显示数据程序。如果系统中存在 10 个数据文件，则系统至少有 50 个程序。因此，应用程序编写后，要相对现有的数据再增加新的应用是非常困难的，系统不容易扩充。一旦数据的逻辑结构改变，必须修改相应的应用程序，修改文件结构的定义，缺乏灵活性。

（2）数据冗余性

文件系统中文件基本上是对应于某个应用程序的，即数据是面向应用的。当不同的应用程序所需要的数据有部分相同时，也必须建立各自的文件，而不能共享相同的数据，导致同一个数据在多个数据文件中同时出现。因此，数据冗余度大，浪费存储空间。例如：某施工企业的人事基本情况数据文件中有：职工号、姓名、部门号、工龄、工资等数据项；现场项目部人力资源数据文件中有：职工号、姓名、部门号、工龄、工资等数据项。对于任何一个职工的数据，在这里出现了两次，极大浪费了存储空间，即数据的冗余度高。

（3）数据不一致性

由于相同数据的重复存储，各自管理，给数据的修改和维护带来了困难，容易造成数据的不一致性。如果修改了某个数据文件中的某些数据项的值，而其他数据文件中相应数据项的值没有被修改，就会出现数据不一致问题。例如，上面的例子的人事数据文件中，职工"张三"的工资值被调整，其他数据文件中，职工"张三"的工资值没有被调整，或对于姓名"张三"来说，在人事数据文件中输入的是"张三"，而在项目部人力资源数据文件中输入的是"张 三"，系统将认为是不同的两个人。

（4）数据之间缺乏联系

文件系统中数据的最小存取单位是记录，记录内有结构，数据的结构是靠程序定义和解释的，数据只能是定长的，可以间接实现数据变长要求，但访问相应数据的应用程序复杂了。文件间是独立的，因此数据整体无结构，可以间接实现数据整体的有结构，但必须在应用程序中描述数据间的联系。

（5）数据安全性差

文件系统中，应用程序对数据的管理和控制比较少。

（6）数据和程序之间缺乏独立性

在文件系统中，对数据进行的任何操作都依赖于相应的程序，而应用程序的修改，如应用程序所使用的高级语言的变化等，会影响文件的数据结构的改变。因此，文件系统仍然是一个不具有弹性的无结构的数据集合，即文件之间是孤立的，不能反映现实世界事物之间的内在关系。

3）数据库管理阶段

20 世纪 60 年代末以来，计算机硬件和软件得到飞速发展，主要表现在：

（1）计算机用于管理的规模更为庞大，应用越来越广泛，而且数据的共享要求越来越高；

（2）出现了大容量磁盘；

（3）联机实时处理要求更多了，并开始提出和考虑分布处理；

（4）软件价格上升，硬件价格下降，编制和维护系统软件及应用程序所需的成本相对增加。

为了解决多用户、多应用共享数据的需求，使数据为尽可能多地应用服务，出现了数据库这种数据管理技术，使得信息系统的研制从以加工数据为主转变到以共享的数据库为中心来进行。数据的高共享性的好处：降低数据的冗余度，节省存储空间；避免数据间的不一致性；使系统易于扩充。

数据库管理阶段的标志性事件有：

（1）1968 年，IBM 推出了商品化的基于层次模型的 IMS。

（2）1969 年，美国数据系统委员会（Conference on Data Systems Languages，CODA-SYL）下属的数据库任务组（Database Task Group，DBTG）发布了一系列研究数据库方法的报告，奠定了网状数据库模型的基础。

（3）1970 年，IBM 的 E. F. Codd 提出了关系模型，奠定了关系数据库管理系统（Relational Database Management System，RDBMS）的基础。

数据库管理阶段应用程序与数据的对应关系如图 3.4 所示。

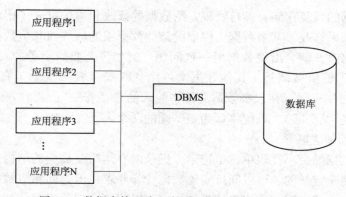

图 3.4　数据库管理阶段应用程序与数据的对应关系

数据管理技术三个阶段的产生背景和特点如表3.1所示。

数据管理技术三个阶段的产生背景和特点对比表　　　　　　　　表3.1

阶段 背景和特点		人工管理阶段	文件系统阶段	数据库管理阶段
产生背景	应用需求	科学计算	科学计算、管理	大规模管理
	硬件水平	无直接存取存储设备	磁盘、磁鼓、软盘	大容量磁盘
	软件水平	没有操作系统	有文件系统	有数据库管理系统
	处理方式	批处理	联机实时处理、批处理	联机实时处理，分布处理，批处理
特点	数据的管理	应用程序，数据不长期保存	文件系统，数据可长期保存	DBMS
	数据面向的对象	某一应用程序	某一应用程序	现实世界
	数据的共享程度	无共享、冗余度极大	共享性差、冗余度大	共享性高
	数据的独立性	不独立，完全依赖于程序	记录内有结构，整体无结构	高度的物理独立性和一定的逻辑独立性
	数据的结构化	无结构	独立性差，数据的逻辑结构改变必须修改应用程序	整体结构化
	数据控制能力	应用程序自己控制	应用程序自己控制	由DBMS统一管理和控制

3.1.5　数据库系统的特点

1）整体数据的结构化

在文件系统中，尽管其记录内部已有了某些结构，但记录之间没有联系。而数据库系统则实现了整体数据的结构化，这是数据库的主要特征之一，也是数据库与文件系统的本质区别。整体数据的结构化是指在描述数据时不仅要描述数据本身，还要描述数据之间的联系。数据库中实现的是数据的真正结构化，数据可以变长，数据的最小存取单位是数据项。数据结构化示例如图3.5所示。

2）数据共享性高、冗余度低、易扩充

数据共享性高是指数据被多个用户、多个应用同时使用。文件系统中的数据也可以被共享，但不能同时共享。

冗余度是指同一数据被重复存储的程度，数据库系统由于数据结构化，使得冗余度可能降到最低程度。

由于设计时主要考虑数据结构化，即面向系统，而不是面向某个应用，所以容易扩充。数据库系统可能因某个应用而产生，但设计时不能只考虑被某个应用所专用。

数据共享和减少冗余还能避免数据之间的不相容性和不一致性。

3）具有数据独立性

数据库系统中，应用程序取数不是直接从数据库中取数，而是通过DBMS间接取数，

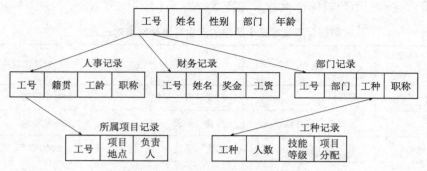

图 3.5　施工企业员工数据的结构化

所以能保持应用与数据库数据的物理独立性和一定的逻辑独立性。其中，物理独立性是指用户的应用程序与存储在磁盘上的数据库中数据是相互独立的，当数据的存储结构（或物理结构）改变时，通过 DBMS 的相应改变可以保持数据的逻辑结构不变，从而应用程序也不必改变；逻辑独立性是指用户的应用程序与数据库的逻辑结构是相互独立的，当数据的总体逻辑结构改变时，通过 DBMS 的相应改变可以保持数据的局部逻辑结构不变，应用程序是依据数据的局部逻辑结构编写的，所以应用程序不必改变。逻辑独立性在数据库中是有限的。

用户可以使用简单的逻辑结构操作数据而无需考虑物理结构，物理结构改变时，基本不影响数据的逻辑结构和应用程序。数据的独立性是由 DBMS 的二级映象功能来实现的。

4）数据由 DBMS 统一管理和控制

数据库管理系统提供了完整的数据控制功能，包括：

（1）并发性

并发性（Concurrency）指控制多个用户同时存取、修改数据库中的数据，以保证数据库的完整性。数据库的共享是并发的共享，即多个用户可以同时存取数据库中的数据，甚至可以同时存取数据库中同一个数据。并发控制机制的好坏是衡量一个数据库管理系统性能的重要标志之一。

（2）完整性

数据的完整性是指数据的正确性、有效性和相容性。即将数据控制在有效的范围内，或要求数据之间满足一定的关系。

①正确性：如输入工资时，应该输入数值，而实际输入了字符，即不正确。

②有效性：如输入工龄时，应该输入 0~70 之间的数据，而实际输入了-5，即无效。

③相容性：如输入对项目贡献率时，应该各员工贡献率之和加起来为 1，而实际输入数据加起来大于 1，即不相容。

完整性检查提供必要的功能，保证数据库中的数据在输入、修改过程中始终符合原来的定义和规定，在有效的范围内，或保证数据之间满足一定的关系。

（3）可恢复性

数据库的恢复指将数据库从错误状态恢复到某一已知的正确状态（亦称为完整状态或一致状态）的功能。计算机系统的硬件故障、软件故障、操作员的失误以及故意的破坏均会影响数据库中数据的正确性，甚至造成数据库部分或全部数据的丢失。因此数据库管理系统必须能够进行应急处理，将数据库从错误状态恢复到某一已知的正确状态。

（4）安全性

在数据库系统中大量数据集中存放，而且多用户共享，系统安全保护措施是否有效是数据库系统主要的性能指标之一。数据的安全性是指保护数据以防止不合法的使用所造成数据的泄密和破坏，使每个用户只能按规定，对某些数据以某些方式进行使用和处理。数据库的安全性体现在：

①用户标识与鉴别

用户标识和鉴别是系统提供的最外层的安全保护措施。其方法是每次用户要进入系统时由系统提供一定的方式让用户标识自己的名字或身份，系统对用户身份进行鉴定核实后才提供系统使用权，常用的方法有下列几种。

a）用户名或用户标识号：在定义外模式时为每个用户提供一个用户代号存放在数据字典中。用户使用系统时，系统鉴别此用户是否是合法用户，若是，则可进入下一步的核实，否则不能使用系统。

b）口令：为了进一步核实用户，系统常常要求用户输入口令。为保密起见，用户在终端上输入的口令不显示在屏幕上，系统核对口令以鉴别用户身份。以上的方法简单易行，但用户名、口令容易被人窃取，因此还可以用更可靠的方法。

c）随机数检验：用户根据预先约定好的计算公式求出一个数值作为动态口令送入计算机，当这个值与系统算出的结果一致时，才允许进入系统。

用户标识和鉴别可以重复多次。

②存取控制

在数据库系统中，为了保证用户只能存取有权存取的数据，系统要求对每个用户定义存取权限。存取权限包括两方面的内容：一方面是要存取的数据对象；另一方面是对此数据对象进行操作的类型。对一个用户定义存取权限就是要定义这个用户可以在哪些数据对象上进行哪些类型的操作。在数据库系统中对存取权限的定义称为"授权"，这些授权定义经过编译后存放在数据库中。对于获得使用权又进一步发出存取数据库操作的用户，系统就根据事先定义好的存取权限进行合法权检查，若用户的操作超出了定义的权限，系统拒绝执行此操作，这就是存取控制。

在非关系系统中，用户只能对数据进行操作，存取控制的数据对象也仅限于数据本身。而关系数据库系统中，DBA 可以把建立和修改基本表的权限授予用户，用户可利用这种权限来建立和修改基本表、索引和视图，因此，关系系统中存取控制的数据对象不仅有数据本身，还有模式、外模式和内模式等内容，如表 3.2 所示。

关系系统中的存取权限　　　　　　　　　　　　　　　　　表 3.2

	数据对象	操作类型
模式	模式	建立、修改、检索
	外模式	建立、修改、检索
	内模式	建立、修改、检索
数据	表	查找、插入、修改、删除
	属性列	查找、插入、修改、删除

③视图机制

视图机制可以将要保密的数据对无权存取这些数据的用户隐藏起来，这样就自动地提供了对数据的安全保护。

④审计

审计是现代计算机系统中必不可少的功能之一，其主要任务是对用户（包括应用程序）使用系统资源（包括软硬件和数据）的情况进行记录和审查，一旦发现问题，审计人员通过审计跟踪，可以找出原因，追查责任，防止类似问题再度发生。因此，审计往往作为保证数据库安全的一种补救措施。

数据库系统中的审计工作包括如下几种：

a）设备安全审计

主要审查关于系统资源的安全策略、各种安全保护措施及故障恢复计划等。

b）操作审计

对系统的各种操作（特别是一些敏感操作）进行记录、分析。记录内容包括操作的种类、所属事务、所属进程、用户、终端（或客户机）、操作时间、审计日期等。

c）应用审计

审计建于数据库之上的整个应用系统的功能、控制逻辑、数据流是否正确。

d）攻击审计

对已发生的攻击性操作及危害系统安全的事件（或企图）进行检测和审计。

一旦获得审计数据后，审计者可以检查各类控制信息、完整性约束等内容，以达到各种审计目的。

（5）数据加密

对于那些保密程度极高的数据（如用户标识、绝密信息等）和在网络传输过程中可能被盗窃的数据除采用上述种种安全保护措施外，一般还需采用数据加密技术，以密文形式保存和传输，保证只有那些知道密钥的用户可以访问。数据加密是防止数据库中的数据在存储和传输中失密的有效手段。

5）提高了系统的灵活性

对数据库中数据的操作既可以以记录为单位，也可以以记录中的数据项为单位。

在文件系统阶段，程序设计处于主导地位，数据只起着服从程序设计需要的作用。在数据系统管理阶段，数据结构设计成为核心，而数据库应用程序的设计则处于以既定的数据结构为基础的外围地位。

3.1.6　数据库中的文件组织形式

文件组织形式是建立并确定数据记录的物理顺序和逻辑顺序之间的对立关系。其中，数据的逻辑组织是指相关记录在逻辑上的编排，编排的形式可以是顺序的、随机的、索引的、倒排的等等。逻辑文件的基本单位是逻辑记录（简称记录）。其体积是指一条记录的长度，即各数据字段长度的和，主要反映数据的逻辑存储关系。逻辑记录是数据在用户或应用程序员面前所呈现的方式。

数据的逻辑组织，即由关联的数据（相关记录）要存储在外存上才能形成一个物理文件，即数据的物理组织。数据的物理组织即数据的物理存储方式，它依赖于存储的介质。

1) 顺序文件

文件的顺序组织方式是指文件中数据记录的物理顺序与逻辑顺序一致的方式。在顺序文件中，文件记录按关键字值的递增（或递减）次序排序，形成其逻辑顺序。

顺序文件可以存储在不同的物理介质上。当顺序文件存储在顺序存取介质——磁带上时，文件内的逻辑记录按逻辑顺序的先后，顺序地排列在磁带介质上，如图 3.6 所示。在图中，文件的关键字为工号，按照工号顺序递增排列，相对磁道也按顺序递增排列。

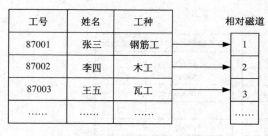

图 3.6　顺序文件

建立在顺序存取设备上的顺序文件，只能按顺序扫描的方法查找，即按照记录关键字的大小，从文件的第一个记录开始一个一个地查找，直到找到所需的记录为止。当然，查找时主要查找记录序号或关键字，而不关心记录的具体内容。

顺序文件也可以存储在随机存取介质如磁盘、光盘上。顺序文件内的逻辑记录顺序地排列在磁盘介质上。它需要磁盘提供足够的空间。

建立在随机存储设备上的顺序文件，除了可顺序查找外，还可以对分检索、分块检索及按探察法等算法进行查找，提高了查询效率。

2) 索引文件

具有索引表（简称索引）的文件称为索引文件。索引文件由索引表和主文件两部分构成。其中，索引表是一张指示逻辑记录和物理记录之间对应关系的表。索引表中的每项称作索引项。索引文件必须存储于随机存取介质（如磁盘）上，并分成两个区，即两个文件，一个是索引区，另一个是数据记录区。建立索引文件时，系统自动开辟索引区，并按记录进入的物理顺序登记索引项（包括记录关键字与记录地址），最后将索引区的索引按关键字值的大小排序，建立索引文件，因此，索引文件必定是按键（或逻辑记录号）顺序排列的，如图 3.7 所示。

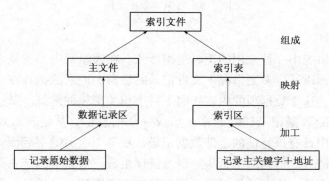

图 3.7　索引文件

（1）索引顺序文件

主文件本身也是按关键字顺序排列的索引文件称为索引顺序文件（Indexed Sequential

File)。在索引顺序文件中，可对一组记录建立一个索引项。这种索引表称为稀疏索引。通常将索引顺序文件简称为索引文件。索引顺序文件的主文件是有序的，适合于随机存取、顺序存取。索引顺序文件的索引是稀疏索引，索引占用空间较少，是最常用的一种文件组织，如图 3.8 所示，主文件本身是按关键字工号顺序排列的。

		主文件			索引表	
记录地址	工号	姓名	工资		主关键字（工号）	记录地址
A	870001	张三	456		870001	A
B	870002	李四	645		870002	B
C	870003	王五	587		870003	C
D	870004	孙六	676		870004	D
E	870005	钱七	565		870005	E

图 3.8　索引顺序文件

（2）索引非顺序文件

主文件不按主关键字值排列的索引文件称为索引非顺序文件（Indexed Non Sequential File）。在索引非顺序文件中，必须为每个记录建立一个索引项，这样建立的索引表称为稠密索引。索引非顺序文件的主文件没有顺序，顺序存取将会频繁地引起磁头移动，适合于随机存取，不适合于顺序存取。图 3.9 就是索引非顺序文件，主文件不按主关键字顺序排列。

		主文件			索引表	
记录地址	工号	姓名	工资		主关键字（工号）	记录地址
A	870005	张三	456		870001	C
B	870002	李四	645		870002	B
C	870001	王五	587		870003	E
D	870004	孙六	676		870004	D
E	870003	钱七	565		870005	A

图 3.9　索引非顺序文件

3）链表文件

表组织是信息系统中一种常用的逻辑组织形式。在表组织中，着重考虑用指针建立许多不同的逻辑联系，以适合多变情况下文件记录的检索。记录的指针在文件组织中是用一个数据项来表示的，这个数据项的内容指向下一个相关记录的地址。就这样，通过指针项将具有某一属性值的数据记录链接起来，形成一条信息链。从链头开始，顺序扫描到链尾，就可获取文件中具有该特征的全部数据记录。在某个次关键字后面建立各指针项列构成的简单表，称为链表。信息链由链头、链及链尾组成。信息链的链头是指向第一个逻辑记录的入口地址，而第一个记录的指针又指向第二个逻辑记录的地址，依此类推。最后一个逻辑记录，指针含有一个特殊的结束符号，该记录就是信息链的链尾。

链表文件（Linked List File）将逻辑上连续的文件信息分散存放在若干不连续的物理块中，其中每个物理块设有一个指针，指向其后续连接的另一个物理块。使用链结构时，不必在文件说明信息中指明文件的长度，只要指明该文件的第一个块号就可以按链指针检索整个文件。链表文件的另一个特点是文件长度可以动态地增长，只要调整链指针就可在任何一个信息块之间插入或删除一个信息块。

例如，表 3.3 为某企业职工信息表，主关键字为职工号，次关键字为"部门编号"和"工作年限"。对该表的次关键字"部门编号"建立链表文件，如表 3.4 所示。

职工信息表   表 3.3

记录地址	职工号	姓名	部门编号	工作年限
A	1111	Jack	DT	4
B	1121	Rose	NW	11
C	1981	Lucy	DT	23
D	2014	Jon	DT	2
E	2084	Jane	NW	3
F	2918	Morgan	NW	4
G	3001	Bill	EA	16
H	3101	Smith	DT	7
I	3241	Ivan	EA	15
J	3358	John	DT	12
K	3861	Green	NE	9
L	3871	Joe	NE	18

链表文件   表 3.4

部门编号 （次关键字值）	记录个数 （链表长度）	入口地址 （链头指针）	链尾指针
DT	5	A	J
NW	3	B	F
EA	2	G	I
NE	2	K	L

4）倒排文件

对每个次关键字都设立一个索引，每种关键字值对应一个索引项，将具有相同关键字值的记录地址都保存在相应的索引项中。这种按次关键字组织的索引称为次索引或倒排索引，带有次索引或倒排索引的文件称为倒排文件。

若对数据文件的全部关键字都建立次索引文件，则称为全倒排文件。采用全倒排文件时，每一个数据项都是检索的依据，往往只要查询有关内容的索引，就可以查询所需的内容，而不需要查询文件本身。如对表 3.3 建立倒排文件，如表 3.5 所示。

次关键字值	指针				
部门编号					
DT	A	C	D	H	J
NW	B	E	F		
EA	G	I			
NE	K	L			
工作年限 N					
N≤5	A	D	E	F	
5<N≤10	H	K			
10<N≤15	B	I	J		
15<N≤20	G	L			
N>20	C				

　　建立倒排文件的目的是为了加快检索，缩短系统响应时间。虽然，全倒排文件特别适用于信息检索，但是全倒排文件的索引大，占有的存储空间也大，只有对查询中频繁涉及的数据项才作为次关键字，建立次索引。对不常查询的数据项不必建立索引，这样可以减小占用的存储空间和缩短插入，修改或删除记录的时间。

3.1.7　典型的数据库管理系统

　　目前，在市场上能见到的 DBMS 产品比较多，比如 FoxPro、Oracle、Sybase、Informix、SQL Server、Access、My SQL、DB2 等，这些产品的性能各有千秋。下面对它们的主要特点分别作简要介绍。

　　1）Visual FoxPro

　　Visual FoxPro 简称 VFP，源于美国 Fox Software 公司推出的数据库产品 FoxBase，在 DOS 上运行。之后，Fox Software 公司被微软收购，微软对其加以发展，使其可以在 Windows 上运行，并且更名为 Visual FoxPro。目前最新版为 Visual FoxPro 9.0（发布于 2007 年），微软对其的支持只维持到 2015 年。在桌面型数据库应用中，VFP 处理速度极快，是日常工作中的得力助手。

　　VFP 由于自带免费的 DBF 格式的数据库，在国内曾经是非常流行的开发语言。VFP 主要用在小规模企业单位的 MIS 系统开发。由于 VFP 不支持多线程编程，其 DBF 数据库在大量客户端的网络环境中对数据处理能力比较吃力。

　　2）Oracle Database

　　Oracle Database，又名 Oracle RDBMS，或简称 Oracle，是甲骨文公司的以分布式数据库为核心的一款关系数据库管理系统，是目前最流行的客户/服务器（C/S）或 B/S 体系结构的数据库之一，是目前世界上使用最为广泛的数据库管理系统。Oracle 数据库系统可移植性好、使用方便、功能强，适用于各类大、中、小、微机环境。它是一种高效率、可靠性好的、适应高吞吐量的数据库解决方案。

3）Sybase 数据库

美国 Sybase 公司研制的一种关系型数据库系统，是一种典型的 Unix 或 Windows NT 平台上客户/服务器环境下的大型数据库系统。

Sybase 系统是真正开放的数据库，为了让其他语言编写的应用能够访问数据库，Sybase 数据库公开了应用程序接口 DB-LIB，鼓励第三方编写 DB-LIB 接口。由于开放的客户 DB-LIB 允许在不同的平台使用完全相同的调用，因而使得访问 DB-LIB 的应用程序很容易从一个平台向另一个平台移植。

Sybase 真正吸引人的地方还是它的高性能，包括可编程数据库、事件驱动的触发器和多线索化三大特性。

4）Informix 数据库

Informix 数据库管理系统是 IBM 公司出品的关系数据库管理系统家族，是最早在 Unix 系统下运行的关系 DBMS，以后又进行了扩展，其范围从以 Unix 为基础的 PC 机到运行 Unix 的大型机，以及 MS DOC、Windows、Netware 和 Windows NT 下运行的个人机都有相应的产品支持。Informix 数据库是 Unix 系统上效率高、性能好的 RDBMS。但 Informix 数据库不能在异构 DBMS 之间复制数据，这会影响 Informix 系统应用的广泛性。

5）Microsoft SQL server

Microsoft SQL Server 是 Microsoft 公司推出的关系型数据库管理系统，具有使用方便、可伸缩性好、与相关软件集成程度高等优点，可跨越从运行 Microsoft Windows 98 的膝上型电脑到运行 Microsoft Windows 2012 的大型多处理器的服务器等多种平台使用，一般不适合 Unix 平台使用。

6）Microsoft Access

作为 Microsoft Office 组件之一的 Microsoft Access 是在 Windows 环境下非常流行的桌面型数据库管理系统。使用 Microsoft Access 无需编写任何代码，只需通过直观的可视化操作就可以完成大部分数据管理任务。在 Microsoft Access 数据库中，包括许多组成数据库的基本要素。这些要素包括存储信息的表、显示人机交互界面的窗体、有效检索数据的查询、信息输出载体的报表、提高应用效率的宏、功能强大的模块工具等。它不仅可以通过 ODBC 与其他数据库相连，实现数据交换和共享，还可以与 Word、Excel 等办公软件进行数据交换和共享，并且通过对象链接与嵌入技术在数据库中嵌入和链接声音、图像等多媒体数据。一些专业的应用程序开发人员使用 Access 用作快速应用开发，可是如果是多个网络存取数据的话，Access 的可扩放性并不高。

7）My SQL

My SQL 是一个关系型数据库管理系统，由瑞典 My SQL AB 公司开发，属于 Oracle 旗下产品。My SQL 是最流行的关系型数据库管理系统之一，在 WEB 应用方面，My SQL 是最好的关系数据库应用软件之一。

My SQL 是一种关联数据库管理系统，关联数据库将数据保存在不同的表中，而不是将所有数据放在一个大仓库内，增加了速度并提高了灵活性。

My SQL 的特点在于：

（1）开源，不需要支付额外费用；

（2）支持大型数据库，可以处理拥有上千万条记录的大型数据库；

（3）使用标准的 SQL 数据语言形式；

（4）可以运行于多个系统上，并且支持多种语言，包括 C、C++、Python、Java、Perl、PHP、Eiffel、Ruby 和 Tcl 等；

（5）对 PHP（目前最流行的 Web 开发语言）有很好的支持；

（6）支持大型数据库，支持 5000 万条记录的数据仓库，32 位系统表文件最大可支持 4GB，64 位系统支持最大的表文件为 8TB；

（7）可以定制，采用了 GPL 协议，可以修改源码来开发自己的 My SQL 系统。

8）DB2

IBM DB2 是美国 IBM 公司开发的关系型数据库管理系统，它主要的运行环境为 UNIX（包括 IBM 的 AIX）、Linux、IBM i（旧称 OS/400）、z/OS，以及 Windows 服务器版本。

DB2 主要应用于大型应用系统，具有较好的可伸缩性，可支持从大型机到单用户环境，应用于所有常见的服务器操作系统平台下。DB2 提供了高层次的数据利用性、完整性、安全性、可恢复性，以及小规模到大规模应用程序的执行能力，具有与平台无关的基本功能和 SQL 命令。

DB2 采用了数据分级技术，能够使大型机数据很方便地下载到 LAN 数据库服务器，使得客户机/服务器用户和基于 LAN 的应用程序可以访问大型机数据，并使数据库本地化及远程连接透明化。

DB2 以拥有一个非常完备的查询优化器而著称，其外部连接改善了查询性能，并支持多任务并行查询。

DB2 具有很好的网络支持能力，每个子系统可以连接十几万个分布式用户，可同时激活上千个活动线程，对大型分布式应用系统尤为适用。

DB2 有众多版本，为了增强可选择性，IBM 允许客户不购买他们不需要的特性。示例版本包括 Express、Workgroup 和 Enterprise 版本。基于 Linux/UNIX/Windows 的最复杂的版本是 DB2 Data Warehouse Enterprise Edition，缩写为 DB2 DWE，偏重于混合工作负荷（线上交易处理和数据仓库）和商业智能的实现。DB2 DWE 包括一些商务智能的特性例如数据挖掘技术（Extract-Transform-Load，ETL）、联机分析处理（Online Analytical Processing，OLAP）加速以及在线分析（In-line Analytics）。

3.1.8 数据库管理系统选择原则

选择数据库管理系统时应从以下十二个方面予以考虑：

1）构造数据库的难易程度

（1）分析数据库管理系统有没有范式的要求，即是否必须按照系统所规定的数据模型分析现实世界，建立相应的模型；

（2）数据库管理语句是否符合国际标准，符合国际标准则便于系统的维护、开发、移植；

（3）有没有面向用户的易用的开发工具；

（4）所支持的数据库容量，数据库的容量特性决定了数据库管理系统的使用范围。

2）程序开发的难易程度

（1）有无计算机辅助软件工程工具 CASE：计算机辅助软件工程工具可以帮助开发者根据软件工程的方法提供各开发阶段的维护、编码环境，便于复杂软件的开发、维护。

（2）有无第四代语言的开发平台：第四代语言具有非过程语言的设计方法，用户不需编写复杂的过程性代码，易学、易懂、易维护。

（3）有无面向对象的设计平台：面向对象的设计思想十分接近人类的逻辑思维方式，便于开发和维护。

（4）有无对多媒体数据类型的支持：多媒体数据需求是今后发展的趋势，支持多媒体数据类型的数据库管理系统必将减少应用程序的开发和维护工作。

3）数据库管理系统的性能分析

包括性能评估（响应时间、数据单位时间吞吐量）、性能监控（内外存使用情况、系统输入/输出速率、SQL 语句的执行，数据库元组控制）、性能管理（参数设定与调整）。

4）对分布式应用的支持

包括数据透明与网络透明程度。

（1）数据透明是指用户在应用中不需指出数据在网络中的什么节点上，数据库管理系统可以自动搜索网络，提取所需数据；

（2）网络透明是指用户在应用中无需指出网络所采用的协议，数据库管理系统自动将数据包转换成相应的协议数据。

5）并行处理能力

包括支持多 CPU 模式的系统，负载的分配形式，并行处理的颗粒度、范围等。

6）可移植性和可扩展性

可移植性指的是数据库系统不经修改或稍加修改就可运行于不同软硬件环境的能力。可扩展性反映数据库系统适应"变化"的能力，如增加新功能等。

7）数据完整性约束

数据完整性约束包括实体完整性、参照完整性和用户定义的完整性。

8）并发控制功能

对于分布式数据库管理系统，并发控制功能是必不可少的。因为它面临的是多任务分布环境，可能会有多个用户点在同一时刻对同一数据进行读或写操作，为了保证数据的一致性，需要由数据库管理系统的并发控制功能来完成。评价并发控制的标准应从下面四方面加以考虑：

（1）保证查询结果一致性方法；

（2）数据锁的颗粒度（数据锁的控制范围，表、页、元组等）；

（3）数据锁的升级管理功能；

（4）死锁的检测和解决方法。

9）容错能力

即异常情况下对数据的容错处理，评价标准包括：硬件的容错，有无磁盘镜像处理功能软件的容错，有无软件方法异常情况的容错功能。

10）安全性控制

即安全保密的程度，包括账户管理、用户权限、网络安全控制、数据约束等。

11）支持汉字处理能力

包括数据库描述语言的汉字处理能力（表名、域名、数据）和数据库开发工具对汉字的支持能力。

12）当突然停电、出现硬件故障、软件失效、病毒或严重错误操作时，系统应提供恢复数据库的功能，如定期转存、恢复备份、回滚等，使系统有能力将数据库恢复到损坏以前的状态。

3.2 数据模型

3.2.1 数据模型概述

建立数据库系统离不开数据模型。模型是对现实世界的抽象，在数据库技术中，用模型的概念描述数据库的结构与语义，对现实世界进行抽象。能表示实体类型及实体间联系的模型称为"数据模型"。

数据模型应满足三方面要求：

1）能比较真实地模拟现实世界；

2）容易为人所理解；

3）便于在计算机上实现。

数据模型的种类很多，目前被广泛使用的可分为两种类型：

1）概念模型

一种独立于计算机系统的数据模型，完全不涉及信息在计算机中的表示，只是用来描述某个特定组织所关心的信息结构，也称为"概念数据模型"。概念模型是按用户的观点对数据建模，强调其语义表达能力，概念应该简单、清晰、易于用户理解，它是对现实世界的第一层抽象，是用户和数据库设计人员之间进行交流的工具。其典型代表就是著名的"实体-关系模型"。

2）数据模型

是直接面向数据库的逻辑结构，它是对现实世界的第二层抽象。这种模型直接与数据库管理系统有关，也称为"逻辑数据模型"，包括层次模型、网状模型、关系模型和面向对象模型。逻辑数据模型应该包含数据结构、数据操作和数据完整性约束三个部分，通常有一组严格定义的无二义性语法和语义的数据库语言，人们可以用这种语言来定义、操作数据库中的数据。

客观对象的抽象过程分为两步抽象，其中，第一步是现实世界中的客观对象抽象为概念模型；第二步是把概念模型转换为某一 DBMS 支持的数据模型。概念模型是现实世界到机器世界的一个中间层次。

3.2.2 概念模型

概念模型是对真实世界中问题域内的事物的描述，不是对软件设计的描述。概念的描述包括：记号、内涵和外延，其中记号和内涵（视图）是其最具实际意义的。概念模型用于信息世界的建模，它是现实世界到信息世界的第一层抽象，是数据库设计的有力工具，也是数据库开发人员与用户之间进行交流的语言。因此，概念模型既要有较强的表达能力，又应简单、清晰、易于理解。

在管理信息系统中，概念模型是设计者对现实世界的认识结果的体现，是对软件系统的整体概括描述。

1）概念模型的用途及基本要求

（1）概念模型的用途

①用于信息世界的建模；

②是现实世界到机器世界的一个中间层次；

③是数据库设计的有力工具；

④数据库设计人员和用户之间进行交流的语言。

（2）对概念模型的基本要求

①较强的语义表达能力，能够方便、直接地表达应用中的各种语义知识；

②简单、清晰、易于用户理解。

2）概念模型中的几个基本概念

（1）实体

客观存在并可相互区别的事物称为实体（Entity）。实体可以是具体的人、事、物或抽象的概念。

（2）属性

实体所具有的某一特性称为属性（Attribute）。一个实体可以由若干个属性来刻画。

（3）码

唯一标识实体的属性集称为码（Key）。

（4）域

属性的取值范围称为该属性的域（Domain）。

（5）实体型

用实体名及其属性名集合来抽象和刻画同类实体称为实体型（Entity Type）。

（6）实体集

同型实体的集合称为实体集（Entity Set）。

（7）联系

现实世界中事物内部以及事物之间的联系在信息世界中反映为实体内部的联系和实体之间的联系（Relationship）。

3）概念模型的表示方式

P. P. S. Chen 于 1976 年提出了实体-联系方法（Entity-Relationship Approach），简称 E-R 方法。E-R 方法用 E-R 图来描述现实世界的概念模型，E-R 图也称为 E-R 模型。E-R 图为实体-联系图，提供了表示实体型、属性和联系的方法，用来描述现实世界的概念模型。构成 E-R 图的基本要素是实体型、属性和联系。

E-R 图中的基本表示方式：

（1）实体型：用矩形表示，矩形框内写明实体名。

（2）属性：用椭圆形表示，并用无向边将其与相应的实体连接起来。

（3）联系本身：用菱形表示，菱形框内写明联系名，并用无向边分别与有关实体连接起来，同时在无向边旁标上联系的类型（1:1、1:n 或 m:n），如图 3.10 所示。

（4）联系的属性：联系本身也是一种实体型，也可以有属性。如果一个联系具有属性，则这些属性也要用无向边与该联系连接起来。

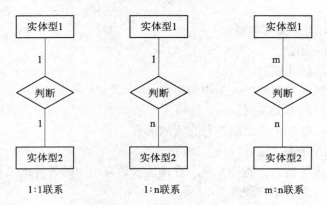

图 3.10　E-R 图中的基本表示方式

3.2.3　数据模型

数据模型是描述数据库中记录间关系的数据结构方式，所以一般理解为数据结构。数据结构能反映组织中各业务信息的内在联系，这种联系可能是错综复杂的网络状，也可能是从属联系的层次状。因而要使用数据结构将这种关系反映出来，以使数据能从面向用户的逻辑关系转化成为计算机的存储结构，反之亦然。由于数据库中数据的存取由 DBMS 来完成，因此建立数据库模型必须与 DBMS 所提供的数据模型相一致。

数据模型主要有以下四种，其中前两种可归为同一类中。

1）非关系模型

非关系模型包括网状模型和层次模型，其数据结构都是以基本层次联系为基本单位。

（1）网状模型

用有向图结构表示实体类型及实体间联系的数据结构模型称为网状模型（Network Model）。其特点是用网络结构表示实体类型及其实体之间联系的模型。网状数据模型满足以下三个条件：①允许一个以上的结点没有双亲节点（有多根）；②至少一个节点有多个双亲；③两个节点之间可以有两种或多种联系。图 3.11 所示就是一个网状模型。在网状模型中，任何一个节点可以和任意多个节点相连，即实体之间的关系是多对多关系。

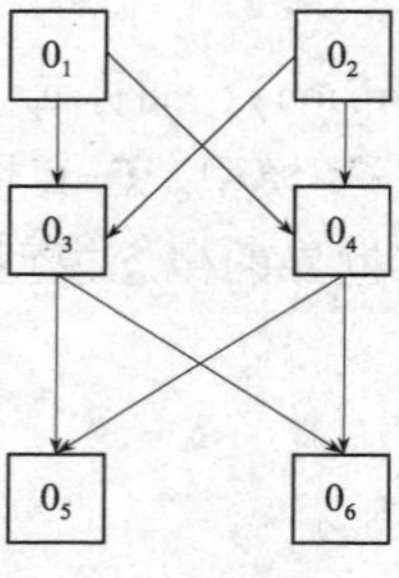

网状模型是最早出现的数据模型。网状模型特点为：

①网状模型中以记录为数据的存储单位，一个记录包含若干数据项。网状数据库的数据项可以是多值的和复合的数据。每个记录有一个唯一地标识它的内部标识符，称为码（Database Key，DBK），它在一个记录存入数据库时由 DBMS 自动赋予。DBK 可以看作记录的逻辑地址，可作记录的替身，或用于寻找记录。

②网状数据模型通常将所有记录用系，即记录的集合来表示。每一个系都包含一个主记录和若干个子记录，并允许一个记录同时属于

图 3.11　网状模型

几个系，即允许多个主记录。数据间的联系用链接（可看作指针）来表示。数据库中的记录可被组织成任意图的集合。

③网状数据库是导航式数据库，用户在操作数据库时不但说明要做什么，还要说明怎么做。例如在查找语句中不但要说明查找的对象，而且要规定存取路径。

世界上第一个网状数据库管理系统也是第一个 DBMS 是美国通用电气公司 Bachman 等人在 1964 年开发成功的 IDS（Integrated Data Store）。1971 年，美国数据系统委员会中的数据库任务组（DBTG）提出了一个著名的 DBTG 报告，对网状数据模型和语言进行了定义，并在 1978 年和 1981 年进行了修改和补充。因此网状数据模型又称为 CODASYL 模型或 DBTG 模型。1984 年美国国家标准协会（ANSI）提出了一个网状定义语言（Network Definition Language，NDL）的推荐标准。在 20 世纪 70 年代，曾经出现过大量的网状数据库的 DBMS 产品。比较著名的有 Cullinet 软件公司的 IDMS，Honeywell 公司的 IDSII，Univac 公司的 DMS1100，HP 公司的 IMAGE 等。网状数据库模型对于层次和非层次结构的事物都能比较自然地模拟，在关系数据库出现之前网状 DBMS 要比层次 DBMS 用得普遍。

网状模型的数据独立性较差，用户使用不方便，但在整个数据库技术的发展过程中有着重大的影响。网状模型现在只在较老的数据库系统中使用了。

（2）层次模型

用树结构表示实体之间联系的模型叫层次模型（Hierarchical Model）。树是由节点和连线组成的，节点表示实体的集合，连线表示两实体间的联系，但这种联系只能是一对一联系或者一对多联系。

现实世界中很多事物是按层次组织起来的，层次数据模型的提出，首先是为了模拟这种按层次组织起来的事物。层次数据库也是按记录来存取数据的。层次数据模型中最基本的数据关系是基本层次关系，它代表两个记录型之间一对多的关系，也叫做双亲子女关系（PCR）。层次模型满足以下两个条件：①有且只有一个节点没有双亲节点（这个节点叫根节点）；②除根节点外的其他节点有且只有一个双亲节点。在层次模型中从一个节点到其双亲的映射是唯一的，所以对每一个记录型（除根节点外）只需要指出它的双亲，就可以表示出层次模型的整体结构，如图 3.12 所示。

层次模型与网状模型类似，分别用记录和链接来表示数据和数据间的联系。与网状模型不同的是：层次模型中的记录只能组织成树的集合而不能是任意图的集合。层次模型可以看成是网状模型的特例，它们都是格式化模型。它们从体系结构、数据库语言到数据存储管理均有共同的特征。在层次模型中，记录的组织不再是一张杂乱无章的图，而是一棵"倒长"的树。

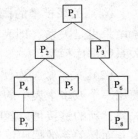

图 3.12　层次模型

层次模型的局限性：

①在层次数据库模型中，必须从根开始的某条路径提出询问，否则不能直接回答。

②对于多对多的联系，层次模型必须设法分解为一对多的联系，不能直接进行表达。

最著名最典型的层次数据库系统是 IBM 公司的 IMS。著名的层次型数据库有：Adabas、GT. M 、IMS、Caché（software）、Metakit 、Multidimensional hierarchical toolkit、Mumps compiler。在现存的许多信息系统中，层次模型虽然仍在使用，但在新系统的开发中已经不再使用这种模型了。

作为非关系模型，层次模型和网状模型一般只在较老的数据库系统中使用，在新系统开发时一般不选择这种数据库模型，原因在于层次、网状模型必须在查询之前就确定记录之间的关系，并在系统中实际实现这种关系。因此，记录之间的关系就由模型相对固定，一般用户在特定的查询中所要求的与已经实现的关系不同，完成查询要么很困难，要么浪费时间。所以，对于那些经常涉及数据库特定的管理查询的分析、计划活动，层次或网状数据库就不能够给予有效的支持。层次模型和网状模型的优点就是数据库处理结构化、操作性数据的速度很快。

2）关系模型

网状数据库和层次数据库已经很好地解决了数据的集中和共享问题，但是在数据独立性和抽象级别上仍有很大欠缺。用户在对这两种数据库进行存取时，仍然需要明确数据的存储结构，指出存取路径。而后来出现的关系数据库较好地解决了这些问题。

关系模型（Relational Model）用二维表表示实体和实体间联系的数据模型。在关系模型中，所有的数据都被组织成为"二维表"的形式，即关系模型用满足一定条件的二维表描述数据间的相互关系。

关系模型的性质包括：

（1）表中每一项必须是基本项（初等项）；

（2）表中每一列必须是相同的数据类型；

（3）每一列必须有段名（项名），且同一表格中段名不能重复；

（4）表中不能有相同的行（即不能有相同的记录）；

（5）行列的顺序均不影响表中信息的内容。

关系数据库是如今信息系统使用的主流数据库模型，例如 Oracle、Informix、Sybase、DB2 等，以及局域网上的 SQL Server 等。层次和网状数据库模型都要求数据库记录之间局部明确的关系或链接，而且每次只处理一种类型记录的数据，而关系数据库模型完全没有上述要求。

关系数据模型的优点：

（1）关系模型的概念单一。无论实体还是实体之间的联系都用关系表示。对数据的检索结果也是关系（即表）。很多用户人员经常接触一些表格形式的数据，因此很容易理解关系数据库模型。

（2）关系数据库使用户可以灵活地进行查询和建立报表。表的查询与新表的建立可以使用一个或多个表中的部分或全部数据。在建立关系数据库时不必明确数据项之间的所有关系，新的链接可以随时建立。因此，关系数据库模型要比层次、网状数据库模型灵活得多，而且关系数据库可以使用户方便地制作特定的报告、进行特定的查询。

（3）关系模型用键导航数据，其表格简单，用户只需用简单的查询语句就可以对数据库进行操作，并不涉及存储结构、访问技术等细节。结构化查询语言 SQL 是关系数据库的代表性语言，已经得到了广泛的应用。

（4）关系模型的存取路径对用户透明，从而具有更高的数据独立性、更好的安全保密性，也简化了程序员的工作和数据库开发建立的工作。

关系数据库的缺点：由于没有事先规定数据项之间的关系，对于大的批处理应用程序，关系数据库的运行速度要比层次、网状模型数据库慢。

3）面向对象模型

当今管理所使用的非文本信息的比例日益提高，图像、图画、声音、录像等非文本数据越来越多，这些数据是由多媒体系统、计算机辅助软件工程、计算机辅助设计及其他工程设计系统产生的，与典型的面向事务处理数据库系统中的信息有很大的区别。面向对象数据模型（Object Oriented Model）技术最适于管理这些数据类型。面向事务处理数据系统中的数据必须以特定的规范方式输入，而且用户通常项完成的也只是作总结、合计和列出某些选定数据等。而对于面向对象数据库，数据可以不是事务，而是许多在类型、长度、内容和形式上有实质差异的复杂数据类型。

面向对象模型是用对象和类表示实体型和实体间联系的数据模型。在面向对象数据库中，每个对象的数据、描述对象的行为、属性的说明三者是封装在一起的。其中，对象之间通过消息相互作用，且每个对象都由一组属性来描述。例如，在一个建筑图纸数据库中，"建筑"这一对象与其他数据一样都要包含类型、尺寸、颜色等属性。每个对象还要包括一套方法或例行过程，如图 3.13 所示，面向对象数据库中的建筑、楼层和房间对象。

图 3.13　面向对象的数据库模型

具有相同属性及方法的对象被称为一个类。例如，建筑、楼层、房间就是建筑图纸数据库中分属三个类的对象。更进一步说，某对象的行为及属性可以由同一个类中的其他对象所继承。这样，在同一个类中的建筑可以继承该类建筑的属性及行为。这种方式减少了编程代码总量，加速了应用程序的开发。结果产生了"可重用对象"库，其中的对象可以重复使用。将库中对象集成到一起，就可以产生新的应用程序，就如同一辆车由许多零部件组装在一起。

面向对象技术也有弊端，就是它与其他数据库技术有本质区别，因此，开发人员在学习使用时有一定的难度。

在上述四种模型中，层次模型和网状模型已经很少应用，而面向对象模型比较复杂，尚未达到关系模型数据库的普及程度。目前理论成熟、使用普及的模型就是关系模型。

3.3　关系数据模型

关系数据库理论出现于 20 世纪 60 年代末到 70 年代初。1970 年，IBM 的研究员 E. F. Codd 博士发表《大型共享数据银行的关系模型》一文提出了关系模型的概念。后来 Codd 又陆续发表多篇文章，奠定了关系数据库的基础。关系模型有严格的数学基础，抽象级别比较高，而且简单清晰，便于理解和使用。但是当时也有人认为关系模型是理想化的数据模型，用来实现 DBMS 是不现实的，尤其担心关系数据库的性能难以接受，更有人视其为当时正在进行中的网状数据库规范化工作的严重威胁。为了促进对问题的理解，1974 年 ACM 牵头组织了一次研讨会，会上开展了一场分别以 Codd 和 Bachman 为首的支持和反对关系数据库两派之间的辩论。这次著名的辩论推动了关系数据库的发展，使其最终成为现代数据库产品的主流。

关系数据模型提供了关系操作的特点和功能要求，但不对 DBMS 的语言给出具体的语法要求。对关系数据库的操作是高度非过程化的，用户不需要指出特殊的存取路径，路径的选择由 DBMS 的优化机制来完成。Codd 在 20 世纪 70 年代初期的论文论述了范式理论和衡量关系系统的 12 条标准，用数学理论奠定了关系数据库的基础。Codd 博士也以其对关系数据库的卓越贡献获得了 1983 年 ACM 图灵奖。

3.3.1 关系数据模型的数据结构

在关系数据模型中，关系可以看成由行和列交叉组成的二维表格。图 3.14 能够表示出关系数据模型中的数据结构。

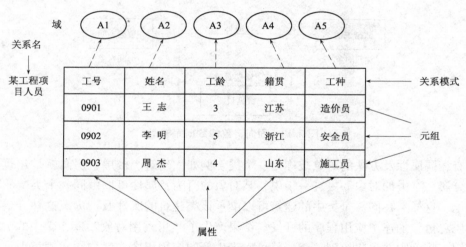

图 3.14　关系数据模型中的数据结构

3.3.2 关系数据模型中的一些基本概念

1）关系

一个关系对应通常说的一张二维表，如图 3.14 中的表就是一个关系。尽管关系与传统的二维表格数据文件具有类似之处，但是它们又有区别。关系是一种规范化的二维表格，具有如下性质：

（1）属性值具有原子性，不可分解；

（2）没有重复的元组；

（3）理论上没有行序，但是有时使用时可以有行序。

2）元组

表中的一行即为一个元组（Tuple），可以用来标识实体集中的一个实体，表中任意两行（元组）不能相同。如图 3.14 中的表，每一行就是一个元组，且各不相同。

3）属性

表中的一列即为一个属性，给每一个属性起一个名称即属性名，表中的属性名不能相同。如图 3.14 中的表第一列就是一个属性，其属性名为"工号"，第二列也是一个属性，其属性名为"姓名"。

4）主码

表中的某个属性组，它可以唯一确定一个元组，也称为主关键字或主键。如图 3.14 中的表所示的关系中，其主码为属性 A1，其属性名为"工号"。

5）域

属性的取值范围，同列具有相同的域，不同的列也可以有相同的域。例如属性工龄的域为〖1，60〗。

6）分量

元组中的一个属性值，也就是表格中的一个单元格，如"0901"就是一个分量。

7）关系模式

对关系的描述。在关系模型中，实体及实体间的联系都使用关系来表示。如实体可以直接用关系（表）表示，属性用属性名表示。

①一对一联系一般隐含在实体对应的关系中。

例 1：假设一个工程只有一个项目经理，一个项目经理只能负责一个工程，其中，

工程（工程编号，工程名称，地点）

项目经理（工号，姓名，年龄）

工程与施工方项目经理之间的一对一联系可以表示为：

工程（工程编号，工程名称，地点）

项目经理（工号，工程编号，姓名，年龄）

或者表示为：

工程（工程编号，工号、工程名称，地点）

项目经理（工号，姓名，年龄）

②一对多联系一般也是隐含在实体对应的关系中。

例 2：每个施工人员只能参与一个工程，一个工程可以有多个施工人员参与，其中，

工程（工程编号，工程名称，地点）

施工人员（工号，姓名，工种）

工程与施工人员之间为一对多联系可以表示为：

工程（工程编号，工程名称，地点）

施工人员（工号，姓名，工种，工程编号）

③多对多联系可以直接用关系表示。如果有联系的话，就把联系的属性也放入 N 方的关系中。

例 3：每个施工人员可以参与多个工程，一个工程也可以由多个施工人员参与，施工人员与工程之间联系为参与。其中，

施工人员（工号，姓名，工种，部门，所在工程）

工程（<u>工程编号</u>，工程名称，地点）

则施工人员与工程间的多对多联系可以表示为：

参与（<u>工号</u>，<u>工程编号</u>）

即直接用"参与"这个关系来表示。

若参与的属性为工资，则要表示为：

参与（<u>工号</u>，工资）

即把联系的属性也放入其中进行表示。

3.3.3 关系数据模型的范式

构造数据库必须遵循一定的规则。在关系数据库中，这种规则就是范式。范式是符合某一种级别的关系模式的集合。关系数据库中的关系必须满足一定的要求，即满足不同的范式。数据库规范化层次由范式来决定。

根据关系模式满足的不同性质和规范化的程度，把关系模式分为第一范式（First Normal Form，1NF）、第二范式（2NF）、第三范式（3NF）、BC 范式（Boyce-Codd Normal Form）、第四范式（4NF）、第五范式（5NF）等。满足最低要求的范式是第一范式。在第一范式的基础上进一步满足更多要求的称为第二范式，其余范式以此类推。范式越高、规范化的程度也越高，关系模式则越好。一般说来，数据库只需满足第三范式就行了。

1）第一范式

在任何一个关系数据库中，第一范式是对关系模式的基本要求，不满足第一范式的数据库就不是关系数据库。第一范式可以表述为：在关系模式 R 中的每一个具体关系 r 中，如果每个属性值都是不可再分的最小数据单位，则称 R 是第一范式的关系。

第一范式是指数据库表的每一列都是不可分割的基本数据项，同一列中不能有多个值，即实体中的某个属性不能有多个值或者不能有重复的属性。如果出现重复的属性，就可能需要定义一个新的实体，新的实体由重复的属性构成，新实体与原实体之间为一对多关系。在第一范式中表的每一行只包含一个实例的信息。例如，对于图 3.14 中的施工企业人员信息表，不能将其中的两列或多列在一列中显示。简而言之，第一范式就是无重复的列。

2）第二范式

第二范式是在第一范式的基础上建立起来的，即满足第二范式必须先满足第一范式。第二范式可以表述为：如果关系模式 R（U，F）中的所有非主属性都完全依赖于任意一个候选关键字，则称关系 R 是属于第二范式的。

第二范式要求实体的属性完全依赖于主关键字。所谓完全依赖是指不能存在仅依赖主关键字一部分的属性，如果存在，那么这个属性和主关键字的这一部分应该分离出来形成一个新的实体，新实体与原实体之间是一对多的关系。为实现区分通常需要为表加上一个列，以存储各个实例的唯一标识。简而言之，第二范式就是非主属性非部分依赖于主关键字。

例如：参与（工程编号，工号，工程名称），假设关键字为组合关键字（工程编号，工号），在应用中使用以上关系模式存在以下问题：

（1）数据冗余，假设同一工程需要 140 人参与，工程名称就重复 140 次。

（2）更新异常，若调整了工程名称，相应的元组 PM 值都要更新，有可能会出现同一施工人员参与的工程名称不同。

（3）插入异常，如计划开工时，由于没有施工人员参加，没有工号关键字，无法输入工程编号，只能等有施工人员参加才能把工号和工程名称存入。

（4）删除异常，若施工人员离开该工程，会从当前数据库删除其参与记录。

原因：非关键字属性"工程名称"仅部分依赖于组合关键字（工程编号，工号）。

解决方法：以工号作为关键字。

3）第三范式

第三范式可以表述为：如果关系模式 R（U，F）中的所有非主属性对任何候选关键字都不存在传递信赖，则称关系 R 是属于第三范式的。简而言之，第三范式要求一个数据库表中不包含已在其他表中已包含的非主关键字信息。满足第三范式必须先满足第二范式。

例如，存在一个项目部信息表，其中每个项目部有项目部编号、项目部名称、项目部简介等信息。那么在项目部人员信息表中列出部门编号后就不能再将项目部名称、项目部简介等与项目部有关的信息再加入项目部人员信息表中。如果不存在项目部信息表，则根据第三范式也应该构建它，否则就会有大量的数据冗余。简而言之，第三范式就是属性不依赖于其他非主属性。

3.3.4 关系数据模型的完整性约束

关系数据模型的完整性约束包括：实体完整性、参照完整性和用户定义的完整性。

1）实体完整性

实体完整性（Entity Integrity）规则可以表述为：若属性 A 是基本关系 R 的主属性，则属性 A 不能取空值。

实体完整性指关系模型的二维表中行的完整性，它要求表中的所有行都有唯一的标识符，即主关键字，且所有主关键字对应的主属性都不能取空值，例如，施工人员参与工程的关系参与（工号，工程编号，工资）中，工号和工程编号共同组成为主关键字，则工号和工程编号两个属性都不能为空。因为没有工号的工资或没有工程编号的工资都是不存在的。

关系模型必须遵守实体完整性规则的原因：

（1）实体完整性规则是针对基本关系而言的。一个基本表通常对应现实世界的一个实体集或多对多联系。

（2）现实世界中的实体和实体间的联系都是可区分的，即它们具有某种唯一性标识。

（3）相应地，关系模型中以主码作为唯一性标识。

（4）主码中的属性即主属性不能取空值。空值就是"不知道"或"无意义"的值。主属性取空值，就说明存在某个不可标识的实体，即存在不可区分的实体，这与第（2）点相矛盾，因此这个规则称为实体完整性。

对于实体完整性，有如下规则：

（1）实体完整性规则针对基本关系。一个基本关系表通常对应一个实体集，例如，施工员关系对应施工员集合。

（2）现实世界中的实体是可以区分的，它们具有一种唯一性质的标识。例如，工程的编号，人员的职工号等。

2）参照完整性

参照完整性（Referential Integrity）简单地说就是表间主键外键的关系。参照完整性属于表间规则。对于永久关系的相关表，在更新、插入或删除记录时，如果只改其一不改其二，就会影响数据的完整性：例如修改父表中关键字值后，子表关键字值未做相应改变；删除父表的某记录后，子表的相应记录未删除，致使这些记录称为孤立记录；对于子表插入的记录，父表中没有相应关键字值的记录等等。对于这些设计表间数据的完整性，统称为参照完整性。

（1）关系间的引用

在关系模型中实体及实体间的联系都是用关系来描述的，因此可能存在着关系与关系间的引用。例如，表示工程与施工人员间的一对多联系时，可以采用：

施工人员（工号，姓名，性别，年龄，工程编号）

工程（工程编号，工程名称）

这里就存在着关系与关系间的引用。

（2）外码

设 F 是基本关系 R 的一个或一组属性，但不是关系 R 的码。如果 F 与基本关系 S 的主码 Ks 相对应，则称 F 是基本关系 R 的外码。基本关系 R 称为参照关系（Referencing Relation）基本关系 S 称为被参照关系（Referenced Relation）或目标关系（Target Relation）。其中，关系 R 和 S 不一定是不同的关系。

目标关系 S 的主码 Ks 和参照关系的外码 F 必须定义在同一个（或一组）域上。外码并不一定要与相应的主码同名。当外码与相应的主码属于不同关系时，往往取相同的名字，以便于识别。

（3）参照完整性规则

若属性（或属性组）F 是基本关系 R 的外码，它与基本关系 S 的主码 Ks 相对应（基本关系 R 和 S 不一定是不同的关系），则对于 R 中每个元组在 F 上的值必须为：

①或者取空值（F 的每个属性值均为空值）；

②或者等于 S 中某个元组的主码值。

例 1：施工人员关系（基本关系 R）中每个元组的"工程编号"属性（基本关系 R 的外码，与工程关系中的"工程编号"属性相对应）只取下面两类值：

①空值，表示尚未给该施工人员分配工程工作。

②非空值，这时该值必须是工程关系（基本关系 S）中某个元组的"工程编号"值，表示该施工人员不可能分配到一个不存在的工程上去。

例 2：参与（工号，工程编号，绩效）

"工号"和"工程编号"是参与关系中的主属性，按照实体完整性和参照完整性规则，它们只能取相应被参照关系，即施工人员关系和项目关系中已经存在的主码值。

例 3：施工人员（工号，姓名，性别，年龄，工程编号，项目经理工号）

"项目经理工号"属性值可以取两类值：

1）空值，表示该施工人员所在工程尚未确定项目经理，或该施工人员本人即是项目经理。

2）非空值，这时该值必须是本关系（基本关系R和S是同一关系）中某个元组的工号值。

3）用户定义的完整性

用户定义的完整性（User-defined Integrity）是针对某一具体关系数据库的约束条件，反映某一具体应用所涉及的数据必须满足的语义要求。关系模型应提供定义和检验这类完整性的机制，以便用统一的系统的方法处理它们，而不要由应用程序承担这一功能。

例：绩效（工号，工程名称，分值）

非主属性"工程名称"也不能取空值，"分值"属性只能取值 {0~100}

3.4 数据库系统结构

3.4.1 数据库系统内部的模式结构

从数据库管理系统的角度看，数据库系统通常采用三级模式和两级映像结构。数据库的三级模式是数据库在三个级别（层次）上的抽象，使用户能够逻辑地、抽象地处理数据而不必关心数据在计算机中的物理表示和存储。

1）模式的概念

模式（Schema）是数据库中全体数据的逻辑结构和特征的描述，它仅仅涉及类型的描述，而不涉及具体的值。模式的一个具体值称为模式的一个实例（Instance）。同一个模式可以有很多实例。因为数据库中的数据总在不断地更新，模式是相对稳定的，实例是相对变动的。模式反映的是数据的结构及其联系，而实例反映的是数据库某一时刻的状态。

2）数据库系统的三级模式结构

数据库系统的三级模式结构是指数据库系统是由外模式、模式、内模式这三级构成的，如图3.15所示。

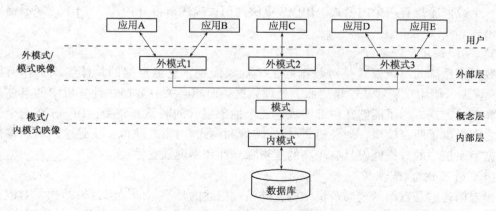

图 3.15 数据库系统的三级模式结构

（1）外模式

外模式（External Schema）也称为用户模式或子模式，它是数据库用户（包括程序员和最终用户）能够看见和使用的局部数据的逻辑结构和特征的描述，是数据库用户的数据视图，是与某一特定应用有关的数据的逻辑表示。

外模式的地位介于模式与应用之间。模式与外模式的关系是一对多关系，一个数据库中可以有多个外模式。外模式通常是模式的子集。一个数据库可以有多个外模式，反映了不同的用户的应用需求、看待数据的方式、对数据保密的要求。模式中同一数据在外模式中的结构、类型、长度、保密级别等都可以不同。

外模式与应用的关系也是一对多关系。同一外模式也可以为某一用户的多个应用系统所使用，但一个应用程序只能使用一个外模式。

外模式是保证数据库安全性的一个有力措施，每个用户只能看见和访问到相应的外模式的数据，他看不见数据库中的其余数据。

DBMS 提供外模式描述语言来严格地定义外模式。

（2）模式

模式也称为概念模式或逻辑模式，它是数据库中全体数据的逻辑结构和特征的描述，是所有用户的公共数据视图，综合了所有用户的需求。一个数据库只有一个模式，它是数据库系统模式结构的中间层，既不涉及数据的物理存储细节和硬件环境，也与具体的应用程序，与所使用的应用程序开发工具以及程序设计语言无关。DBMS 提供模式描述语言（模式 DDL）来严格地定义模式。

（3）内模式

内模式（Internal Schema）也称为存储模式，一个数据库只能有一个内模式。它是数据物理结构和存储方式的描述，是数据在数据库内部的表示方式，包括：

①记录的存储方式；

②索引的组织方式；

③数据是否压缩存储；

④数据是否加密；

⑤数据存储记录结构的规定。

一个数据库只有一个内模式。DBMS 提供内模式描述语言（内模式 DDL）来严格地定义内模式。

3）两级映像

数据库系统的三级模式是对数据的三个抽象级别，它把数据的具体组织工作留给了 DBMS 管理，使用户能够从逻辑层面上处理数据，而不必关心数据在计算机中的具体表示方式和存储方式。为了能够在内部实现这三个抽象层次的联系和转换，DBMS 在这个三级模式之间提供了两级映像，即外模式/模式映像和模式/内模式映像，正是这两级映像保证了数据库系统中的数据能够具有较高的逻辑独立性和物理独立性。

（1）外模式/模式映像

模式描述的是数据的全局逻辑结构，外模式描述的是数据的局部逻辑结构。对应于同一个模式可以有任意多个外模式。对于每一个外模式，数据库系统都有一个外模式/模式的映像，它定义了该外模式与模式之间的对应关系，通常包含在各自外模式的描述中。

当模式改变时，由数据库管理员对各个外模式/模式映像做相应的改变，就可以使外模式保持不变。应用程序是依据数据的外模式编写的，从而应用程序不必修改，保证了数据与程序的逻辑独立性，简称为数据的逻辑独立性。

（2）模式/内模式映像

数据库中只有一个模式，也只有一个内模式，所以模式/内模式的映像是唯一的。它定义了数据库全局逻辑结构与物理存储结构之间的对应关系。例如，说明逻辑记录和字段在内部是如何表示的。该映象定义通常包含在模式描述中。

当数据库的物理存储结构改变时，由数据库管理员对模式/内模式映像做相应的改变，就可以使模式保持不变。从而应用程序也不必改变。这样就保证了程序与数据的物理独立性，简称为数据的物理独立性。

在数据库的三级模式结构中，全局逻辑模式，即模式是数据库的中心与关键，它独立于数据库的其他层次。因此，设计数据库模式结构时，应首先确定数据库的逻辑模式。

3.4.2 数据库系统外部的体系结构

1）单用户数据库

整个数据库系统（包括应用程序、DBMS、数据）装在一台计算机上，为一个用户独占，不同机器之间不能共享数据，是早期的最简单的数据库系统。例如一个企业的各个部门都使用本部门的一台机器来管理本部门的数据，各个部门的机器是独立的。由于不同部门之间不能共享数据，因此企业内部存在大量的冗余数据。

2）主从式数据库

一个主机带多个终端的多用户结构，其中，数据库系统，包括应用程序、DBMS、数据，都集中存放在主机上，所有处理任务都由主机来完成；各个用户通过主机的终端并发地存取数据库，共享数据资源。

主从式结构的优点是：易于管理、控制与维护。

主从式结构的缺点是：

（1）当终端用户数目增加到一定程度后，主机的任务会过分繁重，成为瓶颈，从而使系统性能下降；

（2）系统的可靠性依赖主机，当主机出现故障时，整个系统都不能使用。

3）分布式数据库

分布式数据库是指利用高速计算机网络将物理上分散的多个数据存储单元连接起来组成一个逻辑上统一的数据库。分布式数据库的基本思想是将原来集中式数据库中的数据分散存储到多个通过网络连接的数据存储节点上，以获取更大的存储容量和更高的并发访问量。近年来，随着数据量的高速增长，分布式数据库技术也得到了快速的发展。

分布式数据库系统中的数据在逻辑上是一个整体，但物理地分布在计算机网络的不同节点上。网络中的每个节点都可以独立处理本地数据库中的数据，执行局部应用；同时也可以同时存取和处理多个异地数据库中的数据，执行全局应用。图 3.16 就是分布式数据库系统，包括五个不同物理地址的分散数据存储单元。

分布式数据库的优点是适应了地理上分散的公司、团体和组织对于数据库应用的需求。

分布式数据库的缺点：

（1）数据的分布存放给数据的处理、管理与维护带来困难；

（2）当用户需要经常访问远程数据时，系统效率会明显地受到网络传输的制约。

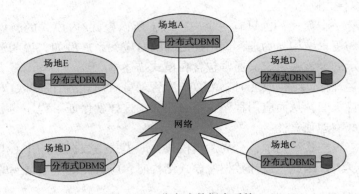

图 3.16　分布式数据库系统

4）客户/服务器结构数据库

客户机/服务器（Client/Server，C/S）模式又称 C/S 结构，它把 DBMS 功能和应用分开，网络中某个（些）节点上的计算机专门用于执行 DBMS 功能，称为数据库服务器，简称服务器。其他节点上的计算机安装 DBMS 的外围应用开发工具和用户的应用系统，称为客户机。

C/S 结构可以充分利用两端硬件环境的优势，将任务合理分配到客户端和服务器端实现，降低了系统的通信开销。传统的 C/S 体系结构虽然采用的是开放模式，但这只是系统开发一级的开放性，在特定的应用中无论是客户端还是服务器端都还需要特定的软件支持。由于没能提供用户真正期望的开放环境，C/S 结构的软件需要针对不同的操作系统系统开发不同版本的软件，加之产品的更新换代十分快，已经很难适应百台电脑以上局域网用户同时使用。C/S 结构的数据库系统如图 3.17 所示。

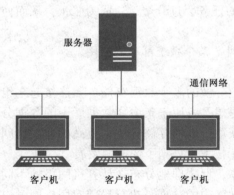

图 3.17　客户机/服务器结构的数据库系统

客户/服务器结构的优点：

（1）客户端的用户请求被传送到数据库服务器，数据库服务器进行处理后，只将结果返回给用户，从而显著减少了数据传输量；

（2）数据库更加开放；

（3）客户与服务器一般都能在多种不同的硬件和软件平台上运行；

（4）可以使用不同厂商的数据库应用开发工具。

客户/服务器结构的缺点：

（1）"胖客户"问题，即客户机数量多，系统安装复杂，工作量大；

（2）应用维护困难，难于保密，安全性差；

（3）相同的应用程序要重复安装在每一台客户机上，从系统总体来看，大大浪费了系统资源；

（4）系统规模达到数百数千台客户机，它们的硬件配置、操作系统又常常不同，要为每一个客户机安装应用程序和相应的工具模块，其安装维护代价便不可接受了。

5）浏览器/服务器结构数据库

浏览器/服务器（Browser/Server，B/S）结构是 Web 兴起后的一种网络结构模式，Web 浏览器是客户端最主要的应用软件，浏览器的界面统一，广大用户容易掌握，大大减少了培训时间与费用。服务器端分为两部分：Web 服务器和数据库服务器，减少了系统开发和维护代价，能够支持数万甚至更多的用户。客户机上只要安装一个浏览器（Browser），如 Netscape Navigator 或 Internet Explorer，服务器安装 Oracle、Sybase、Informix 或 SQL Server 等数据库。浏览器通过 Web 服务器与数据库进行数据交互。B/S 结构的数据库系统如图 3.18 所示。

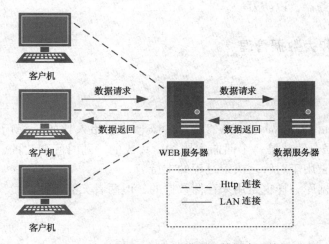

图 3.18　浏览器/服务器模式的数据库系统

（1）B/S 结构的优点

①在任何地方进行操作而不用安装任何专门的软件

这是 B/S 结构的最大的优点。只要有一台能上网的电脑就能使用，客户端零维护。系统的扩展容易，上网后，系统管理员分配一个用户名和密码，就可以使用了。甚至可以在线申请，通过公司内部的安全认证（如 CA 证书）后，不需要人的参与，系统可以自动分配给用户一个账号进入系统。

②维护和升级方式简单

目前，软件系统的改进和升级越来越频繁，B/S 架构的产品明显体现着更为方便的特性。对一个稍微大一点的单位来说，系统管理人员如果需要在几百甚至上千部电脑之间来回奔跑，效率和工作量巨大，但 B/S 架构的数据库系统只需要管理服务器就行了，所有的客户端都是浏览器，根本不需要做任何的维护。无论用户的规模有多大，有多少分支机构都不会增加任何维护升级的工作量，所有的操作只需要针对服务器进行；如果是异地，只需要把服务器连接专网即可实现远程维护、升级和共享。今后，软件升级和维护会越来越容易，而使用起来会越来越简单，这对用户人力、物力、时间、费用的节省是显而易见的。客户机越来越"瘦"，而服务器越来越"胖"是将来信息化发展的主流方向，B/S 结构正符合这种方向。

③服务器操作系统选择更多

Windows 在桌面电脑上几乎一统天下，浏览器成为标准配置，但在服务器操作系统上

Windows 并不是处于绝对的统治地位。服务器操作系统的选择很多，如免费的 Linux 操作系统，其数据库也是免费的，这种选择能够降低成本。不管选用哪种操作系统都可以让大部分人使用 Windows 作为桌面操作系统电脑不受影响。事实上大部分网站服务器确实没有使用 Windows 操作系统，而用户的电脑安装的大部分是 Windows 操作系统。

（2）B/S 结构的缺点

应用服务器运行数据负荷较重。由于 B/S 架构管理软件只安装在服务器端上，所有的客户端只有浏览器，网络管理人员只需要管理服务器和进行硬件维护。但是，应用服务器运行数据负荷较重，一旦发生服务器"崩溃"等问题，后果不堪设想。因此，许多单位都备有数据库存储服务器，以防万一。

3.5 数据仓库和大数据管理

3.5.1 数据仓库

数据仓库（Data Warehouse，DW/DWH）概念的创始人比尔·恩门（Bill Inmon）提出的定义为："数据仓库就是一个面向主题的、集成的、随时间变化的，但信息本身相对稳定的数据集合，它用于对管理决策过程的支持。"

数据仓库和数据库一样也是用来存储数据的，但两者又有不同之处。数据仓库的主要特征在于：

1）面向主题

数据库是为了应用程序进行数据处理，不一定按照同一主题存储数据；数据仓库侧重于数据分析工作，是按照某一主题分析的需要去组织和存储数据的，主题是指用户使用数据仓库进行决策时所关心的重点方面，一个主题通常与多个操作型信息系统相关。

2）管理海量数据

数据仓库支持大规模数据存储，数据量非常大，质量高。由于源数据需要经过数据清洗才进入数据仓库，即删除不正确和不连续的数据，其数据质量比一般的数据库质量要高。

3）集成

（1）集成多数据源：数据仓库的数据可以存储在多个介质上，具有集成多数据库模式、版式、数据源的能力。

（2）数据集成：数据在进入数据仓库之前要经过加工和集成、统一与综合，这一步实际是数据仓库建设中最关键、最复杂的一步。

4）不可更新

数据仓库主要是为决策分析提供数据，所涉及的操作主要是数据的查询。数据仓库中的数据并不是由数据仓库本身产生的，而是来源于其他数据库；数据仓库反映的是历史信息，不是数据库处理的日常事务数据。因此，数据仓库是不可更新的，但允许向数据仓库添加数据。

5）随时间变化

数据仓库的用户在进行分析处理时是不进行数据更新操作的，但不是说数据仓库的数据集合是不变的。数据仓库随时间变化不断增加新的数据内容，删去过时的、不再需要的历史数据。因此，数据仓库中数据的标识码都需要标明时间属性，时间属性对于基于数据的决策非常重要。

数据仓库，是在数据库已经大量存在的情况下，为了进一步挖掘数据资源、为了决策需要而产生的，它并不是所谓的"大型数据库"。数据仓库的方案建设的目的，是为前端查询和分析作为基础，由于有较大的冗余，所以需要的存储也较大。

3.5.2 数据挖掘

20世纪90年代，随着数据库系统的广泛应用和网络技术的高速发展，数据库技术也进入一个全新的阶段，从过去仅管理一些简单数据发展到管理由各种计算机所产生的图形、图像、音频、视频、电子档案、Web页面等多种类型的复杂数据，数据量也越来越大。数据库在给我们提供丰富信息的同时，也体现出明显的海量信息特征。海量信息给人们带来许多负面影响，最主要的就是有效信息难以提炼，人们迫切希望能对海量数据进行深入分析，发现并提取隐藏在其中的信息，以更好地利用这些数据。在这样的条件下，数据挖掘（Data Mining，DM）应运而生。

数据挖掘就是从大量的、不完全的、有噪声的、模糊的、随机的数据中，提取隐含在其中的、人们事先不知道的、但又是潜在的有用信息和知识的过程。数据挖掘和数据仓库是密不可分的，数据挖掘要求有数据仓库为基础，并要求数据仓库已经有了丰富的数据。数据挖掘的任务有关联分析、聚类分析、分类分析、异常分析、特异群组分析和演变分析等。

数据挖掘是一种决策支持过程，它主要基于人工智能、机器学习、模式识别、统计学、数据库、可视化技术等，高度自动化地分析数据，作出归纳性的推理，从中挖掘出潜在的模式，帮助决策者调整市场策略，减少风险，作出正确的决策。

数据挖掘是数据信息资源利用价值的再发现，它突破了传统意义上的数据查询，在更大的范围和更深的层次中提高数据的使用价值。但数据挖掘永远不能替代有经验的分析师或管理人员所起的作用，它只是提供了一个强大的工具，帮助人们在进行智能化决策时更为方便且更有根据。

3.5.3 大数据管理

大数据（Big Data）对不同行业的发展以及人们的生活都产生了深刻影响。IBM公司从技术视角描述了大数据的4V特征，即规模性（Volume）、高速性（Velocity）、多样性（Variety）、低价值密度（Value）、真实性（Veracity）。大数据对管理机制和决策模式也产生了显著影响。

1) 大数据的定义

研究机构Gartner给出了这样的定义："大数据"是需要新处理模式才能具有更强的决策力、洞察发现力和流程优化能力来适应海量、高增长率和多样化的信息资产。

麦肯锡全球研究所给出的定义是：一种规模大到在获取、存储、管理、分析方面大大超出了传统数据库软件工具能力范围的数据集合，具有海量的数据规模、快速的数据流转、多样的数据类型和价值密度低四大特征。

2）大数据管理的意义

大数据管理（Big Data Management）的意义不在于掌握庞大的数据信息，而在于对这些含有意义的数据进行专业化处理。换而言之，如果把大数据比作一种产业，那么这种产业实现盈利的关键，在于提高对数据的"加工能力"，通过"加工"实现数据的"增值"。

3）所需技术

从技术上看，大数据与云计算的关系就像一枚硬币的正反面一样密不可分。大数据必然无法用单台的计算机进行处理，必须采用分布式架构。它的特色在于对海量数据进行分布式数据挖掘。但它必须依托云计算的分布式处理、分布式数据库和云存储、虚拟化技术。

大数据需要特殊的技术，以有效地处理大量的容忍经过时间内的数据。适用于大数据的技术，包括大规模并行处理（Massively Parallel Processing，MPP）数据库、数据挖掘、分布式文件系统、分布式数据库、云计算平台、互联网和可扩展的存储系统。

4）在工程中的应用

大数据管理在工程各个阶段都有运用，其中，智慧工地的出现，就是大数据在建筑施工管理领域的应用体现，实现了建筑工地管理的信息化和精细化。利用大数据云服务平台，使用安装在施工现场的前端智能传感设备采集视频数据、粉尘数据、噪声数据、升降机数据、起重机数据、温湿度数据、RFID数据和其他传感数据，建立数据库，帮助施工企业作出正确的决策，加强施工现场的安全文明施工管理。通过对建筑施工现场监管数据的挖掘研究，为施工现场工程质量管控、施工环境监测、安全监管等方面提供帮助。

复习思考题

1. 数据组织包括哪几个层次？请简要说明各层次的含义，并举例示范。
2. 数据管理技术经历了哪几个阶段？每个阶段各有哪些特征？
3. 数据库管理系统选择的原则有哪些？请简要说明。
4. 数据模型可分为哪两大类？各有什么特征？
5. 逻辑数据模型可分为哪几大类？哪种是目前最普及的？
6. 关系数据模型是如何表示的？其特点有哪些？
7. 分别简述关系数据模型的第一范式、第二范式和第三范式。它们之间是怎样的关系？
8. 关系数据模型的完整性约束包括哪三部分？请简要说明各部分的含义。
9. 数据库系统内部的模式结构包括哪三级模式？请选择其一进行阐述。
10. 数据库系统外部体系结构包括哪五种结构？请选择一种进行介绍。
11. 请简要阐述数据仓库和数据库的区别。
12. 请列举一个大数据管理在工程中的应用。

第 4 章　数据库设计

本章要点

本章按照数据库设计的过程进行介绍。数据库设计是信息系统分析和设计的基础。

（1）需求分析：数据库设计的基础，收集所有用户信息和要求，进行分析后形成数据字典。数据字典是信息系统分析（详见 6.5.4 数据字典）所需工具。

（2）概念模型设计：数据库设计的关键，对用户需求进行综合、归纳和抽象，形成概念模型，用 E-R 图表示，是系统设计（详见 7.3 系统数据库设计）的基础。

（3）逻辑结构设计：将概念模型转换为某个 DBMS 所支持的逻辑数据模型，并进行调整和完善。E-R 图向关系数据模型的转换是本章重点介绍的内容，也是系统设计（详见 7.3 系统数据库设计）的难点。

（4）物理设计：为逻辑数据模型选取一个最适合应用环境的物理结构。

（5）数据库实施：根据逻辑设计和物理设计，编制与调试程序，组织数据入库，并进行试运行。

（6）数据库运行与维护：数据库投入正式运行，要保持数据库的完整性，有效处理数据库故障和进行数据库恢复，并可能会对数据库结构进行修改或扩充。

4.1　概述

数据库设计是根据用户需求进行数据库结构设计的过程，具体地说，是指对于一个给定的应用环境，构造最优的数据库模式，建立数据库及其应用系统，使之能有效地存储数据，满足用户的信息要求和处理要求。

数据库设计是信息系统开发和建设的重要组成部分。在工程管理信息系统开发过程中，数据库设计是其重要组成部分之一。有很多系统开发的基础知识都需要在数据库设计部分予以介绍和铺垫。

好的数据库结构有利于节省数据的存储空间，能够保证数据的完整性，方便进行数据库应用系统的开发，设计不好的数据库结构将导致数据冗余、存储空间浪费，内存空间浪费。

4.1.1　数据库设计的内容

数据库设计既是一项涉及多学科的综合性技术，又是一项庞大的工程项目。有人说"三分技术，七分管理，十二分基础数据"是数据库建设的基本规律，这是有一定道理的。技术与管理的界面（称之为"干件"）十分重要。数据库建设是硬件、软件和干件的结合。数据库设计应该和应用系统设计相结合，即数据库设计应包括两个方面的内容：结构（数据）设计和行为（处理）设计。

1）结构设计

即根据给定的应用环境，进行数据库的模式或子模式的设计。

2）行为设计

即确定数据库用户的行为和动作。在数据库系统中，用户的行为和动作指用户对数据库的操作要通过应用程序来实现，所以数据库的行为设计就是应用程序的设计。

整个设计过程中要把结构设计和行为设计密切结合起来。

传统的软件工程忽视对应用中数据语义的分析和抽象。例如结构化设计（Structured Design，SD）方法和逐步求精的方法着重于处理过程的特性，只要有可能就尽量推迟数据结构设计的决策。这种方法显然对于数据库应用系统是不妥的。数据库模式是各应用程序共享的结构，是稳定的、永久的，不像以文件系统为基础的应用系统，文件是某一应用程序私用的。数据库设计质量的好坏直接影响系统中各个处理过程的性能和质量。

早期的数据库设计致力于数据模型和建模方法研究，着重结构特性的设计而忽视了对行为的设计，如图4.1所示，因此结构设计与行为设计是分离的。就是说比较重视在给定的应用环境下，采用什么原则、方法来建造数据库的结构，而没有考虑应用环境要求与数据库结构的关系。在20世纪70年代末80年代初，人们为了研究数据库设计方法学的便利，曾主张将结构设计和行为设计两者分离，随着数据库设计方法学的成熟和结构化分析、设计方法的普遍使用，目前主张将两者作一体化的考虑，这样可以缩短数据库的设计周期，提高数据库的设计效率。现代数据库的设计的特点是强调结构设计与行为设计相结合，是一种"反复探寻，逐步求精"的过程。首先从数据模型开始设计，以数据模型为核心进行展开，数据库设计和应用系统设计相结合，建立一个完整、独立、共享、冗余小、安全有效的数据库系统。

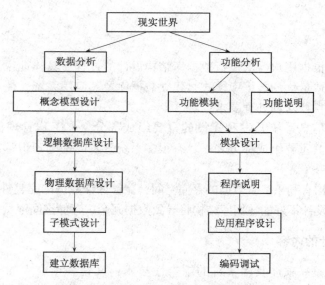

图4.1　结构设计与行为设计分离的数据库设计过程

4.1.2　数据库设计的方法和步骤

4.1.2.1　数据库设计方法

数据库设计方法目前可分为以下四类：

1）直观设计法

直观设计法也叫手工试凑法，它是最早使用的数据库设计方法。这种方法依赖于设计者的经验和技巧，缺乏科学理论和工程原则的支持，设计的质量很难保证，常常是数据库运行一段时间后又发现各种问题，这样再重新进行修改，增加了系统维护的代价。因此这种方法越来越不适应信息管理发展的需要。

2）规范设计法

运用软件工程的思想和方法，提出了各种设计准则和规程，都属于规范设计法。规范设计法中比较著名的有新奥尔良（New Orleans）方法。它将数据库设计分为四个阶段：需求分析（分析用户要求）、概念设计（信息分析和定义）、逻辑设计（设计现实）和物理设计（物理数据库设计）。其后，S. B. Yao 等又将数据库设计分为五个步骤，又有 I. R. Palmer 方法主张把数据库设计当成一步接一步的过程，并采用一些辅助手段实现每一过程。下面简单介绍两种常用的规范设计方法。

（1）基于 E-R 模型的数据库设计方法

基于 E-R 模型的数据库设计方法是由 P. P. S. Chen 提出的数据库设计方法，其基本思想是在需求分析的基础上，用 E-R 图构造一个反映现实世界实体之间联系的概念模式。

（2）基于视图的数据库设计方法

此方法先从分析各个应用的数据着手，其基本思想是为每个应用建立自己的视图，然后再把这些视图汇总起来合并成整个数据库的概念模式。合并过程中要解决以下问题：

①消除命名冲突；

②消除冗余的实体和联系；

③进行模式重构，在消除了命名冲突和冗余后，需要对整个汇总模式进行调整，使其满足全部完整性约束条件。

除了以上方法外，规范化设计方法还有实体分析法、属性分析法和基于抽象语义的设计方法等。规范设计法从本质上来说仍然是手工设计方法，其基本思想是过程迭代和逐步求精。

3）计算机辅助设计法

计算机辅助设计法是指在数据库设计的某些过程中模拟某一规范化设计的方法，并以人的知识或经验为主导，通过人机交互方式实现设计中的某些部分。

4）自动化设计法

自动化设计即由数据库设计工具软件自动或辅助设计人员完成数据库设计过程中的很多任务。数据库设计工具的研究和开发，日益得到人们的重视。经过十多年的努力，数据库设计工具已经实用化和产品化。例如 Oracle 公司的 Design 2000 和 Sybase 公司的 Power Designer 就是数据库设计工具软件中的典型代表。

4.1.2.2 数据库设计过程

数据库的设计过程可以使用软件工程中的生存周期的概念来说明，称为"数据库设计的生存期"，它是指从数据库研制到不再使用它的整个时期。如果所设计的数据库应用系统比较复杂，还应该考虑是否需要使用数据库设计工具和 CASE 工具，以提高数据库设计质量并减少设计工作量。

1）数据库设计参与人员

在数据库设计开始前，必须选定参加设计的人员，包括系统分析人员、数据库设计人员和程序员、用户和数据库管理员。

（1）系统分析和数据库设计人员

是数据库设计的核心人员，将自始至终参与数据库设计，他们的水平决定了数据库系统的质量。

（2）用户和数据库管理人员

在数据库设计中也是举足轻重的，他们主要参加需求分析和数据库的运行维护，他们的积极参与不但能加速数据库设计，而且也是决定数据库设计的质量的重要因素。

（3）程序员

在系统实施阶段参与进来，分别负责编制程序和准备软硬件环境。该方法是分阶段完成的，每完成一个阶段，都要进行设计分析，评价一些重要的设计指标，把设计阶段产生的文档组织评审，与用户进行交流。如果设计的数据库不符合要求则进行修改，这种分析和修改可能要重复若干次，以求最后实现的数据库能够比较精确地模拟现实世界，能较准确地反映用户的需求。

2）数据库设计过程

考虑数据库及其应用系统开发全过程，将数据库设计分为需求分析、概念模型设计、逻辑设计、物理设计、数据库实施、数据库运行维护六个阶段，如图4.2所示。

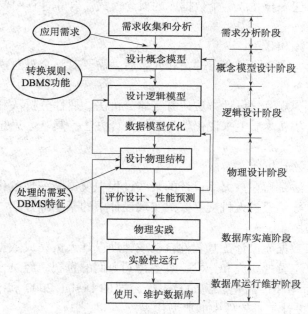

图 4.2 数据库设计过程

各阶段的主要工作如下：

（1）需求分析阶段

进行数据库设计首先必须准确了解与分析用户需求（包括数据与处理）。需求分析是整个数据库设计过程的基础，要收集数据库所有用户的信息内容和处理要求，并加以规格化和分析。这是最费时、最复杂的一步，但也是最重要的一步，相当于待构建的数据库大厦的地基，它决定了以后各阶段设计的速度与质量。需求分析做得不好，可能会导致整个数据库设计返工重做。在分析用户需求时，要确保用户目标的一致性。

需求分析的结果是否准确地反映了用户的实际要求，将直接影响到后面各个阶段的设计，并影响到设计结果是否合理和实用。

（2）概念模型设计阶段

概念模型设计是整个数据库设计的关键。对用户要求描述的现实世界（可能是一个工厂、一个小区或者一个学校等），通过对分类、聚集和概括，建立抽象的概念模型。这个概念模型应反映现实世界的信息结构、信息流动情况、信息间的互相制约关系以及用户对信息储存、查询和加工的要求等。所建立的概念模型应避开数据库在计算机上的具体实现细节，用一种抽象的形式表示出来，即形成一个独立于具体 DBMS 的概念模型。

（3）逻辑设计阶段

将概念模型设计成数据库的一种逻辑模式，即适应于某种特定 DBMS 所支持的逻辑数据模型。与此同时，还需为各种数据处理应用领域产生相应的逻辑子模式。这一步设计的结果就是所谓"逻辑数据库"。

（4）物理设计阶段

根据特定数据库管理系统所提供的多种存储结构和存取方法等依赖于具体计算机结构的各项物理设计措施，对具体的应用任务选定最合适的物理存储结构（包括文件类型、索引结构和数据的存放次序与位逻辑等）、存取方法和存取路径等。这一步设计的结果就是所谓"物理数据库"。

（5）数据库实施阶段

在逻辑设计和物理设计的基础上，设计人员收集数据，运用 DBMS 提供的数据语言，根据逻辑设计和物理设计的结果建立数据库，然后运行一些典型的应用任务来验证数据库设计的正确性和合理性，即试运行。一个大型数据库的设计过程往往需要经过多次循环反复。当设计的某步发现问题时，可能就需要返回到前面去进行修改。因此，在上述数据库设计时就应考虑到今后修改设计的可能性和方便性。

（6）数据库运行维护阶段

数据库系统经过试运行后即可投入正式运行。这一阶段主要是收集和记录实际系统运行数据，数据库运行记录是用来提高用户要求的有效信息，用来评价数据库系统的性能，进一步调整和修改数据库。在运行中，必须保持数据库的完整性，并能有效地处理数据库故障和进行数据库恢复。在运行和维护阶段，可能要对数据库结构进行修改或扩充。

一个完善的数据库的设计应用系统往往是上述六个阶段不断反复的过程。需要指出的是，这个设计过程既是数据库设计的过程，也包括了数据库应用系统的设计过程。在设计过程中把数据库的设计和对数据库中数据处理的设计紧密结合起来，将这两个方面的需求分析、抽象、设计、实现在各个阶段同时进行，相互参照，相互补充，以完善两方面的设计。事实上，如果不了解应用环境对数据的处理要求，或没有考虑如何去实现这些处理要求，是不可能设计一个良好的数据库结构的。按照这个原则，设计过程各个阶段的设计描述如表 4.1 所示。

表 4.1 数据库设计各阶段的设计描述

设计阶段	设计描述	
	数 据	处 理
需求分析	数据字典、全系统中数据项数据流、数据存储的描述	数据流图和判定表、数据字典中处理过程的描述
概念模型设计	概念模型（E-R）图，数据字典	系统说明书包括： （1）系统要求、方案和概图 （2）新系统数据流图
逻辑设计	某种数据模型	系统结构图
物理设计	存储安排、方法选择、存储路径建立	模块设计，输入、处理、输出（IPO）图
数据库实施阶段	编写模式、装入数据、数据库试运行	程序编码、编译连接、测试
数据库运行维护	性能检测、转储、恢复、数据库存储和重构	新旧系统转换、运行、维护（修正性、适应性、改善性维护）

表 4.1 的有关"处理"特性的设计描述中，逻辑设计、物理设计、实施阶段等在后面的章节中有详细介绍，这里不再讨论。这里主要讨论关于数据特性的描述以及如何在整个设计过程中参照处理特性的设计来完善数据模型设计等问题。

按照这样的设计过程，数据库结构设计的不同阶段形成数据库的各级模式。需求分析阶段，综合各个用户的应用需求；在概念模型设计阶段形成独立于机器特点，独立于各个 DBMS 产品的概念模型，在本章中就是 E-R 图；在逻辑设计阶段将 E-R 图转换成具体的数据库产品支持的数据模型，如关系模型，形成数据库逻辑模型；然后根据用户处理的要求，在基本表的基础上再建立必须的视图（View），形成数据的外模式；在物理设计阶段，根据 DBMS 特点和处理的需要，进行物理存储安排，建立索引，形成数据库内模式。

在数据库设计过程中，必须注意以下问题：

（1）数据库设计过程中要充分调动用户的积极性。

（2）应用环境的改变、新技术的出现等都会导致应用需求的变化，因此在设计数据库时必须充分考虑到系统的可扩性。

（3）在设计数据库应用的过程中，必须充分考虑到已有应用，尽量使用户能够平稳地从旧系统迁移到新系统。

4.2 需求分析

需求分析就是分析用户的要求。需求分析是设计数据库的起点，需求分析的结果是否准确地反映了用户的实际要求，将直接影响后面各个阶段的设计，也影响设计结果的合理性和实用性。

4.2.1 需求分析的任务和要求

需求分析的任务是通过详细调查现实世界要处理的对象（工程项目、部门、企业等），充分了解原系统（手工系统或计算机系统）工作概况和新系统工作的环境，明确用户的各种需求，然后在此基础上确定新系统的功能、内容、标准、规范。新系统必须充分考虑今后可能的扩充和改变，不能仅仅按当前应用需求来设计数据库。

通过需求分析，获得对数据库的如下要求：

1）信息要求

指用户需要从数据库中获得信息的内容与性质。由信息要求可以导出数据要求，即在数据库中需要存储哪些数据。

2）处理要求

指用户要完成什么处理功能，对处理的响应时间有什么要求，处理方式是批处理还是联机处理等。

3）安全性与完整性要求

安全性是指保护数据库，防止因用户非法使用数据库造成数据泄露、更改或破坏。完整性是指数据的正确性和相容性，防止不合语义的数据进入数据库。

4）可靠性与扩展性

可靠性是指数据库在规定的条件下，规定的时间内，完成规定功能的能力。扩展性要求数据设计时要考虑到允许更多的功能在必要时可以被插入到适当的位置中。

确定用户的最终需求是一件很困难的事，这是因为一方面用户缺少计算机知识，开始时无法确定计算机究竟能为自己做什么，不能做什么，因此往往不能准确地表达自己的需求，所提出的需求往往不断地变化；另一方面，设计人员缺少用户的专业知识，不易理解用户的真正需求，甚至误解用户的需求。因此设计人员必须不断深入地与用户交流，才能逐步确定用户的实际需求。

4.2.2 需求分析的一般程序

进行需求分析首先是调查清楚用户的实际要求，与用户达成共识，然后分析与表达这些需求。调查用户需求的具体步骤是：

（1）调查组织机构情况

包括了解该组织的部门组成情况、各部门的职责等，为分析信息流程作准备。不同类型的信息系统所调查的组织机构范围是不同的，一般小型信息系统只需对用户企业内部进行调查，而大中型信息系统需要对工程项目组织所涉及的企业进行调查。

（2）调查各部门的业务活动情况

包括了解各个部门输入和使用什么数据，如何加工处理这些数据，输出什么消息，输出到什么部门，输出结果的格式是什么，这是调查的重点。

（3）明确对新系统的各种要求

在熟悉了业务活动的基础上协助用户加以明确，包括信息要求、处理要求、完全性与完整性要求，这是调查的又一个重点。

（4）确定新系统的边界

对全面调查的结果进行初步分析，确定哪些功能由计算机完成或将来准备让计算机完成，哪些活动由人工完成。由计算机完成的功能就是新系统应该实现的功能。

4.2.3 需求分析的方法

在众多的需求分析方法中，结构化分析（Structured Analysis，SA）方法最成熟、应用最广泛的方法。SA方法是面向数据流的需求分析方法。其主要工具包括数据流程图；数据词典（Data Dictionary，DD）和描述加工逻辑的结构化语言、判定表或判定树。

结构化分析方法的基本思想是"分解"和"抽象"。

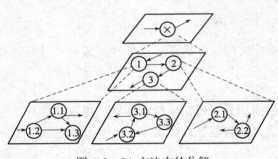

图4.3 SA方法中的分解

1）分解是指对于一个复杂的系统，为了将复杂性降低到可以掌握的程度，可以把大问题分解成若干小问题，然后分别解决。图4.3是自顶向下逐层分解的示意图。顶层抽象地描述了整个系统，底层具体地画出了系统的每一个细节，而中间层是从抽象到具体的逐层过渡。

2）抽象：分解可以分层进行，即先考虑问题最本质的属性，暂把细节略去，以后再逐层添加细节，直至涉及最详细的内容，这种用最本质的属性表示一个子系统的方法就是"抽象"。

SA方法把任何一个系统都抽象为图4.4的形式。

图4.4 系统的抽象

图4.4给出的只是最高层次抽象的系统概貌，要反映更详细的内容，可将处理功能分解为若干子功能，每个子功能还可以继续分解，直到把系统工作过程表示清楚为止。在处理功能逐步分解的同时，它们所用的数据也逐级分解，形成若干层次的数据流程图。

对用户需求进行分析与表达后，必须提交给用户，征得用户的认可。

4.2.4 数据字典

数据字典是系统中各类数据描述的集合，就是对数据流程图中包含的所有元素的定义的集合，是进行详细的数据收集和数据分析所获得的主要成果。数据字典在数据库设计中占有很重要的地位。

1）数据字典的要求

（1）对数据流程图上各种成分的定义必须明确，易理解，唯一。

（2）命令、编号与数据流程图一致，必要时可增加编码，方便查询、检索、维护和统计报表。

（3）符合一致性与完整性的要求，对数据流程图上的成分定义与说明无遗漏项。

（4）格式规范，风格统一，文字精练，数字与符号正确。

数据字典的编写是数据库设计中很重要的一项基础工作。在数据字典的建立、修改和补充过程中，始终要注意保证数据的一致性和完整性，而且也要有可用性。

2）数据字典的内容

数据字典通常包括数据项、数据结构、数据流、数据存储、处理过程和外部实体六个部分。其中数据项是数据的最小组成单位，若干个数据项可以组成一个数据结构，数据字典通过对数据项和数据结构的定义描述数据流、数据存储的逻辑内容。

（1）数据项

数据项是不可再分的数据单位。对数据项的描述通常包括以下内容：

数据项描述＝｛数据项名，数据项含义说明，别名，数据类型，长度，取值范围，取值含义，与其他数据项的逻辑关系，数据项之间的联系｝

其中"取值范围"、"与其他数据项的逻辑关系"（例如该数据项等于另几个数据项的和，该数据项值等于另一数据项的值等）定义了数据的完整性约束条件，是设计数据检验功能的依据。

可以用关系规范化理论为指导，用数据依赖的概念分析和表示数据项之间的联系。即按实际语义，写出每个数据项之间的数据依赖，它们是数据库逻辑设计阶段数据模型优化的依据。

（2）数据结构

数据结构反映了数据之间的组合关系。一个数据结构可以由若干个数据项组成，也可以由若干个数据结构组成，或由若干个数据项和数据结构混合组成。对数据结构的描述通常包括以下内容：

数据结构描述＝｛数据结构名，含义说明，组成：数据项或数据结构｝

（3）数据流

数据流是数据结构在系统内传输的路径。对数据流的描述通常包括以下内容：

数据流描述＝｛数据流名，说明，数据流来源，数据流去向，组成：｛数据结构｝，平均流量，高峰期流量｝

其中"数据流来源"是说明该数据流来自哪里。"数据流去向"是说明该数据流将到哪里。"平均流量"是指在单位时间（每天、每周、每月等）里的传输次数。"高峰期流量"则是指在高峰时期的数据流量。

（4）数据存储

数据存储是数据结构停留在或保存的地方，也是数据流的来源和去向之一。它可以是手工文档或手工凭单，也可以是计算机文档。对数据存储的描述通常包括以下内容：

数据存储描述＝｛数据存储名，说明，编号，输入的数据流，输出的数据流，组成：｛数据结构｝，数据量，存取频度，存取方式｝

其中，"存取频度"指每小时或每天或每周存取几次、每次存取多少数据等信息。"存取方式"包括是批处理还是联机处理，是检索还是更新，是顺序检索还是随机检索等；"输入的数据流"要指出其来源，"输出的数据流"要指出其去向。

（5）处理过程

处理过程的具体处理逻辑一般用判定表或判定树来描述。数据字典只需要描述处理过程的说明性信息，通常包括以下内容：

处理过程描述＝｛处理过程名，说明，输入：｛数据流｝，输出：｛数据流｝，处理：｛简要说明｝｝

其中，"简要说明"中主要说明该处理过程的功能及处理要求。功能是指该处理过程用来做什么（而不是怎么做），处理要求包括处理频度要求，如单位时间里处理多少事务、多少数据量、响应时间要求等。这些处理要求是后面物理设计的输入及性能评价的标准。

（6）外部实体

一般包括外部实体编号、名称、简述及有关数据流的输入和输出。

3）数据字典使用符号

数据结构、数据流以及数据存储的组成，可以用一些简单的符号来简明地表示，如：

＋ 表示"与"。

［　］表示"或"，即选择括号中的某一项。

｛　｝表示"重复"，即括号中的项可能重复若干次。

（　）表示"可选"，即括号中的项可能没有。

4）数据字典常用工具

数据字典常用工具有结构化语言、判定表和判定树。

（1）结构化语言

实际使用的结构化语言常用结构英语表达。结构化英语不同于自然英语语言，也区别于任何一种特定的程序语言，是一种介于两者之间的语言。受结构化程序设计思想的影响，它由三种基本结构构成，即顺序结构、判断结构和循环结构。

其特点为：提供结构化控制结构、数据说明，带有模块化的特点。它在控制结构的头尾常用模仿计算机语言，使用 If、Then、Else、So、While 等词组成规范化语言，书写比较严格。

（2）判定表

判定表（Decision Table）由四部分组成。第一部分即判定表的左上部称为基本条件项，列出各种可能的条件。第二部分即判定表的右上部称为条件项，它列出了各种可能的条件组合。第三部分即判定表的左下部称为基本动作项，它列出了所有的操作。第四部分即判定表的右下部称为动作项，它列出在对条件组合下所选的操作。其优点是能够把所有的条件组合充分地表达出来，其缺点是其建立过程较为复杂，且表达方式不如其他两种方法简便。

以施工人员的年终奖评定为例，说明判定表的应用。决定受奖的条件为：绩效优秀占80%或60%以上，绩效为中以下占10%或20%以下，团队合作精神为优良或一般。奖励方案为一等奖、二等奖、三等奖、鼓励奖四种。因为受奖条件有些是相容的，相互组合的项较多。描述工人奖励政策的判定表如表4.2所示。

表4.2可以看出，已完项目绩效比率的优秀≥80%，中以下≤10%，团队合作优良可以拿一等奖。

条件	已完项目绩效比率	优秀≥80%	Y	Y	Y	Y	N	N	N	N	状态
		优秀≥60%	-	-	-	-	Y	Y	Y	Y	
		中以下≤10%	Y	Y	N	N	Y	Y	N	N	
		中以下≤20%	-	-	Y	Y	-	-	Y	Y	
	团队合作	优良	Y	N	Y	N	Y	N	Y	N	
		一般	N	Y	N	Y	N	Y	N	Y	
奖励方案	一等奖		#								判定规则
	二等奖			#	#		#				
	三等奖							#	#	#	
	鼓励奖									#	

（3）判定树

判定树又称决策树（Decision Tree）基本思想与结构化英语方法一脉相承，但更为直观。它是一种描述加工的图形工具，适合描述问题处理中具有多个判断，而且每个决策与若干条件有关。使用判定树进行描述时，应该从问题的文字描述中分清哪些是判定条件，哪些是判定的决策，根据描述材料中的联结词找出判定条件的从属关系、并列关系、选择关系，根据它们构造判定树。

例：某施工单位对一项目的 A 和 B 部分进行报价策略分析。对于 A 部分，当工程量 N 小于或等于 100 时，单价为 B 元；N 大于 100 小于等于 150 时，大于 100 的部分单价 C 元，其余不变；N 大于 150 时，超过 150 的部分单价 D 元，其余按 150 以内的方案处理。对于 B 部分，工程量 N 小于或等于 50 时，单价为 E 元；N 大于 50 小于等于 100 时，大于 50 的部分 F 元，其余的金额不变；N 大于 100 时，超过 100 件的部分单价 G 元，其余按超产 100 以内的方案处理。上述处理功能用判定树描述，如图 4.5 所示。

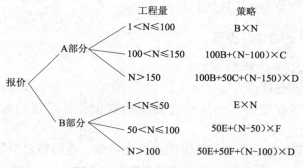

图 4.5　报价策略分析判定树

数据字典是关于数据库中的数据描述。明确地把需求收集和分析作为数据库设计的第一阶段是十分重要的。这一阶段收集到的基础数据（用数据字典来表达）和一组数据流程图（Data Flow Diagram，DFD）是下一步进行概念设计的基础。

在需求分析阶段需要注意的是：

1）需求分析阶段的一个重要而困难的任务是收集将来应用所涉及的数据，设计人员应充分考虑到可能的扩充和改变，使设计易于更改，系统易于扩充。

2）必须强调用户的参与，这是数据库应用系统设计的特点。数据库应用系统和广泛的用户有密切的联系。因此用户的参与是数据库设计不可分割的一部分。在数据分析阶段，任何调查研究没有用户的积极参加是寸步难行的。设计人员应该和用户取得共同的语言，帮助不熟悉计算机的用户建立数据库环境下的共同概念，并对设计工作的最后结果承担共同的责任。

4.3 概念模型设计

概念模型独立于数据库逻辑结构，也独立于支持数据库的 DBMS。概念模型的设计就是将需求分析得到的用户需求抽象为概念模型的过程，它是整个数据库设计的关键。

4.3.1 概念模型特点

在需求分析阶段所得到的应用需求应该首先抽象为信息世界的结构，才能更好地、更准确地用某一 DBMS 实现这些需求。在这个阶段，设计人员仅从用户角度看待数据及处理要求和约束，产生一个反映用户观点的概念模型，然后再在数据库设计的下一阶段把概念模型转换成逻辑模型。

概念模型的主要特点包括：

1）能真实、充分地反映现实世界，包括事务和事务之间的联系，能满足用户对数据的处理要求；

2）易于理解，可以用它和不熟悉计算机的用户交换意见；

3）易于修改，当应用环境和应用要求改变时，容易对概念模型修改和扩充；

4）易于向关系、网状、层次等各种数据模型转换。

概念模型是各种数据模型的共同基础，它比数据模型更独立于机器、更抽象，从而更加稳定。描述概念模型的主要工具是 E-R 图。

4.3.2 概念模型设计的方法与步骤

4.3.2.1 概念模型设计的方法

概念模型通常有四类设计方法。

1）自顶向下，即首先定义全局概念模型的框架，然后逐步细化，如图 4.6（a）所示。

2）自底向上，即首先定义各局部应用的概念模型，然后将它们集成起来，得到全局概念模型，如图 4.6（b）所示。

3）逐步扩张，首先定义最重要的核心概念模型，然后向外扩充，以滚雪球的方式逐步生成其他概念模型，直至总体概念模型，如图 4.6（c）所示。

4）混合策略，即将自顶向下和自底向上相结合，用自顶向下策略设计一个全局概念模型的框架，以它为骨架集成由自底向上策略中设计的各局部概念模型。

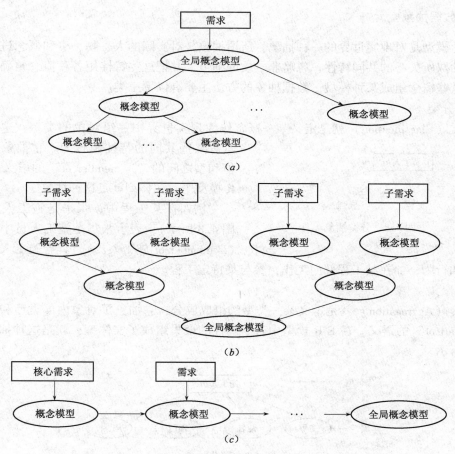

图 4.6　概念模型设计的方法

(a) 自顶向下策略；(b) 自底向上策略；(c) 逐步扩张策略

4.3.2.2　概念模型设计的步骤

概念模型设计通常分为两步：第一步是抽象数据并设计局部视图，第二步是集成局部视图，得到全局的概念模型，如图 4.7 所示。

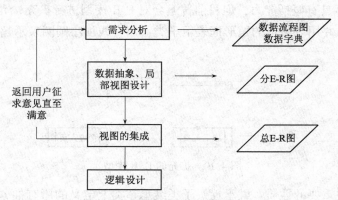

图 4.7　概念模型设计的步骤

4.3.3 数据抽象

概念模型是对现实世界的一种抽象。所谓抽象是对实际的人、物、事和概念进行人为处理，抽取所关心的共同特性，忽略非本质的细节，并把这些特性用各种概念精确地加以描述，这些概念组成某种模型。数据抽象的方法主要有以下三类。

1）分类

分类（Classification）就是定义某一概念作为现实世界中一组对象的类型，这些对象具有某些共同的特性和行为。它抽象了对象值和型之间的"is member of"的语义。在E-R模型中，实体型就是这种抽象。

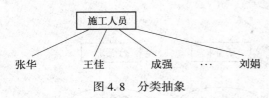

图4.8 分类抽象

例如在某工程中，张华是施工人员（如图4.8所示），表示张华是施工人员中的一员（is member of 施工人员），具有施工人员共同的特性和行为，如在某工程部门工作，参与某特定工程。

2）聚集

聚集（Aggregation）就是定义某一类型的组成成分，它抽象了对象内部类型和成分之间"is part of"的语义。在E-R模型中若干属性的聚集组成了实体型，就是这种抽象，如图4.9所示。

图4.9 聚集抽象

3）概括

概括（Generalization）就是定义类型之间的一种子集联系。它抽象了类型之间的"is subset of"的语义。例如员工是一个实体型，施工人员、管理人员也是实体型。施工人员、管理人员均是人员的子集。把员工称为超类，施工人员、管理人员为员工的子类。

原E-R模型不具有概括能力，但目前普遍会对E-R模型进行扩充，允许定义超类实体型和子类实体型，并用双竖边的矩形框表示子类，用直线加小圆圈表示超类-子类的联系，如图4.10所示。

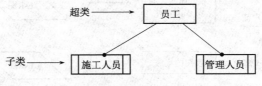

图4.10 扩充的E-R模型

概括有一个很重要的性质：继承性。子类继承超类上定义的所有抽象。这样，施工人员、管理人员继承了员工类型的属性。当然，子类可以增加自己的某些特殊属性。

4.3.4 视图设计

概念模型设计的第一步就是利用上面介绍的抽象机制对需求分析阶段收集到的数据进行分类、聚集，形成实体、实体属性，标识实体的码，确定实体之间的联系类型（1：1，1：n，m：n），设计 E-R 图。

4.3.4.1 选择局部应用

根据某个系统的具体情况，在多层的数据流程图中选择一个适当层次的数据流程图，作为设计分 E-R 图的出发点。让这组图中每一部分对应一个局部应用，即可以这一层次的数据流程图为出发点，设计分 E-R 图。

由于高层的数据流程图只能反映系统的概貌，而中层的数据流程图能较好地反映系统中各局部应用的子系统组成，因此往往以中层数据流程图作为设计分 E-R 图的依据。

4.3.4.2 逐一设计分 E-R 图

选择好局部应用之后，就要对每个局部应用逐一设计分 E-R 图，亦称为局部 E-R 图。在前面选好的某一层次的数据流程图中，每个局部应用都对应了一组数据流程图，局部应用涉及的数据都已经收集在数据字典中了。现在就是要将这些数据从数据字典中抽取出来，参照数据流程图，标定局部应用中的实体、实体的属性、标识实体的码，确定实体之间的联系及其类型（1：1，1：n，m：n）。

事实上，在现实世界中具体的应用环境常常对实体和属性已经作了大体的自然的划分。在数据字典中，"数据结构"、"数据流"和"数据存储"都是若干属性有意义的集合，就体现了这种划分。可以先从这些内容出发定义 E-R 图，然后再进行必要的调整。在调整中遵循的一条原则是：为了简化 E-R 图的处置，现实世界的事物能作为属性对待的，尽量作为属性对待。

实际上实体与属性是相对而言的，实体与属性之间并没有形式上可以截然划分的界限，但可以给出两条准则：

1）作为"属性"，不能再具有需要描述的性质。"属性"必须是不可分的数据项，不能包含其他属性。

2）"属性"不能与其他实体具有联系，即 E-R 图中所表示的联系是实体之间的联系。

凡满足上述两条准则的事物，一般均可作为属性对待。

4.3.4.3 视图的集成

1）视图集成的方式

各局部视图即分 E-R 图设计好以后，需要对它们进行合并，集成为一个整体的概念模型，即将所有的分 E-R 图综合成一个系统的总 E-R 图。一般说来，视图集成可以有两种方式：

（1）多个分 E-R 图一次集成，如图 4.11（a）所示。

（2）逐步集成，用累加的方式一次集成两个分 E-R 图，如图 4.11（b）所示。

2）视图集成的步骤

多个分 E-R 图一次集成方式比较复杂，做起来难度大，逐步集成方式每次只集成两个分 E-R 图，可以降低复杂度。

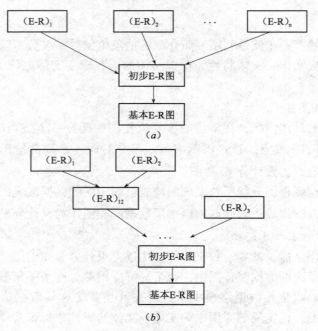

图 4.11　视图的集成

无论采用哪种方式，每次集成局部 E-R 图时都需要分两步走。

（1）合并分 E-R 图，生成初步 E-R 图

各个局部应用所面向的问题不同，且通常是由不同的设计人员进行局部视图设计，这就导致各个分 E-R 图之间必定会存在许多不一致的地方，这称为冲突。因此合并分 E-R 图时并不能简单地将各个分 E-R 图画到一起，而是必须着力消除各个分 E-R 图中的不一致，以形成一个能为全系统中所有用户理解和接受的统一的概念模型。合理消除各分 E-R 图的冲突是合并分 E-R 图的主要工作与关键所在。

各分 E-R 图之间的冲突主要有三类：属性冲突、命名冲突和结构冲突。

①属性冲突

a）属性域冲突，即属性值的类型、取值范围或取值集合不同。例如工号，有的部门把它定义为整数，有的部门把它定义为字符型，不同的部门对工号的编码也不同。又如年龄，某些部门以出生日期形式表示施工人员的年龄，而另一些部门用整数表示施工人员的年龄。

b）属性取值单位冲突。例如施工人员的体重，有的以公斤为单位，有的以斤为单位。属性冲突理论上好解决，但实际上需要各部门讨论协商，解决起来并非易事。

②命名冲突

a）同名异义，即不同意义的对象在不同的局部应用中具有相同的名字。

b）异名同义（一义多名），即同一意义的对象在不同的局部应用中具有不同的名字。如对科研项目，财务科称为项目，科研处称为课题，生产管理处称为工程。

命名冲突可能发生在实体、联系一级上，也可能发生在属性一级上。其中属性的命名冲突更为常见。处理命名冲突通常也像处理属性冲突一样，通过讨论、协商等行政手段加

以解决。

③结构冲突

a）同一对象在不同应用中具有不同的抽象。例如职工在某一局部应用中被当作实体，而在另一局部应用中则被当作属性。

解决方法通常是把属性变换为实体或把实体变换为属性，是同一对象具有相同的抽象。但变换时仍要遵循前节中讲述的两个原则。

b）同一实体在不同分 E-R 图中所包含的属性个数和属性排列次序不完全相同。

这是很常见的一类冲突，原因是不同的局部应用关心的是该实体的不同侧面。解决方法是使该实体的属性取各分 E-R 图中属性的并集，在适当调整属性的次序。

实体间的联系在不同的分 E-R 图中为不同的类型，如实体 E_1 与 E_2 在一个分 E-R 图中是多对多的联系，在另一个分 E-R 图中是一对多的联系；又如在一个分 E-R 图中 E_1 与 E_2 发生联系，而在另一个分 E-R 图中 E_1、E_2、E_3 三者之间有联系。

解决方法是根据应用的语义对实体联系的类型进行综合或调整。

（2）消除冗余，设计基本 E-R 图

分 E-R 图经过合并生成的是初步 E-R 图，在初步 E-R 图中，可能存在一些冗余的数据和实体间冗余的联系。所谓冗余的数据是指可由基本数据导出的数据，冗余的联系是指可由其他联系导出的联系。冗余数据和冗余联系容易破坏数据库的完整性，给数据库的维护增加困难，应当予以消除。消除了冗余后的初步 E-R 图称为基本 E-R 图。

消除冗余主要采用分析方法，即以数据字典和数据流程图为依据，根据数据字典中关于数据项之间逻辑关系的说明来消除冗余。但并不是所有的冗余数据与冗余联系都必须加以消除，有时为了提高效率，不得不以冗余信息作为代价。因此在设计数据库概念模型时，哪些冗余信息必须消除，哪些冗余信息允许存在，需要根据用户的整体需求来确定。如果人为地保留了一些冗余数据，则应把数据字典中数据关联的说明作为完整性约束条件。

4.4 逻辑设计

概念模型是独立于任何一种数据模型的信息结构，是各种数据模型的共同基础，它比数据模型更独立于机器、更抽象，从而更加稳定。但为了能够用某一 DBMS 实现用户需求，还必须将概念模型进一步转化为相应的数据模型，这正是数据逻辑结构设计所要完成的任务。

理论上说，设计逻辑结构应该选择最适于描述与表达相应概念模型的数据模型，然后对支持这种数据模型的各种 DBMS 进行比较，综合考虑性能、价格等各种因素，从中选出最合适的 DBMS。但在实际当中，往往是已给定了某台机器，设计人员没有选择 DBMS 的余地。目前 DBMS 产品一般只支持关系、网状、层次三种模型中的某一种，对某一种数据模型，各个机器系统又有许多不同的限制，提供不同的环境与工具。

由于各种 DBMS 产品一般都有许多限制，提供不同的环境与工具，因此，逻辑设计分为如下几步：

（1）将概念模型向一般关系、网状和层次模型转化；

（2）将得到的一般关系、网状和层次模型向特定的 DBMS 产品所支持的数据模型转化；

（3）依据应用的需求和具体的 DBMS 的特征进行调整和完善。

某些早期设计的应用系统中还在使用网状或层次数据模型，而新设计的数据库应用系统都普遍采用支持关系数据模型的 DBMS，所以这里只介绍 E-R 图向关系数据模型的转换原则与方法。逻辑结构设计过程如图 4.12 所示。

图 4.12　逻辑结构设计步骤

1）E-R 图向关系数据模型的转换

关系模型的逻辑结构是一组关系模式的集合。而 E-R 图则是由实体、实体的属性和实体之间的联系三个要素组成的。所以将 E-R 图转换为关系数据模型实际上就是要将实体、实体的属性和实体之间的联系转化为关系模型，这种转换一般遵循如下原则：

（1）一个实体型转换为一个关系模式。

关系的属性为：实体型的属性；关系的码为：实体型的码。

图 4.13　施工人员实体型

例如，施工人员实体型如图 4.13 所示，施工人员这一实体型的码为"工号"，这一实体型可以转换为如下关系模式：

施工人员（工号，姓名，工种）

施工人员这一关系模式的码也是"工号"。

（2）一个 1∶n 联系可以转换为一个独立的关系模式，也可以与 n 端对应的关系模式合并。

如果转换为一个独立的关系模式，关系的属性为：与该联系相连的各实体的码以及联系本身的属性；关系的码为 n 端实体的码。

如果采用与 n 端对应的关系模式合并，合并后关系的属性为：在 n 端关系中加入 1 端关系的码和联系本身的属性；合并后关系的码不变。这种方法可以减少系统中的关系个数，一般情况下更倾向于采用这种方法。

例如，一个工程项目组织由 n 个施工人员"组成"，联系为 1∶n 联系，如图 4.14 所示。其中，工程项目组织这一实体型的码为"项目组织编号"，施工人员这一实体型的码为"工号"，图 4.14（b）中"组成"这一联系有自己的属性为"施工人员数量"，将图 4.14（a）转换为关系模式的两种方法分别为：

①使其成为一个独立的关系模式：组成（工号，项目组织编号）；

②将其与施工人员关系模式合并：施工人员（工号，姓名，工种，项目组织编号）。

两种方法下，关系模式的码都为"工号"。

将图 4.14（b）转换为关系模式的两种方法分别为：

①使其成为一个独立的关系模式：组成（工号，项目组织编号，施工人员数量）；

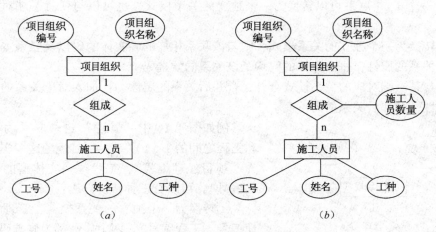

图 4.14 1:n联系"组成"

②将其与施工人员关系模式合并：施工人员（<u>工号</u>，姓名，工种，项目组织编号，施工人员数量）。

两种方法下，关系模式的码都为"工号"。

（3）一个 m:n 联系转换为一个关系模式。

关系的属性为：与该联系相连的各实体的码以及联系本身的属性；关系的码为：各实体码的组合。

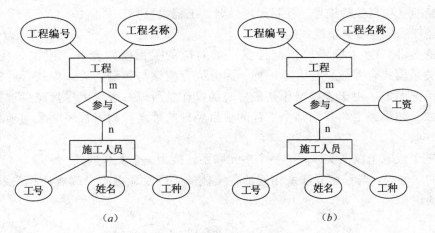

图 4.15 m:n联系"参与"

例如，施工人员与工程间的"参与"联系是一个 m:n 联系，如图 4.15 所示，施工人员这一实体型的码为"工号"，工程这一实体型的码为"工程编号"，参与这一联系在图 4.15（b）中的属性为"工资"，可以将图 4.15（a）转换为如下关系模式，其中"工号"与"工程编号"为关系的组合码：

参与（<u>工号</u>，<u>工程编号</u>）

图 4.15（b）转换为如下关系模式，其中"工号"与"工程编号"为关系的组合码：

参与（<u>工号</u>，<u>工程编号</u>，工资）

（4）一个 1：1 联系可以转换为一个独立的关系模式，也可以与任意一端对应的关系模式合并。

如果转换为一个独立的关系模式，则与该联系相连的各实体的码以及联系本身的属性均转换为关系的属性，每个实体的码均是该关系的候选码。

如果与某一端对应的关系模式合并，合并后关系的属性为：加入对应关系的码和联系本身的属性，合并后关系的码不变。

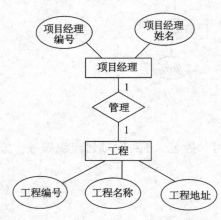

图 4.16 1：1 联系"管理"

例如图 4.16 中"管理"这一联系为项目经理和工程之间的 1：1 联系，项目经理这一实体型的码为"项目经理编号"，工程这一实体型的码为"工程编号"，可以有三种转换方法：

①转换为一个独立的关系模式：管理（项目经理编号，工程编号），两个属性都为候选码；

②"管理"联系与工程关系模式合并，则只需在工程关系中加入项目经理这一实体型的码，即项目经理编号：

工程（工程编号，工程名称，项目经理编号）

工程编号为新关系模式的码。

③"管理"联系与项目经理关系模式合并，则只需在项目经理关系中加入工程的码，即工程编号：

项目经理（项目经理编号，项目经理姓名，工程编号）

项目经理编号为新关系模式的码。

从理论上讲，1：1 联系可以与任意一端对应的关系模式合并，但在一些情况下，与不同的关系模式合并效果会大不一样，因此究竟应该与哪端的关系模式合并需要依应用的具体情况而定。由于连接操作是最费时的操作，所以一般应以尽量减少连接操作为目标。例如，如果经常要查询某个工程的项目经理的姓名，则将管理联系与项目经理关系合并更好些。

（5）三个或三个以上实体间的一个多元联系转换为一个关系模式。

关系的属性为：与该多元联系相连的各实体的码以及联系本身的属性；关系的码为：各实体码的组合。

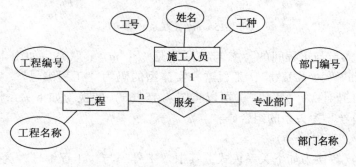

图 4.17 三元联系

例如，图 4.17 中为矩阵式项目组织中施工人员同时为工程和专业部门"服务"的三元联系，三个实体分别为：工程、施工人员和专业部门，可以将"服务"这一三元联系转换为如下关系模式：

服务（工程编号、工号、部门编号）

服务这一联系的码为工程编号和工号的组合码。

（6）同一实体集的实体间的联系，也可按上述 1：1、1：n 和 m：n 三种情况分别处理。

（7）具有相同码的关系模式可合并。

为了减少系统中的关系个数，如果两个关系模式具有相同的主码，可以考虑将它们合并为一个关系模式。合并方法是将其中一个关系模式全部属性加入到另一个关系模式中，然后去掉其中的同义属性（可能同名也可能不同名），并适当调整属性的次序。

2）向特定 DBMS 规定的模型进行转换

这一步转换是依赖于机器的，没有一个普遍的规则，转换的主要依据是所选用的 DBMS 的功能及限制。对于关系模型来说，这种转换通常都比较简单，不会有太多的困难。

3）数据模型的调整与完善

（1）数据模型的优化

数据库逻辑设计的结果不是唯一的。为了进一步提高数据库应用系统的性能，还应该适当地修改、调整数据模型的结构，这就是数据模型的优化。关系数据模型的优化通常以规范化理论为指导，方法如下：

①确定数据依赖，即按需求分析阶段所得到的语义，分别写出每个关系模式内部属性之间的数据依赖以及不同关系模式属性之间数据依赖。

②对于各个关系模式之间的数据依赖进行极小化处理，消除冗余的联系。

③按照数据依赖的理论对关系模式逐一进行分析，考查是否存在部分函数依赖、传递函数依赖、多值依赖等，确定各关系模式分别属于第几范式。

④按照需求分析阶段得到的各种应用对数据处理的要求，分析对于这样的应用环境这些模式是否合适，确定是否要对它们进行合并或分解。

必须注意的是，并不是规范化程度越高的关系就越优。当一个应用的查询中经常涉及两个或多个关系模式的属性时，系统必须经常进行联接运算，而联接运算的代价是相当高的，可以说关系模型低效的主要原因就是做联接运算引起的，因此在这种情况下，第二范式甚至第一范式也许是最好的。又如，不满足 BC 范式的关系模式虽然从理论上分析会存在不同程度的更新异常或冗余，但如果在实际应用中对此关系模式只是查询，并不执行更新操作，则不会产生实际影响。所以对于一个具体应用来说，到底规范化进行到什么程度，需要权衡响应时间和潜在问题两者的利弊才能决定。通常情况下，第三范式也就足够了。

⑤对关系模型进行必要的分解或合并，提高数据操作的效率和存储空间的利用率。常用的两种方法是水平分解和垂直分解。

a）水平分解

把（基本）关系的元祖分为若干子集合，定义每个子集合为一个子关系，以提高系统的效率。根据"80/20 原则"，一个大关系中，经常使用的只是关系的一小部分，约 20%，可以把经常使用的数据分解出来，形成一个子关系。

b）垂直分解

把关系的属性分解为若干子集合，形成若干子关系模式。垂直分解的原则是，经常在一起使用的属性从关系中分解出来形成一个子关系模式。垂直分解可以提高某些事务的效率，但也可能使另一些事务不得不进行连接操作，从而降低效率。

（2）设计外模式

根据用户需求设计了局部应用视图，这种局部应用视图只是概念模型，用分 E-R 图表示。将概念模型转换为逻辑模型后，即生成整个应用系统的模式后，还应该根据局部应用需求，结合具体 DBMS 的特点，设计用户的外模式。

目前关系数据库管理系统一般都提供了视图概念，可以利用这一功能设计更符合局部用户需要的用户外模式。

定义数据库模式主要是从系统的时间效率、空间效率、易维护等角度出发。由于用户外模式与模式是独立的，因此在定义用户外模式时应该更注重考虑用户的习惯与方便。包括：

①使用更符合用户习惯的别名

在合并各分 E-R 图时，曾进行了消除命名冲突的工作，以使数据库系统中同一关系和属性具有唯一的名字。这在设计数据库整体结构时是非常必要的。但对于某些局部应用，由于改用了不符合用户习惯的属性名，可能会使他们感到不方便，因此在设计外模式的子模式时可以重新定义某些属性名，使其与用户习惯一致。

②针对不同级别的用户定义不同的外模式

定义不同的外模式，分别包含允许不同局部应用操作的属性。这样可以防止用户非法访问本来不允许他们查询的数据，保证系统的安全性。

③简化用户对系统的使用

如果某些局部应用中经常要使用某些很复杂的查询，为了方便用户，可以将这些复杂查询定义为视图，用户每次只对定义好的视图进行查询，以使用户使用系统时感到简单直观，易于理解。

4.5 物理设计

数据库在物理设备上的存储结构与存取方法称为数据库的物理结构，它依赖于给定的计算机系统。为一个给定的逻辑数据模型选取一个最适合应用环境的物理结构的过程，就是数据库的物理设计。

数据库的物理设计通常分为两步：

1）确定数据库的物理结构；

2）对物理结构进行评价。

如果评价结果满足原设计要求则可进入物理实施阶段，否则，就需要重新设计或修改物理结构，有时甚至要返回逻辑设计阶段，修改数据模型。

4.5.1 确定数据库的物理结构

设计数据库物理结构要求设计人员首先必须充分了解所用 DBMS 的内部特征，特别是存储结构和存储方法；充分了解应用环境，特别是应用的处理频率和响应时间要求；以及充分了解外存设备的特征。

数据库的物理结构依赖缩选用的 DBMS 和计算机硬件环境，设计人员进行设计时主要需要考虑以下三个方面：

1）确定数据的存储结构

确定数据存储结构时要综合考虑存取时间、存储空间利用率和维护代价三方面的因素。这三方面常常是相互矛盾的，例如，消除一切冗余数据虽然能够节约存储空间，但往往会导致检索代价的增加，因此必须进行权衡，选择一个折中方案。

2）确定数据的存放位置

为了提高系统的性能，数据应该根据应用情况将易变部分与稳定部分、经常存储部分和存储频率较低部分分开存放。例如，数据库数据备份、日志文件备份等，由于只在故障恢复时才使用，而且数据量很大，可以考虑存放在磁带上。目前许多计算机都有多个磁盘，因此进行物理设计时可以考虑将表和索引分别放在不同的磁盘上，在查询时，由于两个磁盘驱动器分别在工作，因而可以保证物理读写速度比较快。也可以将比较大的表分别放在两个磁盘上，以加快存储速度，这在多用户环境下特别有效。此外还可以将日志文件和数据库对象（表、索引等）放在不同的磁盘以改进系统的性能。

由于各个系统所能提供的对数据进行安排的手段、方法差异很大，因此设计人员必须仔细了解给定的 DBMS 在这方面提供了什么方法，再针对应用环境的要求，对数据进行适当的物理安排。

3）确定系统配置

DBMS 产品一般都提供了一些存储分配参数，供设计人员和数据库管理员（Database Administrator，DBA）对数据库进行物理优化。初始情况下，系统都会为这些变量赋予合理的默认值，但是这些默认值不一定适合每一种应用环境。在进行物理设计时，需要重新对这些变量赋值以改善系统的性能。

通常情况下，这些配置变量包括：同时使用数据库的用户数，同时打开数据库对象数，使用的缓冲区长度、个数，时间片大小，数据库的大小，装填因子，锁的数目等，这些参数值影响存储时间和存储空间的分配，在物理设计时要根据应用环境确定这些参数值，以使系统性能最优。

在物理设计时对配置变量的调动只能是初步的，在系统运行时还要根据系统实际运行情况作进一步的调整，以期切实改进系统性能。

4.5.2　评价物理结构

数据库物理设计过程需要对时间效率、空间效率、维护代价和各种用户要求进行权衡，其结果可以产生多种方案，数据库设计人员必须对这些方案进行细致的评价，从中选择一个较优的方案作为数据库的物理结构。

评价物理数据库的方法完全依赖于所选用的 DBMS，主要是从定量估算各种方案的存储空间、存取空间和维护代价入手，对估算结果进行权衡、比较、选择出一个较优的方案作为数据库的物理结构。如果该结构不符合用户需求，则需要修改设计。

4.6 数据库的实施、运行与维护

4.6.1 数据库实施

对数据库的物理设计初步评价完成后就可以开始建立数据库了。数据库实施主要包括以下工作：

1）定义数据库结构

确定了数据库的逻辑结构和物理结构后，就可以用所选用的 DBMS 提供的数据定义语言（DDL）来严格描述数据库结构。

2）数据装载

数据库结构建立好后，就可以向数据库中装载数据了。组织数据入库是数据库实施阶段最主要的工作。

对于数据量不是很大的小型系统，可以用人工方法完成数据的入库，其步骤如下：

（1）筛选数据

需要装入数据库中的数据通常都分散在各个部门的数据文件或原始凭证中，所以首先必须把需要入库的数据筛选出来。

（2）转换数据格式

筛选出来的需要入库的数据，其格式往往不符合数据库要求，还需要进行转换。这种转换有时可能很复杂。

（3）输入数据

即将转换好的数据输入计算机中。

（4）校验数据

即检查输入的数据是否有误。

对于大中型系统，由于数据量极大，用人工方式组织数据入库将会耗费大量人力物力，而且很难保证数据的正确性。因此应该设计一个数据输入子系统，用计算机辅助数据的入库工作。其步骤如下：

（1）筛选数据

内容和人工方法中的筛选数据相同。

（2）输入数据

由录入员将原始数据直接输入计算机中。数据输入子系统应提供输入界面。

（3）校验数据

数据输入子系统根据数据库系统的要求，从录入的数据中抽取有用成分，对其进行分类，然后转换数据格式。抽取、分类和转换数据是数据输入子系统的主要工作，也是数据输入子系统的复杂性所在。

（4）综合数据

数据输入子系统对转换好的数据根据系统的要求进一步综合成最终数据。如果数据库是在老的文件系统或数据库系统的基础上设计的，则数据输入子系统只需要完成数据转换、综合数据两项工作，直接将老系统中的数据转换成新系统中需要的数据格式。

为了保证数据能够及时入库，应在数据库物理设计的同时编制数据库输入子系统。

3）编制与调试应用程序

数据库应用程序的设计应该与数据设计并行进行。在数据库实施阶段，当数据库结构建立好后，就可以开始编制与调试数据库的应用程序，也就是说，编制与调试应用程序是与组织数据入库同步进行的。调试应用程序时由于数据入库尚未完成，可先使用模拟数据。

4）数据库试运行

应用程序调试完成，并且已有一小部分数据入库后，就可以开始数据库的试运行。数据库试运行也成为联合调试，其主要工作包括：

（1）功能测试

即实际运行应用程序，执行对数据库的各种操作，测试应用程序的各种功能。

（2）性能测试

即测量系统的性能指标，分析是否符合设计目标。

数据库物理设计阶段在评价数据库结构估算时间、空间指标时，作了许多简化和假设，忽略了许多次要因素，因此结果必然很粗糙。数据库试运行则是要实际测量系统的各种性能指标（不仅是时间、空间指标），如果结果不符合设计目标，则需要返回物理设计阶段，调整物理结构、修改参数；有时甚至需要返回逻辑设计阶段，调整逻辑结构。

重新设计物理结构甚至逻辑结构，会导致数据重新入库。由于数据入库工作量实在太大，所以可以采用分期输入数据的方法，即先输入小批量数据供先期联合调试使用，待试运行基本合格后再输入大批量数据，逐步增加数据量，逐步完成运行评价。

在数据库试运行阶段，由于系统还不稳定，软、硬件故障随时都有可能发生。而系统的操作人员对新系统还不熟悉，误操作也不可避免，因此必须做好数据库的转储与恢复工作，尽量减少对数据库的破坏。

数据库试运行结果符合设计目标后，数据库就可以真正投入运行了。

4.6.2 数据库的运行维护

在数据库运行阶段，对数据库经常性的维护工作主要是由数据库管理员完成的，包括以下内容：

1）数据库的转储和恢复

数据库的转储和恢复是系统正式运行后最重要的维护工作之一。管理员要针对不同的应用要求制定不同的转储计划，定期对数据库和日志文件进行备份，以保证一旦发生事故，能利用数据库备份及日志文件备份，尽快将数据库恢复到某种一致性状态，并尽可能减少对数据库的破坏。

2）数据库的安全性、完整性控制

管理员必须对数据库的安全性和完整性负责，根据用户的实际需要授予不同的操作权限。此外，在数据库运行过程中由于应用环境的变化对安全性的要求也会发生变化，例如有的数据原来是机密，现在可以公开查询了；在系统中用户的密级也会改变。这些都需要管理员根据实际情况修改原有的安全性控制。此外，由于应用环境的变化，数据库的完整性约束条件也会变化，这都需要管理员不断修正，以满足用户要求。

3）数据库性能的监督、分析和改进

在数据库运行过程中，监督系统运行，对监测数据进行分析，找出改进系统性能的方法是管理员的又一重要任务。目前许多 DBMS 产品都提供了检测系统性能参数的工具，管理员可以利用这些工具方便地得到系统运行过程中一系列性能参数的值。管理员应该仔细分析这些数据，判断这些数据是否处于最佳运行状态，如果不是，则需要调整某些参数来进一步改进数据库性能。

4）数据库的重组织和重构造

（1）数据库的重组织

数据库运行一段时间后，由于记录的不断增加、删除、修改，会使数据库的物理存储变坏，从而降低数据库存储空间的利用率和数据的存储效率，使数据库的性能下降。这时管理员就要对数据库进行重组织，或部分重组织（只对频繁增、删的表进行重组织）。数据库的重组织不会改变原设计的数据逻辑结构和物理结构，只是按原设计要求重新安排存储位置，回收垃圾、减少指针链，提高系统性能。DBMS 一般都提供了供重组织数据库使用的实用程序，帮助管理员重新组织数据。

（2）数据库的重构造

当数据库应用环境发生变化，例如，增加新的应用或新的实体，取消某些已有应用，改变某些已有应用，这些都会导致实体及实体间的联系发生相应的变化，使原有的数据库设计不能满足新的需求，从而不得不适当的调整数据库的模式和内模式。例如，增加新的数据项，改变数据项的类型，改变数据库的容量，增加或删除索引，修改完整性约束条件等。这就是数据库的重构造。DBMS 都提供了修改数据库结构的功能。

数据库的重组织并不修改原设计的逻辑和物理结构，而数据库的重构造则不同，它是指部分修改数据库的模式和内模式。

重构造数据库的模式是有限的。若应用变化太大，已无法通过重构数据库来满足新的需求，或重构数据库的代价太大，则表明现有数据库应用系统的生命期已经结束，应该重新设计新的数据库系统，开始新数据库应用系统的生命周期了。

复习思考题

1. 数据库设计包括哪六个阶段？请用图示意。
2. 数据字典的内容包括哪六个部分？说出其名称，并选择一个进行介绍。
3. 概念模型设计有哪四种方法？请简述各种方法的主要思路。
4. 概念模型设计的步骤有哪两步？请简述之。
5. 数据抽象的方法主要有哪三类？
6. 请简要描述视图设计的步骤。
7. 逻辑设计的步骤有哪三步？
8. 数据库物理设计可分为哪两步？
9. 若要将 E-R 图中一个 1：n 联系转换为关系模型，可以如何进行转换？请举例说明。
10. 数据库的实施包括哪四大项工作？
11. 数据库的运行维护包括哪四项工作？

第3篇　系统开发

第5章　工程管理信息系统规划

本章要点

本章研究了工程管理信息系统开发的第一步，即系统规划。本章按照工程管理信息系统规划内容的先后顺序进行介绍。

（1）工程管理信息系统规划概述：包括定义、目标、作用、内容、准备工作和步骤。

（2）用户系统调查：系统调查的第一阶段，是系统规划的基础，包括对目前系统状况和用户需求的调查，其中，用户不仅包括用户企业人员，还包括工程中与系统有关的所有人员。

（3）工程管理信息系统规划方法：包括关键成功因素法（CSF）、战略目标集转化法（SST）和企业系统计划法（BSP），前两种方法是本章重点，体现了三种方法在工程管理中的应用。

（4）新系统开发初步计划：包括项目定义、人员安排和进度报告三部分，是对系统分析、系统设计和系统实施的初步确定。

（5）系统可行性分析：列举了系统可行性分析报告一般所包括的内容和格式。

5.1　工程管理信息系统规划概述

信息系统规划（Information System Planning，ISP）是信息系统实践的重要问题，也是管理信息系统研究的主要课题之一。自20世纪60年代以来，信息系统规划就受到企业界和学术界的高度重视，许多学者和组织在实践的基础上提出了不同的看法。工程管理信息系统开发也是基于系统规划的。由于工程项目组织的特点、类型和对规划具体需求的多样性，在信息系统规划过程中经常会遇到各种各样的问题，因此，需要选择合适的信息系统规划方法，针对工程项目组织的具体特点和需求进行规划。

5.1.1　工程管理信息系统规划的定义

工程管理信息系统规划是关于工程信息系统长远发展的规划，要考虑工程目标和承担系统开发的用户企业的企业目标的协调，是支持目标所需的信息和信息系统，以及信息系统的开发建设等各要素集成的信息系统方案，是面向组织中信息系统发展远景的系统开发计划。

工程管理信息系统规划既可以看成是工程战略规划的一个重要组成部分或工程战略规划下的一个专门性规划，也可以认为是承担系统开发的用户企业的企业战略规划的一个组成部分或企业战略规划下的一个专门性规划。工程管理信息系统建设是一项耗资巨大、技术复杂、管理变革大、历时很长的项目，必须进行很好的规划，也就是以整个系统为规划对象，从战略上把握系统的目标和功能的框架。

5.1.2 工程管理信息系统规划的目标

工程管理信息系统规划的目标就是制定与组织发展目标相一致的建设和发展目标。具体说来，就是根据组织整体目标和战略发展战略，在对组织所处环境、现行系统的状况进行初步调查的基础上，明确组织总的信息需求，在组织战略规划的大框架下，确定信息系统的发展战略，制定系统建设的总体计划。

在工程管理信息系统规划目标实现上存在着两种不同的途径：一种是通过更多更好的硬件和软件来增强工程管理信息系统的信息处理能力；另一种是通过对组织进行改造，建立更好的组织模式，为组织决策提供良好的信息支持。这两种途径虽然有所差异，但是目标是一致的，都是希望建立工程管理信息系统为组织的整体发展服务。在选择时，要考虑具体的组织情况，采取不同的方式进行。对于在今后相当长的一段时期内，现有的组织模式能够满足发展需要的组织，应采取第一种途径；而对于不对现有组织模式进行改造，组织就难以生存和发展的情况，就应采用第二种途径。

上述的组织，既可以指用户企业，也可以指工程项目组织整体。要根据具体工程管理信息系统进行确定，如工程管理信息系统是针对整个工程的大型系统，则组织指代工程项目组织更为合适；若工程管理信息系统只是针对过程某一职能的专项小型系统，则需更多考虑用户企业组织的需求，组织指代用户企业更为合适。由于工程管理信息系统的特殊性，不管组织指代工程项目组织还是用户企业，都要兼顾另一组织的需求。

5.1.3 工程管理信息系统规划的作用

工程管理信息系统规划的好坏是管理信息系统建设成败的关键。工程管理信息系统规划的作用包括：

1）有利于与用户建立良好的关系，是工程管理信息系统开发的出发点和落脚点；

2）能够找出工作中存在的问题，更正确地识别出为了实现组织目标，工程管理信息系统所必须完成的任务；

3）能够找出组织未来发展的方向；

4）指明组织中建立工程管理信息系统的方向和目标；

5）合理分配和利用各种资源，包括人、物、资金、时间，节省工程管理信息系统的投资；

6）能够指导工程管理信息系统的后续的开发过程。

工程管理信息系统规划过程本身是促使用户企业的高层管理人员对过去的工作进行回顾和对未来发展进行思考的过程，也是对管理信息系统所涉及知识的学习过程。对工程管理信息系统规划的忽视，会影响到后续的开发工作。工程管理信息系统规划所形成的规划报告是指导管理信息系统开发的纲领性文件。

5.1.4 工程管理信息系统规划的内容

工程管理信息系统规划是提供资源分配以及进行控制的基础，可分为一年期的短期规划，以及多年期的长期规划。工程管理信息系统规划的内容一般包括：

1）用户系统调查，即用户环境调查分析和问题确定；

2）新系统的规划，即确定新系统规划的方法；

3）新系统的初步开发计划；

4）系统开发的可行性分析。

本章的后续内容就是按照工程管理信息系统规划内容的先后顺序进行介绍的。

5.1.5 工程管理信息系统规划的准备工作

工程管理信息系统规划，决定着工程管理信息系统最终能否成功开发，因此，制定工程管理信息系统规划需要一个领导小组，并进行有关人员的培训，同时明确规划工作的进度。

1）规划领导小组

规划领导小组应由承担系统开发的用户企业的主要决策者之一负责。领导小组的其他成员应该是承担系统开发的用户企业的各部门的主要负责人（最好是和工程直接相关的部门负责人）和工程项目其他参与企业与信息系统直接相关的主要负责人，他们的主要任务是协助系统分析人员完成有关业务的调研和分析工作及数据准备工作。在开发队伍方面，应有系统分析人员、系统设计人员。此外，可以聘请一些有关方面的顾问或专家参与规划领导小组，为工程管理信息系统规划提供建议、意见以及咨询服务。规划领导小组之所以强调要由决策人员和中层各部门主要负责人参与，一方面是因为工程管理信息系统规划的重要性和权威性，是为了确保工程管理信息系统规划在工作中能够得到落实；另一方面也是为了能够组织和协调组织内部对管理信息系统的不同要求，统一使用有限资源，保证企业各部门和工程项目各部门对管理信息系统开发工作的有效支持。规划领导小组在完成规划任务后，一般转换成为工程管理信息系统委员会，领导和监督管理信息系统开发工作，按照工程管理信息系统规划所确定的系统建设目标、工作任务和工作进展来进行。

2）人员培训

制定规划需要掌握一套科学的方法，为此，需要对高层管理人员、分析人员和规划领导小组的成员进行培训，使他们正确掌握制定管理信息系统战略规划的方法，学会识别和分析组织中的业务过程，保证管理信息系统规划的可靠性和可行性。

3）规定进度

在明确和掌握制定管理信息系统规划的方法后，进一步为规划工作的各个阶段提出一个大致的时间安排和对各种资源的需求，以便对规划过程进行严格管理，避免因过分拖延而丧失信誉或被迫放弃，给用户企业和开发单位带来不必要的损失，引起一些纠纷。

5.1.6 工程管理信息系统规划的步骤

工程管理信息系统规划的一般步骤如图 5.1 所示。

各步骤的主要内容如下：

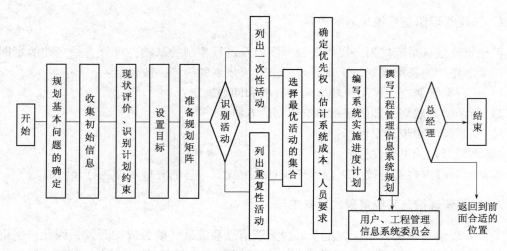

图 5.1　管理信息系统规划的一般步骤

1）规划基本问题的确定

规划基本问题的确定包括规划的年限、规划方法，确定集中式还是分散式的规划，以及是进取的还是保守的规划。

2）收集初始信息

收集初始信息包括从已完成的相似工程、与用户企业相似的企业、用户企业内部文件、工程项目各类文件以及书籍和杂志中收集信息。

3）现状评价和识别计划约束

现状评价和识别计划约束包括目标、系统开发方法、计划活动、现存硬件及其质量、信息部门人员、运行和控制、资金、安全措施、人员经验、手续和标准、中期和长期优先顺序、外部和内部关系、现存软件及其质量，以及用户企业/工程项目组织的思想和道德状况。

4）设置目标

目标应由用户企业的主管副总（甚至总经理）和工程管理信息系统委员会来设置，它应包括服务的质量和范围、政策、组织以及人员等，它不仅包括管理信息系统的目标，而且应有整个系统的目标。

5）准备规划矩阵

这实际上是工程管理信息系统规划内容之间相互关系组成的矩阵，这些矩阵列出后，实际上就确定了各项内容以及它们实现的优先顺序。

6）~8）识别活动、列出工程项目活动、列出重复性活动

识别上面所列出的各种活动，分别列出一次性活动和重复性活动。由于资源有限，不可能所有活动同时进行，只有选择一些好处最大的活动先进行。要合理选择一次性活动和日常重复活动的比例，合理选择风险大的活动和风险小的活动的比例。

9）选择最优活动的集合

从所有活动中，选出最优活动的集合。

10）确定系统的优先权、估计系统的成本、人员要求

对于大型系统，要确定各子系统的优先级别，分阶段进行开发。也可以是若干个小型系统，确定优先权后分阶段进行开发。要估计各系统开发的成本和对人员的需求。

11）编写系统实施进度计划

进度计划根据系统大小，可以按年编制，也可按旬、月、周编制。

12）撰写管理信息系统规划

在此过程中，要不断与用户以及工程管理信息系统委员会交换意见。

13）总经理审批

即由承担系统开发的用户企业的总经理进行审批。若批准，则宣告规划任务结束，否则，要返回到前面适当的步骤重新规划。

5.2　用户系统调查

用户系统调查主要是查明目前系统的状况、用户对系统的应用需求和对这些需求的分析。如：用户企业/工程项目组织的战略目标，目前用户企业/工程项目组织结构，主要业务/工程范围，主要业务流程外部环境；计算机应用情况（包括硬件、软件、数据库、通讯情况）；业务中存在的困难和问题；需求或预期未来的需要等。工程管理信息系统的用户不仅包括用户企业人员，还包括工程中与系统有关的所有人员。

只有对现行系统进行了充分的调查了解，掌握了现行系统的运行情况和存在问题，明确用户需求，才能进行切合实际的可行性研究，为系统的分析和设计打下坚实的基础。

系统调查工作以系统分析人员为核心，要成立专门的调查组织（一个或若干个调查小组），并尽量吸收原系统业务/项目骨干和管理工作人员参加。

系统调查分为初步调查和详细调查，这一阶段主要是初步调查。在系统调查过程中，必须遵循一定的调查方法和调查要求。

5.2.1　用户系统调查的内容

用户系统调查的内容主要包括：

1）系统界限和运行状态的调查

要了解到系统界限，即要开发的系统和其他系统之间的交界，以及系统目前的状态，如是否有旧系统在运行。

2）组织机构和人员分工的调查

包括对用户企业机构和工程项目组织机构以及人员分工情况的调查。

3）业务/项目流程调查

全面细致地了解整个系统各方面的业务流程，以及信息、材料、能源、资金的流通状况以及各种输入、输出、处理、处理速度、处理量和处理过程的逻辑关系。

4）各种计划、单据、报表和账册的处理

调查中要收集各类计划、单据和报表，了解它们的来龙去脉及其各项内容的填写方法、时间要求，以便得到完整的信息流程。

5）资源情况的调查，各种资源的目前使用情况以及存在的问题

6）约束条件的调查

系统有哪些约束，如人员、资金等各方面。

7）薄弱环节的调查

系统所涵盖的内容中，哪些是目前的薄弱环节，在系统开发中需要特别注意和加强的。

5.2.2 用户系统调查的原则

做好系统调查工作必须遵循一定的原则（或者说调查要领）：

1）事先制订调查计划

调查计划要提前制定好，按照计划进行调查工作的安排。

2）注意调查顺序

一般自顶向下，由粗到细，再自下而上循环进行。

3）要求相关人员参与

要求相关的业务人员、主管人员积极参与系统调查，即包括用户企业的，也包括工程项目组织中的相关人员。

4）正确的调查态度

调查过程中要具有虚心、耐心、细心、热心和恒心。

5）及时分析、归纳、总结

由于被调查人员不可能对计算机系统的功能全然清楚，对系统任务的要求不可能讲得确切，更没有定量的目标，所提出的问题，仅提供编写系统目标的素材，所以调查人员要及时对所获信息进行统计和分析，根据分析结果可以进行进一步的深入调查。

6）尽量使用规范的调查辅助工具

若有多个调查小组同时进行系统调查，为了使各调查组之间更好地沟通，可以统一使用一些图表工具，如组织结构图、平面图、统计表等表达现行系统。

5.2.3 用户系统调查的方法

用户系统调查的方法很多，这里介绍四种主要的调查方法。

1）开调查会

开调查会是系统调查中最常用、最有效的方式之一。如：座谈会形式，会议一般由开发小组成员主持，开发人员在会上可以与参加会议人员自由地交谈，对系统提出各方面的意见与想法，开发人员也可作启发性的发言，介绍计算机在信息处理中的功能，最后根据座谈会的发言进行小结，此时可以重复管理人员所提出的比较一致的意见与建议。

2）阅读与分析现有系统的资料

主要是通过查阅用户企业业务部门或同类工程以及现有工程的文件、年报、总结、计划、表格、手册、规章制度、上报资料等。

3）实地观察和直接参加管理业务的实践

为了了解系统的实况，开发人员可以有目的、有选择地参加某些实际的业务工作或施工管理环节，可以通过跟班工作，深入地了解信息的发生、传递、加工与存储的各个信息处理的环节，把握现有系统的功能、效率以及存在的问题，从而可以与管理人员共同研究出解决问题的想法和建议。此外，通过与基层人员的直接接触、相互交流，可以增加开发人员与操作人员之间的相互信任，密切开发人员与操作人员之间的关系。

4）发调查表

这是一种比较广泛的调查方式，它要求设计出目的明确、清楚的信息调查表。调查项目一般都是要求较明确的具有共性的项目，由于通过调查表只能收集表面上的信息，如果要了解较为深入的、特殊的情况，还需要采用访问的调查方式。

5.3 工程管理信息系统规划方法

新系统的规划需要特定的规划方法。管理信息系统规划方法很多，如关键成功因素法、战略目标集转移法、企业系统规划法、映射和模型设计法（Relationship Management Data Model，RMDM）、信息系统的综合研究法（IDEA）、企业信息分析与集成技术（Business Information Analysis and Integration Technique，BIAIT）、产出/方法分析（Export/Method Analysis，E/MA）、投资回收法（Return on Investment，简称 ROI）、组织计划引出法、战略栅格表示法等。下面介绍关键成功因素法、战略目标集转移法、企业系统规划法这三种方法，这是目前比较常用的方法。

5.3.1 关键成功因素法

关键成功因素法（Critical Success Factors，CSF）是基于 D. Ronald Daniel 在 1961 年提出的"成功因素"的概念上提出的。1970 年，哈佛大学的威廉. 扎尼（William Zani）教授在 MIS 模型中用到了关键成功变量，这些变量是确定 MIS 成败的因素。10 年后，麻省理工学院（MIT）的约翰. 罗克特（John Bockart）把关键成功因素法提高为一种 MIS 规划方法。关键成功因素法的主要思想是"抓主要矛盾"。借助这种方法，可以对用户企业/工程成功的重要因素进行识别，确定组织的信息需求，规划开发能够满足这些需求的信息系统。

1）基本概念

关键成功因素指的是对用户企业/工程成功起关键作用的因素，决策的信息需求就往往来自于这些关键因素。关键成功因素法就是通过分析找出使得用户企业/工程成功的关键因素，然后再围绕这些关键因素来确定系统的需求，并进行规划。

2）关键成功因素的主要来源

不同用户企业/工程的战略目标不同，因而关键成功因素的内容也不一样。一般而言，关键成功因素主要来源于以下几个方面：

（1）行业特性

每一个行业都有其自身的特殊关键因素。例如水泥生产企业若想在水泥行业取得成功，生产成本的严格控制、质量的保证、性价比高的产品、有效的销售渠道是关键；而对于一家施工企业来说，关键因素则是施工经验、好的项目经理和有效的管理。

（2）竞争环境、行业地位和地理位置

处于不同环境的企业的关键成功因素是有差异的。处于激烈竞争的企业的关键成功因素（CSF）是能在竞争中生存下去，并取得有利的地位，那么，市场份额和销售手段就是CSF；而竞争不是太激烈的企业的关键成功因素则是利润和持续经营。

不同的行业地位也会带来不同的关键成功因素。处于领先地位的企业将会注重保持和巩固公司的有利地位；处于落后的企业将会把赶超行业水平作为关键成功因素。

地理位置在企业活动中也起着相当重要的作用。例如，当一个企业在 A 地拥有良好的顾客群时，其战略规划就会考虑这个因素对未来的影响。对于某些行业来说，地理位置对于企业的成功是至关重要的，如水泥和混凝土生产企业一般只针对所在城市供货，其战略规划就会考虑这个因素的影响，若地理位置变动，会直接影响到其利润。

对于工程也是类似的，竞争战略、行业差异和地理位置会对工程的 CSF 产生影响。

（3）环境因素

环境因素包括外部环境因素，如国民经济计划调整、政策变化、国际政治形势波动等，以及内部环境因素，如用户企业/工程内部技术进步、管理制度改变等，这些都会对关键成功因素产生不同程度的影响。

（4）暂时性因素

暂时性因素是指一些在短时间内重要的关键成功因素。任何一个用户企业/工程总是处在不断的发展变化之中，因此会发生各种各样的临时事件，这些临时事件可视其对用户企业/工程正常运作的影响程度而决定是否会成为暂时的关键成功因素。

3）实施步骤

关键成功因素法主要包含以下三个步骤：

（1）确定和分解组织的战略目标

每个组织都有自己的战略目标，而在不同时期又会有不同的侧重点。组织的战略目标应根据其内外的客观条件制定，保证其切实可达。在目标确定后，可根据需要分解为若干个合适的子目标。

（2）确定关键成功因素

能否正确地确定 CSF 是 CSF 方法成功的关键。不同行业的关键成功因素各不相同，即使是同一行业的不同组织，由于各自所处外部环境的差异和内部条件的不同，其关键成功因素也不尽相同。一般，根据已经确定并合理分解的企业/项目目标，列出与目标实现有关的所有因素，然后讨论这些因素与用户企业/工程目标之间的关系，以明确各因素的主次地位、作用大小等，进而决定哪些因素该合并，哪些因素该忽略，最后保留关键的因素。

（3）明确各关键成功因素的性能指标和评估标准

采用关键成功因素方法时，还需要一个相应的评价指标体系来衡量其行为的效果，这些指标就叫做关键性能指标（Key Performance Indicators，KPI）。一般来说，KPI 对于硬数据呈数据状态，而对于软数据则可采用模糊量描述。其中，硬数据是指那些能直接用数字表示的、反映内部生产、经营和管理状态以及外部运行环境的各种原始数据或经过加工处理后得出的综合数据，如产品质量、销售收入、原材料价格、利润等。软数据指的是不能直接用数据表示的各种信息，如人际关系、思想倾向、满意程度等。

KPI 的确定应当在 CSF 确定后进行。由于 KPI 是用于描述和度量 CSF 的，因此要求在操作上是可控的，对 CSF 的评测是可信的。必须坚持企业的活动与管理者参与相结合的原则，以确保 CSF 方法的成功实施。

关键成功因素法的步骤可以如图 5.2 所示。

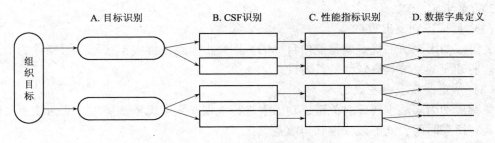

图 5.2　关键成功因素法实施步骤

关键成功因素法源自用户企业/工程目标，通过目标分解和识别，关键成功因素识别，性能指标识别，一直到产生数据字典，从此可看出，关键成功因素法的目标是开发数据库，其输出是数据字典。关键成功因素法就是要识别联系于系统目标的主要数据类及其关系。

CSF 法的关键是识别关键成功因素，这个过程可借助树枝因果图（鱼刺图）进行分析。

4）关键成功因素法的作用

CSF 法是一个由用户企业/工程目标、关键成功因素和关键性能指标组成的复合概念体系，其作用在于能为用户企业/工程的高层管理者成功履行自己的管理职责，实现用户企业/工程目标提供一个清晰的思路和有效的方法，即管理者可以根据组织的战略目标确定关键成功因素，制定相应的关键性能指标，紧紧围绕着关键成功因素开展工作，并借助关键性能指标评价管理工作成效，从而形成一个以用户企业/工程目标为设定值，以控制活动的成效为检测结果，包括用户企业/工程目标、管理者和信息系统在内的反馈控制系统，如图 5.3 所示。这样，管理者就可以借助信息系统观察关键性能指标而得知关键因素的状态，再通过对关键因素状态的调控保证子系统目标的实现，从而促使用户企业/工程目标的最终实现。实践证明这是一种帮助高层管理人员确定重要信息的较为有效的方法。

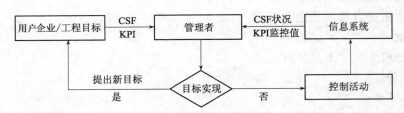

图 5.3　CSF 方法中企业目标、管理者、信息系统之间的关系

此外，关键成功因素法对于各级中层管理人员也同样具有重要的作用。在关键性能指标的制定过程中，用户企业/工程的中层管理人员的参与非常重要。用户企业/工程中的每个中层管理人员也应认真确定自己的 CSF，因为这一过程有助于他们确定哪些因素值得注意，以保证关键因素的实现，也迫使他们为那些关键因素确定度量的方法，并制定相应的度量报告。

由于 CSF 在不同的用户企业/工程中的定义不同，即使相同或相似的用户企业/工程也因为发展阶段不同而有不同的 CSF。

5）特点

（1）目标识别突出重点

关键成功因素法的优点就是能使目标的识别突出重点，集中于获取高层领导的信息需求，使所开发的系统具有较强的针对性。

（2）从重要需求引发规划

关键成功因素法主要针对关键成功因素进行规划，只考虑重要需求，从而缩短了信息需求调查所需时间，能够较快地获得收益。

（3）容易忽视次要问题

由于只考虑重要因素，因此，会忽略非关键因素对系统的影响，这是其缺点。

（4）受成功因素分析结果的制约

关键成功因素分析结果决定了规划成果，直至影响到整个系统开发。因此，若关键成功因素解决后，又出现新的关键成功因素，就必须再重新开发系统。

6）示例

对某施工承包商现场材料管理系统，用关键成功因素法进行分析。

（1）确定和分解项目的战略目标

成功的现场材料管理

（2）确定关键成功因素

包括以下三个 CSF：

①材料按时按量供应

②材料质量符合要求

③掌握目前库存和未来材料需求

（3）明确各关键成功因素的性能指标和评估标准

①材料按时按量供应的性能指标

a）材料供应时间

b）材料供应数量

②材料质量符合要求的性能指标

材料质量

③掌握目前库存和未来材料需求

a）库存量

b）材料需求量

根据上述分析，可画出某施工承包商的现场材料管理系统的关键成功因素法分析，如图 5.4（a）所示，也可以用鱼刺图进行表示，如图 5.4（b）所示。

5.3.2　战略目标集转移法

战略目标集转移法（Strategy Set Transformation，SST）也叫战略集合转移法，是由William. King 于 1978 年提出的，他把整个战略目标看成一个"信息集合"，由使命、目标、战略和其他战略变量（如管理水平、发展趋势、环境约束）等组成。信息系统的战略规划过程是把组织（包括用户企业和工程项目组织）的战略目标转变为信息系统战略目标的过程，如图 5.5 所示。

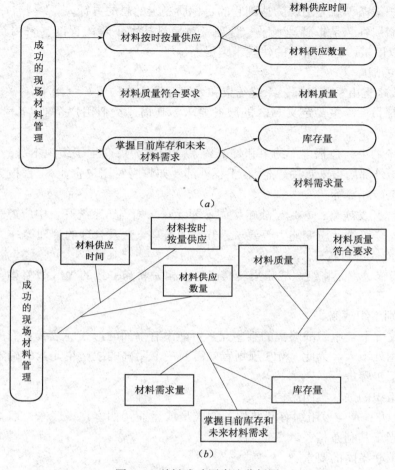

（a）

（b）

图 5.4　关键成功因素法分析图

图 5.5　管理信息系统战略制定过程

1）组织战略集

组织的战略集是组织本身战略规划过程的产物，包括组织的使命、目标、战略和其他一些与 MIS 有关的组织属性。

（1）组织使命，描述该组织是什么、为什么存在、能做出什么贡献。简言之，就是描述该组织属于什么具体的行业或部门。

（2）组织目标，是指组织将来希望达到的目的。这些目标可以是定量的也可以是定性的，但它们首先应该是长期的和广泛的。

（3）组织战略，就是组织为达到它的目标所制定的总的方针。

（4）战略属性，是指管理水平、管理者对信息技术了解的程度、采用新技术的态度等，虽然难以度量，但对 MIS 的建设影响很大。

2）MIS 的战略集

MIS 的战略集由系统目标、系统约束和系统开发战略构成。

（1）系统目标，主要定义 MIS 的服务要求。其描述类似用户企业/工程目标的描述，但更加具体。

（2）系统约束，包括内部约束和外部约束。内部约束产生于组织本身，如人员组成、资金预算等。外部约束来自用户企业/工程外部，如政府对用户企业/工程报告的要求、同其他系统的接口环境等。

（3）系统开发战略，它是该战略集的重要元素，相当于系统开发中应遵守的一系列原则，如系统安全可靠、应变能力等要求，开发的科学方法及合理的管理等。

3）SST 的实施过程

SST 的实施过程是将组织战略集转换成与它相关联和一致的 MIS 战略集，通常分两步进行。

（1）识别组织战略集

在很多情况下，组织战略集的某些元素可能没有书面的形式，或者它们的描述对信息系统的规划用处不大。为此，MIS 规划者就需要一个明确的战略集元素的确定过程。这个过程可按以下步骤进行：

①画出组织的关联集团结构

"关联集团"是与该组织有利益相关的人员或企业，如客户、股东、雇员等，对于工程而言，相当于其利益相关者。

②确定关联集团的要求

要确定上述步骤中列出的每个关联集团的要求都能够得到描述和定义，还要对这些要求被满足程度的直接和间接度量进行说明。

③定义组织战略

要对组织的目标、战略和战略属性进行定性描述，在识别组织战略后，应立即交给组织负责人审阅，收集反馈信息，经修改后进行下一步工作。

（2）将组织战略集转化成 MIS 战略集

MIS 战略集应包括系统目标、约束以及设计原则等。这个转化过程可分为：

①根据组织战略和战略属性确定 MIS 目标；

②对组织战略集的每个元素，包括组织战略和战略属性，以及 MIS 目标，识别相应的 MIS 战略约束；

③根据 MIS 目标和约束提出 MIS 战略。

4）特点

（1）反映各种人的要求

SST 从另一个角度识别管理目标，能反映各种人的要求，而且给出了这种要求的分层。

（2）由人员需求引出信息系统目标

SST 方法是将人员要求的分层，转化为信息系统的目标的结构化方法。

（3）目标比较全面

SST 方法能保证目标比较全面，疏漏比较少，这是 CSF 方法所做不到的。

（4）不够突出重点

SST 方法在突出重点方面不如 CSF 方法。

5）示例

同样采用上述某施工承包商现场材料管理信息系统规划的例子，进行战略目标集转移法的示范。

（1）识别组织战略集

①画出组织的关联集团结构

关联集团主要包括：监理（Supervisor、SV）；项目经理（Project Manager、PM）；材料保管人员（Welfare Keeper、WK）。

②确定关联集团的要求

在上述关联集团的确定后，确定各关联集团的要求。其中，项目经理（PM）的要求包括：使用材料种类；使用材料规格；使用材料数量；未来需求预测材料堆放地点。监理（SV）的要求包括：进场材料种类；进场材料规格；进场材料数量；进场材料质量；使用材料数量；使用材料种类；使用材料规格；保管是否得当；材料进场时间。材料保管人员（WK）的要求包括：进场材料种类；进场材料规格；进场材料数量；进场材料质量；使用材料种类；使用材料规格；使用材料数量；保管是否得当；材料进场时间；材料使用时间；材料堆放地点。

③定义组织相对于每个关联集团的任务和战略

组织目标：进场材料种类；进场材料规格；进场材料数量；进场材料质量；使用材料种类；使用材料规格；使用材料数量；保管是否得当；材料进场时间；材料使用时间；未来需求预测；材料堆放地点。

组织战略：材料进场保证措施；材料质量保证措施；材料使用保证措施；材料保管措施；材料需求保证措施。

战略属性：管理水平效率低下；管理信息化是必然趋势；大部分管理者有使用电脑经验；拥有其他相关的信息系统；相关人员对材料管理负有责任。

（2）将组织的战略集转化成 MIS 战略集

首先确定 MIS 目标如下：提供材料进场信息；提供材料入场信息；生成材料出库信息；生成材料使用核算报告；生成对未来材料需求的分析报告。一共五个目标，由组织战略和战略属性所确定。

然后对组织战略集的每个元素识别相应的 MIS 战略的约束，即：缩减 MIS 开发资金的可能性；系统必须采用管理技术及计算机知识；系统必须要使用外界（材料信息）和内部信息（材料使用计划）；系统必须提供内容范围的报告；系统要有能力产生除了管理信息之外的其他信息。

接着根据上述信息系统战略的 MIS 目标和约束提出 MIS 战略，包括：建立材料信息数据库；建立材料使用核算子系统；建立材料需求预测子系统。这三个 MIS 战略是进行后续系统分析的基础。

最后形成图 5.6 所示的某施工承包商现场材料管理的战略目标集转移法示意图。

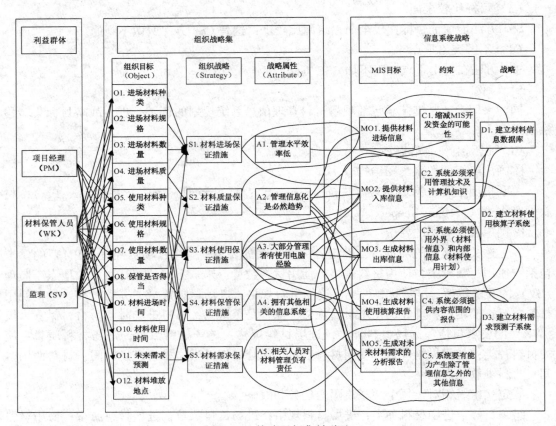

图 5.6　战略目标集转移法

若采用表格的形式，可以表述为表 5.1 所示。

某工程现场材料管理的战略目标集转移法　　　　　　　表 5.1

关联集团		项目经理（PM）	材料保管人员（WK）	监理（SV）
组织战略集	组织目标 （Object）	O1.　进场材料种类（SV, WK） O2.　进场材料规格（SV, WK） O3.　进场材料数量（SV, WK） O4.　进场材料质量（SV, WK） O5.　使用材料种类（PM, SV, WK） O6.　使用材料规格（PM, SV, WK） O7.　使用材料数量（PM, SV, WK） O8.　保管是否得当（SV, WK） O9.　材料进场时间（SV, WK） O10.　材料使用时间（WK） O11.　未来需求预测（PM） O12.　材料堆放地点（PM, WK）		

关联集团		项目经理（PM）	材料保管人员（WK）	监理（SV）
组织战略集	组织战略（Strategy）	S1. 材料进场保证措施（O1，O2，O3，O4，O9） S2. 材料质量保证措施（O4，O8） S3. 材料使用保证措施（O5，O6，O7，O10） S4. 材料保管措施（O8，O12） S5. 材料需求保证措施（O5，O6，O7，O11）		
	战略属性（Attribute）	A1. 管理水平效率低下 A2. 管理信息化是必然趋势 A3. 大部分管理者有使用电脑经验 A4. 拥有其他相关的信息系统 A5. 相关人员对材料管理负有责任		
信息系统战略	MIS 目标	MO1. 提供材料进场质量信息（S1，S2，A2） MO2. 提供材料入库信息（S1，S2，S3，A2，A3） MO3. 生成材料出库信息（S3，S4，S5，A2，A3） MO4. 生成材料使用核算报告（S3，A2，A4） MO5. 生成对未来材料需求的分析报告（S3，S5，A2，A3）		
	约束	C1. 缩减 MIS 开发资金的可能性（A2） C2. 系统必须采用管理技术及计算机知识（A1、A2、MO3） C3. 系统必须要使用外界（材料信息）和内部信息（材料使用计划）（A4） C4. 系统必须提供内容范围的报告（A5） C5. 系统要有能力产生除了管理信息之外的其他信息（A4）		
	战略	D1. 建立材料信息数据库（MO1，MO2，MO3，C2） D2. 建立材料使用核算子系统（MO4，C2，C4） D3. 建立材料需求预测子系统（MO5，C2，C4）		

5.3.3 企业系统计划法

企业系统规划法（Business System Planning，BSP）也称为业务系统规划法，是 IBM 公司提出的，用于内部系统开发的一种方法。20 世纪 60 年代中期，IBM 公司为了总结、吸取自己公司以及其他公司信息系统开发失败的教训，认为有必要根据某些经过实践检验的原则和理论建立规范的方法来指导企业信息系统开发。于是，1966 年，在 IBM 数据处理总部内成立了一个负责自己企业信息系统控制和集合的部门，对信息系统开发方法进行研究，BSP 就是他们的研究成果。此后，IBM 公司的许多客户对 BSP 产生了兴趣，希望能学习并用来安排自己公司的信息资源。为此，IBM 公司在 1970 年成立了 BSP 项目组，专门帮助其客户进行信息系统开发。BSP 方法是影响最深、最广的一种系统规划方法，它基于用信息支持企业运行的思想。先自上而下分析企业目标、识别企业过程、识别数据类，然后再自下而上设计和实施系统，以支持企业目标，如图 5.7 所示。

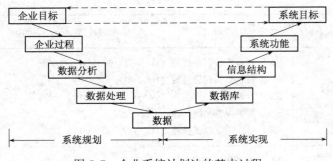

图 5.7　企业系统计划法的基本过程

5.3.3.1　概念和作用

1）概念

企业系统规划法是指导企业管理信息系统开发的一种规范的方法，是一种针对企业信息系统进行规划和设计的结构化方法，它先自顶向下地识别企业目标、企业过程和数据类，然后自下而上的设计和实施系统，是一种支持目标实现的结构化方法。这里所指的企业可以是商业性质的单位和部门，也可以是非商业性质的单位和部门。

企业系统规划法摆脱了系统对原组织的依赖，从企业最基本的活动出发，进行数据分析，分析决策所需数据，再自下而上设计和实施系统，更好地支持系统目标的实现。

2）作用

企业系统规划法是一种能够帮助规划人员根据企业目标制定出 MIS 战略规划的结构化方法。通过这种方法可以做到：

（1）确定未来信息系统的总体结构，明确系统的子系统组成和开发子系统的先后顺序。

（2）对数据进行统一规划、管理和控制，明确各子系统之间的数据交换关系，保证信息的一致性。

BSP 法的优点在于利用它能保证信息系统独立于企业的组织机构，使信息系统具有对环境变更的适应性。即使将来企业的组织机构或管理体制发生变化，信息系统的结构体系也不会受到太大的冲击。这对于工程也同样适用。

5.3.3.2　基本思路

1）要求所建立的信息系统支持企业目标

信息系统是企业的有机组成部分，并对企业的总体有效性起着关键的作用，它一定要支持企业的战略目标，基于这种思想，可以将 BSP 看作一个转化思想，即将企业的战略目标转化为信息系统的规划。

对于工程而言，这种思想也同样适用。

2）表达所有管理层次的需求

由于各个管理层次的管理活动对信息有着不同的信息需求，因此，有必要建立一个合理的框架，以此来定义信息系统。一般来说，企业的各个部门都与某一种资源的属性有关，即其活动和决策形成一个与此资源有关的生命周期且支配其他资源，这种资源被称为"关键资源"。对于这种资源的管理过程一般具有穿过组织边界的特征，即水平穿过各职能部门和垂直穿过各个管理层。因此，BSP 建立同时基于资源、计划和控制层次的框架，来建立信息系统的总体结构。

3）向企业提供一致性信息

在信息系统应用中，各种数据处理的单项开发所形成信息存在的不一致性，包括信息在形式上、定义上和时间上的不一致。为了保证信息的一致性，BSP 通过数据处理，制定关于信息一致性的定义、技术实现以及安全性的策略和规程。

4）对组织机构的变革具有适应性

信息系统应该具有可变更性或对环境的适应性，为此，BSP 定义企业过程的概念和技术，与具体的组织结构和具体的管理职责无关，只是把企业目标转化为信息系统战略的全过程。

5）先"自上而下"识别和分析，再"自下而上"设计

BSP 对于大型信息系统所采用的基本方法是自顶而下识别企业目标、企业过程和数据类，再自下而上地分步设计系统，这样既可以解决大型企业信息系统难以一次设计完成的困难，也可以避免自下而上分散设计可能出现的数据不一致问题、重新系统化问题和无关系统的设计问题。因此，BSP 非常适合大型信息系统使用。

企业规划法也可以用于工程管理信息系统的规划，根据系统大小，把企业目标修订为用户企业目标或者工程目标即可，思路都是一样的。

5.3.3.3 工作步骤

使用 BSP 法进行系统规划是一项系统工程，其工作步骤如图 5.8 所示。

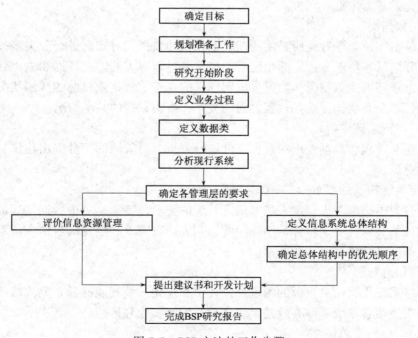

图 5.8 BSP 方法的工作步骤

1）确定目标

企业系统规划法必须反映用户企业最高层次决策人员对信息系统发展的思路和想法，

提出的建议也必须通过他们的批准，得到他们的支持和参与，并对目标达成一致。

2）规划准备工作

成立规划委员会，该委员会应由最高领导层参与，并直接管理，下面再设一个规划研究组，专门负责此项工作。委员会成员思想上要明确"做什么"（What），"为什么做"（Why）和"如何做"（How），以及希望达到的目标是什么。要准备必要的条件，包括：一个工作控制室、制定一个工作计划，还有一些必要的经费。其中，制定工作计划是主要任务，包括研究计划、采访日程、复查时间安排等。

3）研究开始阶段

规划委员会成员通过查阅资料，深入各个管理层，了解企业的有关决策过程、组织职能、部门的主要活动和存在的主要问题。研究开始阶段任务繁重，大量的工作需要耐心细致的准备，仓促开始规划有百害而无一利。所有这些均落实后，即可按上述工作步骤正式开始工作。

4）定义业务过程

即确定企业过程。定义业务过程是 BSP 方法的核心。业务过程指的是企业管理中必要且逻辑上相关的、为了完成某种管理功能的一组活动。企业过程将作为信息总体结构、现行系统分析、识别数据类以及随后许多工作的基础。

在业务过程的定义中要结合业务流程重组的思想，找出哪些过程是正确的，哪些过程效率低下，需要通过信息技术进行优化处理，哪些过程不适合计算机信息处理，然后取消这些过程等。系统规划阶段只是在宏观上对现行系统最主要的过程进行定义，为信息系统的机构划分提供基本依据。

5）定义数据类

数据类是指支持业务过程所必需的逻辑上相关的数据。对数据进行分类是按业务过程进行的，即分别从各项业务过程的角度将与该业务过程有关的输入数据和输出数据按逻辑相关性整理出来归纳成数据类。数据类识别的目的在于了解企业目前的数据状况和数据要求，以及数据与企业实体、业务过程之间的关系，查明数据的共享情况。

6）分析现行系统

对现行企业过程、数据处理和数据文件进行分析，对欠缺的部分提出建议，对冗余的部分也提出意见。

7）确定各管理层的要求

在规划过程中必须考虑管理人员对信息系统的要求，特别是对中后期发展的看法。通过与管理人员的交谈，明确目标、明确问题、明确信息需求和信息的价值，使系统规划人员与各管理部门之间建立密切的联系。

8）评价信息资源管理

对与信息系统相关信息资源的管理加以评价和优化，使其能够随企业战略的变化而改变，目的在于使信息系统能够有效甚至高效地开发、实施和运行。

9）定义信息系统总体结构

定义信息系统总体结构的目的是刻画未来信息系统的框架和相应的数据类。其主要工作是划分子系统，子系统是根据信息的产生和使用来划分的。其思想就是尽量把信息产生的企业过程和使用的企业过程划分在一个子系统里，减少子系统间的信息交换，具体实现可利用功能/数据类（U/C）矩阵来表达两者之间的关系。这部分内容在系统分析时会进行详细介绍。

10）确定总体结构中的优先顺序

即对信息系统总体结构中的子系统按先后顺序排出开发计划。由于资源的限制，系统的开发有个先后次序，不可能全面进行。一般来说，确定子系统的优先顺序应考虑下面四类标准：

（1）潜在价值：在近期内子系统的实施是否可节省开发费用，长期内是否对投资回收有利，是否明显增强竞争优势。

（2）对组织的影响：是否是组织的关键成功因素或待解决的主要问题。

（3）成功的可能性：从技术、组织、实施时间、风险情况以及可利用资源等方面，考虑子系统成功的可能性。

（4）需求：用户的需求、子系统的价值及它与其他子系统间的关系。

11）完成 BSP 研究报告，提出建议书和开发计划。

BSP 工作最后提交的报告就是信息系统建设的具体方案，包括系统构架、子系统划分、系统的信息需求和数据结构、开发计划。根据此方案可以进行下一步的设计与实施。

下面对上述步骤中的定义业务过程和定义数据类这两个步骤进行详细介绍。

5.3.3.4　定义业务过程

定义业务过程是 BSP 步骤中的第四步，也是比较重要的一个步骤。

企业目标是由一系列相关的活动来实现的，企业过程是管理各类资源的各种相关活动和决策的组合。管理人员通过管理这些资源支持管理目标。BSP 方法强调企业过程应独立于组织结构，要从企业的全部管理工作中分析归纳出相应的企业过程。

定义业务过程的目的是了解企业信息系统的工作环境，为从过程中分离出信息系统规划奠定一定的基础，为定义信息结构提供依据，为定义数据类提供基础。业务过程的识别是一个非结构化的分析和综合过程，主要包括计划/控制、产品/服务、支持资源三个方面的识别过程。通过后两种资源的生命周期分析，可以给出它们相应的业务过程定义；计划/控制活动不是面向孤立的产品或资源，需要单独考虑。

1）产品和资源的生命周期

管理者的职责就是在其所负责的范围内有效地管理和利用资源，支持企业的战略目标，通过识别管理者自己在管理资源过程中所进行的决策和执行的活动，就可以对企业的战略规划过程有一个全面的了解。其中，产品/服务可以定义关键资源，在定义企业过程中起着重要的作用。

产品/服务和每一个支持资源的四个生命周期阶段，常常被用来逻辑地识别和组合过程，这四个阶段分别是：

（1）需求阶段

决定需要多少产品和资源，获得他们的计划以及确定计划要求的度量和控制。

（2）获取阶段

开发一种产品或服务，或者是获得在开发过程中所需的资源。

（3）经营管理阶段

组织、加工、修改或维护那些支持资源，对产品/服务进行存储或服务。

（4）回收或分配阶段

标志着一些企业对产品/服务的职责，且标志着资源使用的结束。

生命周期概念的引入有助于系统规划人员逻辑而全面地认识和了解企业过程。

2）基本步骤

定义业务过程首先要识别企业过程的三类主要来源，即计划/控制、产品/服务和支持资源。企业的任何活动都与这三个方面有关或者由这三个方面导出。定义业务过程的步骤如图5.9所示。

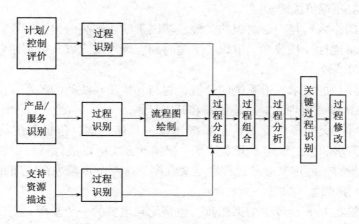

图 5.9　业务过程定义的步骤

（1）计划/控制

在准备工作阶段收集到的有关计划、关键成功因素和他们的度量标准等信息，以及组织计划的一些样本，从中可以识别出有关的过程，他们一般被组合成战略计划和管理控制两大类，其中，战略计划是长远的计划或发展计划，管理控制是操作计划或管理计划、资源计划。表 5.2 就是一个企业计划和控制的例子。

计划和控制	表 5.2
战略计划	管理控制
经济预测	市场预测
组织计划	产品预测
战略制定	资金计划
目标开发	操作计划
产品系列设计	成本计划

（2）产品/服务

定义产品/服务的过程可以分为如下几步：

①识别企业的产品/服务。

对于企业的产品/服务的识别比较明确，但对于有多组或一系列产品/服务的情况则较为复杂，由于它们的多样化，很难定义一个公共的过程，这便要求在识别前就必须认真分组考虑。

②按产品/服务的各个阶段识别过程，一般是从需求阶段开始。然后逐个阶段进行，要仔细分析以保证在各个阶段上所识别的过程在层次上是一致的。每个阶段虽然没有明确规定有多少过程，但是 BSP 的研究表明，大多数企业的过程数量在 20～60 之间，以后可能会再增加，但是一般倾向于识别出的比实际过程多一些，然后再对它们做相应的组

合。而且，根据经验，在企业过程的识别中没有明确的共识，当在开始得到的过程和层次不一致时，它在过程组合时往往会被修正。

③绘制产品/服务的总流程图。这一步的目的是帮助检验是否已经识别所有的过程，帮助判定研究人员是否真正理解与产品/服务有关的企业过程，而且还可以作为定义信息结构的模型，有助于识别涉及管理支持资源的过程。

④写出每一过程的说明。对过程做比较详细的说明是很必要的，可以用表格形式进行说明，或者用文字进行描述。

表 5.3 给出了某工程设备制造厂的产品/服务的例子。

产品/服务过程　　　　　　　　　　　　　　　　　　　　表 5.3

需求阶段	获取阶段	经营管理阶段	回收或分配阶段
市场计划	工艺设计和开发	订单处理和控制	销售
市场研究	产品说明	接受和储存	订货服务
预测	工程记录	控制产品质量	运输交货
定价	生产安排表	检验、包装	安装验收
材料需求	生产操作	库存管理	
能力计划			

(3) 支持资源

BSP 法中的支持资源是企业为了实现其目标的消耗品和使用品，基本资源有：材料、资金、设备和人员四大类。但有一些辅助性的资源，如市场、厂商、各类文字材料等，也应当考虑，因为系统规划人员通过它们可以更容易了解过程。对每一个支持资源，要按生命周期的四个阶段进行识别。表 5.4 就是某支持资源的例子。

支持资源例子　　　　　　　　　　　　　　　　　　　　表 5.4

资源	生命周期四个阶段			
	需求阶段	获取阶段	经营管理阶段	回收或分配阶段
资金	财政计划 成本控制	资金获取 应收款项	证券管理 银行业务 普通会计	付账
人员	人员计划 工资管理	招聘 调动	报酬福利 专业开发	解聘和退休
材料	需求生产	采购 接收	库存控制	订购控制 运输
设备	资金设备 计划	设备采购 建筑物管理	机器维护 设备管理	设备处理和安排

企业过程是下面阶段规划活动的基础，其根本作用是了解使用信息系统来支持企业的机会和需求，这也是 BSP 法的目标。

3）在工程中的应用

工程也可以应用这种方法进行系统规划，基本步骤也是类似的，只是对应的内容会有所差异。如对于计划/控制，在工程中，计划是指对实施活动进行各种计划和安排的总称，控制主要指在计划阶段后对项目实施阶段的控制工作，即实施控制，与工程计划一起形成一个有机的工程管理过程。常见的工程中得计划/控制如表 5.5 所示。

工程中的计划/控制　　　　　　　　　　　　　　　　　　表 5.5

计划	控制	计划	控制
成本计划	成本控制	资源计划	合同控制
质量计划	质量控制	运营准备计划	风险控制
进度计划	进度控制	后勤管理计划	变更管理

产品/服务和支持资源，和企业是有相似性的，就不详细介绍了。

5.3.3.5　定义数据类

定义数据类是 BSP 方法中的第五步，也是实现系统的关键一步。

1）目的

信息系统规划的目的是辅助数据资源的管理，因此识别数据类的主要目的是：

（1）分析目前支持用户企业/工程的过程数据的准确性、及时性和可靠性；

（2）确定在建立管理信息系统总体结构中所使用的数据类；

（3）明确用户企业/工程过程之间目前和潜在的数据共享；

（4）提取各个过程使用和产生的数据，支持数据政策的制定；

（5）掌握目前不可缺少的数据；

（6）发现需要改进的系统。

定义数据类的基本方法，仍是对用户企业/工程的基本活动进行调查研究，一般采用企业实体法和过程法分别进行，然后互相参照，归纳出数据类。

2）企业实体法

企业实体法是以企业为线索，通过其生命周期每个阶段的相关数据的类型区识别数据类。与企业有关的可以独立考虑的事物都可以定义为实体，如顾客、产品、材料、资金、人员等每个企业实体可用四种类型的数据进行描述，即文档型、计划型、事物型和统计型。这四种数据类的特点如表 5.6 所示，四种数据类型与企业实体矩阵对应关系见表 5.7。

四种数据类及其特点　　　　　　　　　　　　　　　　　　表 5.6

数据类型	反映的内容	特　　　点
文档型	反映实体现状	一般一个数据仅和一个实体有关，可能为结构型和描述型
计划型	反映目标资源转换过程等计划值	可能与多个文档型数据有关

数据类型	反映的内容	特　点
事物型	反映生命周期各个阶段过渡过程相关文档型数据的变化	一般一个数据要设计各个文档型数据，以及时间、数量等多个数据； 这种数据的产生可能伴有文档型数据的操作
统计型	反映企业现状，提供反馈信息	一般来自其他类数据的采样； 历史性、对照性、评价性的数据； 数据综合性强

数据类型与企业实体矩阵的对应关系　　　　　　　　　　　　表 5.7

数据＼实体	产品	顾客	设备	材料	资金	人员
计划	产品计划	市场计划	设备计划	材料需求计划	预算计划	人员计划
统计	产品需求	销售历史	利用率	需求历史	财务统计	人员统计
文档	产品成本	顾客	工作运行负荷	材料成本 材料单	财务账单	职工档案
事物	订货	发运记录	进出记录	采购记录	应收业务	人事调动

如果把企业实体法的思路套用到具体工程上，也是可以应用的，只是改为以工程为主线进行实体和数据的识别。实体类型和数据类型与企业有一定相似性。

3）过程法

数据类的最后确定，一般依赖于过程法。过程法用来确定各个过程使用和产生哪些数据类。每个过程都有相应的输入和输出的数据类型。对每个功能标出其输入、输出数据类，与企业实体法得到的数据类进行比较，然后调整，最后归纳出系统的数据类，其过程如图 5.10 所示。过程法的例子如图 5.11 所示。

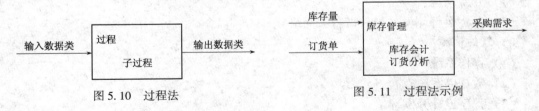

图 5.10　过程法　　　　　　　　　　　　图 5.11　过程法示例

5.3.4　三种规划方法的组合

上述三种规划方法各有优缺点，关键成功因素法抓住了主要问题，突出重点问题，但是容易忽视次要问题。战略目标集转移法目标比较全面，但它在突出重点方面不如前者。企业系统规划法没有明显的目标导引过程，通过识别企业"过程"引出系统目标，企业目标到系统目标的转化是通过业务过程/数据类等的分析得到的。

因此，可以把它们综合成 CSB 方法来使用，即用 CSF 方法确定用户企业/工程目标（交流方式建议采用"头脑风暴法"），用 SST 方法补充完善用户企业/工程目标，然后将这些目标转化为信息系统目标，再用 BSP 方法校核用户企业/工程目标和信息系统目标，确定信息系统结构。这种方法可以弥补单个方法的不足，较好地完成规划，但过于复杂而削弱单个方法的灵活性。如图 5.12 所示。

图 5.12　三种规划方法的结合

没有一种规划方法是十全十美的，进行系统规划时应当具体问题具体分析，灵活运用各种方法。

5.4　新系统开发初步计划

在进行系统开发时，新系统开发初步计划是首先需要制定的，对后续系统分析、系统设计和系统实施的工作目的和内容进行初步确定。

5.4.1　项目定义

项目定义准确地定义要解决的问题，将会取得的商业收益；系统的能力；系统资源需求；系统的边界/范围，即主要用户及与用户之间交换的信息。其中，系统资源需求包括：

1）硬件资源

（1）开发系统

（2）目标运行环境（硬件设备、网络）

2）软件资源

（1）操作系统

（2）数据库系统

（3）程序设计开发环境

（4）特定领域的软件包

3）人

包括参与人员的能力要求、层次、数量、开始和持续时间。这部分工作一般在人员安排中考虑。

项目定义需提供以下描述：

（1）新系统所能解决的问题

（2）系统收益说明

（3）系统资源需求

（4）新系统预期能力

（5）系统边界图/信息关联图

5.4.2　人员安排

1）人员构成

信息系统的开发需要多种专业知识的人员。从所涉及的学科及已有的经验可知，系统开发人员在知识构成上需要管理科学、计算机技术、通信技术、运筹学及系统工程等学科的知识。因此，在人员构成上，系统开发需要系统分析员、系统设计员、系统硬件与系统软件人员、程序员、数据员、管理模型设计人员及项目管理人员等多种技术人员。在人员配备时，注意要配备用户企业内部的职能人员，根据需要对他们进行技术或其他培训工作，让他们也参与到系统开发过程中来。

2）各阶段人员配备

不同阶段的工作重点和内容不同，使得各个阶段涉及不同的人员，需要不同的人数。其中，信息系统委员会是全阶段参与的。

（1）系统规划阶段

系统规划阶段主要由用户企业的相关部门经理、工程项目经理和有经验的系统分析员参与。

（2）系统分析阶段

系统分析阶段要求人员具有良好的分析能力和丰富的相关领域的知识，所需人数较少，但人员的素质较高。此时，项目团队除了用户企业的相关部门经理、工程项目经理和系统分析员，还需要增加业务分析员、系统架构师、某些关键领域的管理人员。

（3）系统设计阶段

系统设计是一项较具体的工作，要求另外具有专门技术的人员参加，如网络专家和数据库专家。如果系统分析员在技术上也具有非常丰富的经验，也可以自己承担系统设计工作，但通常是增加少数技术专家，一起协同工作，完成各种系统、结构或数据库设计。

（4）系统实施阶段

系统实施阶段所需人员最多，持续时间最长，需要更多的编程人员、质量控制人员（完成软件测试工作）以及若干用户加入。其中，编程人员同已有的开发人员一起将设计转换成实际的代码。质量控制人员负责指定测试计划和测试数据，进行系统测试，确保在极端或不利的条件下系统也能工作。编程人员和质量控制人员合作，根据测试结果进行纠错并进一步完善系统。新增的用户首先学习系统操作方法，然后留在组织内担当培训员，对其他用户进行培训。

图 5.13 表示了在某个管理信息系统开发的不同阶段人员配置情况。

5.4.3　制定进度报告

项目进度计划虽然建立在各种资源的假设之上，但需要一定技术的支持和一定的经验与技巧。进度的制定一般分为四个步骤：

1）根据系统的生命周期，将开发工作划分为各个开发阶段，然后将开发阶段的工作

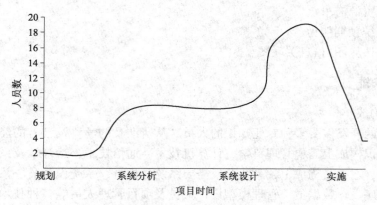

图 5.13　各个开发阶段的人员配置

划分为不同的开发活动，进而将每个开发活动细分为各个单独的任务，并考虑项目特许的一些活动和任务。

2）在借鉴以往的经验或别人的经验的基础上做出项目任务表，并评估每个任务的规模，包括每个任务所需人员、需要的工日、时间要求以及其他专门的要求。

3）确定不同任务的先后顺序。

4）利用项目管理工具制定作业进度表（一般使用 PERT/CPM 网络计划进行描述），找出关键线路，确定项目完成所需时间，在此基础上制定任务进度表，绘制出甘特图。

5.5　系统可行性分析

《软件开发规范》GB 8566—88 中指出：可行性研究的主要任务是"了解用户的要求及现实环境，从技术、经济和社会因素等三方面研究并论证本项目的可行性，编写可行性研究报告，制定初步项目开发计划"。

5.5.1　可行性分析的内容

1）技术可行性

管理信息系统的建设是利用信息技术的创造性工作。进行技术可行性分析，考虑所用技术的先进性、可靠性、可行性是非常必要的。一般新系统的建设都会把新技术带入企业；一些项目虽利用了现有的技术，但将它同新的、未试验的配置相结合，也是新的尝试；如果组织/企业的开发人员、管理人员或者用户缺乏经验，即使是现有的成熟技术对组织和企业而言也会成为新技术。

技术可行性分析主要是分析：现有技术条件能否达到所提出的系统要求，所需物质资源是否具备、能否得到。

可从硬软件两方面考虑技术可行性，要考虑资源有效性和相关技术的发展，并由以上分析，可得到设备和软件需求清单。

2）经济可行性

经济可行性分析是可行性分析的重要内容，虽然系统项目启动已经获得立项，但在正式全面启动之前还需要进行全面的开发费用与预期经济效益的分析。

（1）分析内容

①系统的预期收益值是否比系统的开发费用大

进行工程管理信息系统建设，其目的是提升用户企业/工程的管理水平、提高用户企业/工程的工作效率、增强用户企业/工程的竞争力。例如，承包商开发出施工现场材料管理信息系统，可以提升企业的材料管理水平，在投标时可以降低报价，增强其竞争力，最终获得更多的工程机会和利润。承包商在进行规划时，会将系统的预期收益和开发费用进行对比分析，看是否值得进行系统开发。

②企业是否有足够的流动资金来进行系统开发

如果系统的开发费用超过了用户企业的承受能力，将会导致系统建设的停滞，甚至半途而废，使企业遭受巨大的损失。

（2）分析方法

采用成本/收益分析，通过比较成本和收益，分析在新系统开发过程中收益是否比成本高。具体可以分为以下三个步骤：

①评估预期的开发和运行成本。

②评估预期的财务收益，分析费用降低和收入增加的可行性。

③进行风险/收益分析：分析比较成本与收益，并了解在新系统开发上的风险，确定系统是否值得开发。

3）组织和管理上的可行性

工程管理信息系统是一个人-机系统，是一个社会技术系统。实践经验告诉我们，工程管理信息系统的建设必须充分考虑系统所在的环境，即企业或工程项目组织的环境和文化，否则容易出现新建系统偏离现有的组织标准的情况，导致新系统无法成功地配置和应用。

需要考虑的问题包括：

（1）领导的合作态度；

（2）人员心理（抵制/支持）；

（3）基础工作的规范化（数据、过程）；

（4）管理制度和机构。

4）进度安排可行性

进度控制是影响系统成功建设的主要因素之一。为了保证系统的顺利进行，必须对进度安排进行可行性分析。系统进度安排产生风险的因素在于：系统进度安排是基于关于系统的一系列的假设和预测的基础上的，例如系统范围是未确知的，时间和资金要求是预测的，团队成员的可得性和能力是有疑问的；高层领导要求系统必须在一个确定的时间内完成；外界环境要求在一个规定的时间之前完成。因此，系统进度安排的制定总是一个高风险的任务。

进度安排可行性分析的目的是分析系统能否在计划的时间内完成，可以采取的措施或对策是在系统进度安排中设置里程碑，及时进行检查，当在分析中发现系统存在不能按期完成的风险时，就必须采取缩小系统范围或调整人员、改变技术等措施来规避风险。

5）资源可行性

可行性论证的最后一项内容是系统建设的资源可行性分析。资源包括人员、原材料和设备、计算机软硬件等。导致资源风险的因素可能是：要求的人员在需要的时候不可得；可得的人员没有需要的技能；开发人员在项目进行中离开；需要的资源交付时间延误或可利用时间不够等。这些也都能导致系统建设的延误或失败，需要未雨绸缪，认真对待，制定必要的预案。

5.5.2 可行性分析报告

可行性分析的结果是要以可行性分析报告的形式编写出来。工程管理信息系统可行性研究报告的一般内容如下所示。

5.5.2.1 引言

1）编写目的

说明编写本可行性研究报告的目的。

2）背景

主要说明：

（1）所建议开发的工程管理信息系统的名称；

（2）本系统的任务提出者、开发者、用户及实现该系统的计算中心或计算机网络；

（3）该系统同其他系统或其他机构的基本的相互来往关系。

3）定义

列出本报告中用到的专门术语的定义和外文首字母组词的原词组。

4）参考资料

列出用得着的参考资料，如：

（1）本工程的经核准的计划任务书或合同、上级机关的批文；

（2）属于本系统的其他已公布的文件和报告；

（3）本报告中各处引用的文件、资料，包括所需用到的系统开发标准。

列出这些文件资料的标题、文件编号、发表日期和出版单位，说明能够得到这些文件资料的来源。

5.5.2.2 可行性研究的前提

说明对所建议的系统开发进行可行性研究的前提，如要求、目标、假定、限制等。

1）要求

说明对所建议开发的工程管理信息系统的基本要求，如：

（1）功能；

（2）性能；

（3）输出：如报告、文件或数据，对每项输出要说明其特征，如用途、产生频度、接口以及分发对象；

（4）输入：说明系统的输入，包括数据的来源、类型、数量、数据的组织以及提供的频度；

（5）处理流程和数据流程：用图表的方式表示出最基本的数据流程和处理流程，并加以叙述；

（6）在安全与保密方面的要求；

（7）同本系统相连接的其他系统；

（8）完成期限。

2）目标

说明所建议系统的主要开发目标，如：

（1）人力与设备费用的减少；

（2）处理速度的提高；

（3）控制精度或生产能力的提高；

（4）管理信息服务的改进；

（5）自动决策系统的改进；

（6）人员利用率的改进。

3）条件、假定和限制

说明对这项开发中给出的条件、假定和所受到的限制，如：

（1）所建议系统的运行寿命的最小值；

（2）进行系统方案选择比较的时间；

（3）经费、投资方面的来源和限制；

（4）法律和政策方面的限制；

（5）硬件、软件、运行环境和开发环境方面的条件和限制；

（6）可利用的信息和资源；

（7）系统投入使用的最晚时间。

4）进行可行性研究的方法

说明这项可行性研究将是如何进行的，所建议的系统将是如何评价的。摘要说明所使用的基本方法和策略，如调查、加权、确定模型、建立基准点或仿真等。

5）评价尺度

说明对系统进行评价时所使用的主要尺度，如费用的多少、各项功能的优先次序、开发时间的长短及使用中的难易程度。

5.5.2.3　对现有系统的分析

这里的现有系统是指当前实际使用的系统，这个系统可能是计算机系统，也可能是一个机械系统甚至是一个人工系统。分析现有系统的目的是为了进一步阐明建议中的开发新系统或修改现有系统的必要性。

1）处理流程和数据流程

说明现有系统的基本的处理流程和数据流程。此流程可用图表即流程图的形式表示，并加以叙述。

2）工作负荷

列出现有系统所承担的工作及工作量。

3）费用开支

列出由于运行现有系统所引起的费用开支，如人力、设备、空间、支持性服务、材料等项开支以及开支总额。

4）人员

列出为了现有系统的运行和维护所需要的人员的专业技术类别和数量。

5）设备

列出现有系统所使用的各种设备。

6）局限性

列出本系统的主要的局限性，例如处理时间赶不上需要，响应不及时，数据存储能力不足，处理功能不够等。并且要说明，为什么对现有系统的改进性维护已经不能解决问题。

5.5.2.4 所建议的系统

用于说明所建议系统的目标和要求将如何被满足。

1）对所建议系统的说明

概括地说明所建议系统，并说明在第5.5.2.2中列出的那些要求将如何得到满足，说明所使用的基本方法及理论根据。

2）处理流程和数据流程

给出所建议系统的处理流程和数据流程。

3）改进之处

按第5.5.2.2小节第2）条中列出的目标，逐项说明所建议系统相对于现存系统具有的改进。

4）影响

说明在建立所建议系统时，预期将带来的影响，包括：

（1）对设备的影响

说明新提出的设备要求及对现存系统中尚可使用的设备须作出的修改。

（2）对软件的影响

说明为了使现存的应用软件和支持软件能够同所建议系统相适应，而需要对这些软件所进行的修改和补充。

（3）对用户企业机构的影响

说明为了建立和运行所建议系统，对用户企业机构、人员的数量和技术水平等方面的全部要求。

（4）对系统运行过程的影响

说明所建议系统对运行过程的影响，如：

①用户的操作规程；

②运行中心的操作规程；

③运行中心与用户之间的关系；

④源数据的处理；

⑤数据进入系统的过程；

⑥对数据保存的要求，对数据存储、恢复的处理；

⑦输出报告的处理过程、存储媒体和调度方法；

⑧系统失效的后果及恢复的处理办法。

（5）对开发的影响

说明对开发的影响，如：

①为了支持所建议系统的开发，用户需进行的工作；

②为了建立一个数据库所要求的数据资源；

③为了开发和测验所建议系统而需要的计算机资源；

④所涉及的保密与安全问题。

（6）对地点和设施的影响

说明对建筑物改造的要求及对环境设施的要求。

（7）对经费开支的影响

扼要说明为了所建议系统的开发、设计和维持运行而需要的各项经费开支。

5）局限性

说明所建议系统尚存在的局限性以及这些问题未能消除的原因。

6）技术条件方面的可行性

说明技术条件方面的可行性，如：

（1）在当前的限制条件下，该系统的功能目标能否达到；

（2）利用现有的技术，该系统的功能能否实现；

（3）对开发人员的数量和质量的要求并说明这些要求能否满足；

（4）在规定的期限内，本系统的开发能否完成。

5.5.2.5 可选择的其他系统方案

扼要说明曾考虑过的每一种可选择的系统方案，包括需开发的和可从国内国外直接购买的，如果没有供选择的系统方案可考虑，则说明第1）点即可。

1）可选择的系统方案1

参照第5.5.2.4小节中的提纲，说明可选择的系统方案1，并说明它未被选中的理由。

2）可选择的系统方案2

按类似第5.5.2.5小节中第1）条的方式说明第2个乃至第 n 个可选择的系统方案。

5.5.2.6 投资及效益分析

1）支出

对于所选择的方案，说明所需的费用。如果已有一个现存系统，则包括该系统继续运行期间所需的费用。

（1）基本建设投资

包括采购、开发和安装下列各项所需的费用，如：房屋和设施；数据通信设备；环境保护设备；安全与保密设备；操作系统的和应用的软件；数据库管理软件。

（2）其他一次性支出

包括下列各项所需的费用，如：

①研究（需求的研究和设计的研究）；

②开发计划与测量基准的研究；

③数据库的建立；

④软件的转换；

⑤检查费用和技术管理性费用；

⑥培训费、旅差费以及开发安装人员所需要的一次性支出等。

（3）非一次性支出

列出在该系统生命期内按月或按季或按年支出的用于运行和维护的费用，包括：

①设备的租金和维护费用；

②软件的租金和维护费用；

③数据通信方面的租金和维护费用；

④人员的工资、奖金；

⑤房屋、空间的使用开支；

⑥公用设施方面的开支；

⑦保密安全方面的开支；

⑧其他经常性的支出等。

2）收益

对于所选择的方案，说明能够带来的收益，这里所说的收益，表现为开支费用的减少或避免、差错的减少、灵活性的增加、动作速度的提高和管理计划方面的改进等，包括：

（1）一次性收益

说明能够用人民币数目表示的一次性收益，可按数据处理、用户、管理和支持等项分类叙述，如：

①开支的缩减：包括改进了的系统的运行所引起的开支缩减，如资源要求的减少，运行效率的改进，数据进入、存贮和恢复技术的改进，系统性能的可监控，软件的转换和优化，数据压缩技术的采用，处理的集中化/分布化等；

②价值的增升：包括由于一个应用系统的使用价值的增升所引起的收益，如资源利用的改进、管理和运行效率的改进以及出错率的减少等；

③其他：如从多余设备出售回收的收入等。

（2）非一次性收益

说明在整个系统生命期内由于运行所建议系统而导致的按月的、按年的能用人民币数目表示的收益，包括开支的减少和避免。

（3）不可定量的收益

逐项列出无法直接用人民币表示的收益，如服务的改进，由操作失误引起的风险的减少，信息掌握情况的改进，组织机构给外界形象的改善等。有些不可定量的收益只能大概估计或进行极值估计（按最好和最差情况估计）。

3）收益/投资比

求出整个系统生命期的收益/投资比值。

4）投资回收周期

求出收益的累计数开始超过支出的累计数的时间。

5）敏感性分析

所谓敏感性分析是指一些关键性因素如系统生命期长度、系统的工作负荷量、工作负荷的类型与这些不同类型之间的合理搭配、处理速度要求、设备和软件的配置等变化时，对开支和收益的影响最灵敏的范围的估计。在敏感性分析的基础上做出的选择当然会比单一选择的结果要好一些。

5.5.2.7 社会因素方面的可行性

用于说明对社会因素方面的可行性分析的结果，包括：

1）法律方面的可行性

法律方面的可行性问题很多，如合同责任、侵犯专利权、侵犯版权等方面的陷阱，软件人员通常是不熟悉的，有可能陷入，务必要注意研究。

2）使用方面的可行性

例如从用户企业的行政管理、工作制度等方面来看，是否能够使用该工程管理信息系统；从用户的素质来看，是否能满足使用该工程管理信息系统的要求等。

5.5.2.8　结论

在进行可行性研究报告的编制时，必须有一个研究的结论。结论可以是：

1）可以立即开始进行；

2）需要推迟到某些条件（例如资金、人力、设备等）落实之后才能开始进行；

3）需要对开发目标进行某些修改之后才能开始进行；

4）不能进行或不必进行（例如因技术不成熟、经济上不合算等）。

结论应明确指出是否可以立即开发、改进原系统等条件具备后再进行开发。系统的可行性研究报告必须经过评审，主管领导同意后，才可以进入详细调查、需求分析阶段。

复习思考题

1. 请简述工程管理信息系统规划的主要内容。
2. 工程管理信息系统规划的步骤包括哪些？请绘图并简要说明。
3. 用户系统调查有哪四种主要方法？你觉得哪种方法最适合你所参与的工程？
4. 什么是关键成功因素法？
5. 简述 CSF 方法的实施步骤。
6. CSF 法的特点有哪些？
7. 请简述战略目标集转移法的实施过程。
8. SST 方法的特点有哪些？
9. 企业系统规划法的基本思路是什么？
10. 请用图和文字简述 BSP 方法的工作步骤。
11. 系统开发初步计划中，各阶段人员配备有何不同？
12. 系统可行性分析的内容主要有哪五大方面？

第6章 工程管理信息系统分析

本章要点

系统分析主要解决新系统"做什么"的问题，提出新的管理信息系统的逻辑模型。本章介绍的是结构化系统分析过程。

（1）详细调查与分析：系统调查的第二阶段，深入、细致、详尽的调查现行系统，满足逻辑设计要求。

（2）组织结构与功能分析：包括组织结构分析、组织/业务关系分析、业务功能分析。

（3）业务流程分析：绘制业务流程图并进行分析。

（4）数据与数据流分析：绘制数据流程图，编制数据字典进行分析。

（5）功能/数据分析：绘制 U/C 矩阵并进行求解，得到数据资源分布后的子系统。

（6）新系统逻辑方案的建立：即建立新系统拟采用的信息处理方案。

最后编写系统分析报告。

6.1 系统分析概述

系统分析（System Analysis，SA）又称新系统逻辑设计（Logical Design），它是指在逻辑上构造新系统的功能，解决新系统"做什么"的问题。系统分析是管理信息系统开发过程中一个非常重要的环节。本书主要介绍结构化分析方法（以下简称系统分析），这是最为成熟且应用最广泛的一种方法。

系统分析要回答的中心问题是：

1）现行系统要做什么？

2）新系统应该做什么？

为此，系统分析阶段需要在系统规划的基础上，对现行系统进行全面详细的调查，并分析系统的现状和存在的问题，真正弄清楚所开发的新系统必须要"做什么"，提出新的管理信息系统的逻辑模型，为下一阶段的系统设计提供依据。系统分析阶段工作的实质在于解决系统"做什么"的问题，是管理信息系统开发过程工作量最大、涉及部门和人员最多的一个阶段。

不论采用何种系统开发方法，系统分析都是必要且十分重要的环节，虽然分析的具体方法和详尽程度可能不尽相同。系统分析的结果是系统设计和系统实施的基础。实践表明，系统分析工作的好坏，在很大程度上决定了系统的成败。

6.1.1 主要任务

系统分析的主要任务为：在系统规划的指导下，运用系统的观点和方法，对系统进行深入详细的调查研究，通过问题识别、详细调查、系统分析等工作来确定新系统的逻辑模型。

1）需求分析

需求分析是指对现行系统的调查基础上，以现代管理理论和方法为指导，对系统原有的经营管理目标、功能和信息流程进行分析和研究，指出存在的问题，提出改进的意见。

2）新系统逻辑模型设计

新系统逻辑模型设计是指在需求分析的基础上，提出新系统的逻辑模型，从总体上实现新系统的结构。

系统分析必须从现有系统着手，调查系统的组织结构和各结构间的内在联系，分析组织的职能，详细了解每个业务过程和业务活动的工作流程及信息处理流程，理解用户对信息系统的需求，包括对系统功能、性能方面的需求，对硬件配置、开发周期、开发方式等方面的意向及打算。在详细调查的基础上，运用各种系统开发理论、开发方法和开发技术，确定系统应具有的逻辑功能，经过与用户反复讨论、分析和修改后产生一个用户比较满意的总体设计，再用一系列图表和文字表示出来，形成符合用户需求的系统逻辑模型，为下一阶段的系统设计提供依据。

6.1.2　主要过程

系统分析可采用"自顶向下"和"自底向上"相结合的方式进行，即先由总体向局部分解，然后自底层向上层归纳，以便设计出整体最优的新系统。

系统分析的主要过程包括：

1）现行系统的详细调查

现行系统的详细调查是系统分析的基础，要在调查所获得的详细资料基础之上，才能进行系统分析。现行系统的详细调查是通过各种方式和方法对现行系统进行详细、充分和全面的调查，弄清现行系统的边界、组织结构、人员分工、业务流程、各种计划、单据和报表的格式、处理过程、企业资源及约束条件等，使系统开发人员对现行系统有一个比较深刻的认识，为新系统开发做好原始资料的准备工作。

2）组织结构与功能分析

组织结构与功能分析是整个系统分析中最简单的一个环节，在现行系统详细调查的基础上，用图表和文字对现行系统进行描述，详细了解各级组织的结构和业务功能等。

3）业务流程分析

业务流程分析是在业务功能的基础上将其细化，利用系统调查的资料将业务处理过程中的每一个步骤用业务流程图串起来。

4）数据与数据流分析

数据与数据流分析是今后建立数据系统和设计功能模块处理过程的基础，是将业务流程图中计算机处理的部分用数据流程图的形式表现出来，并用数据字典进行详细描述。

5）功能／数据分析

功能/数据分析是通过 U/C 矩阵的建立和分析来实现的。

6）新系统逻辑模型的建立

新系统逻辑模型的建立是系统分析的最后一个步骤，主要包括对业务流程分析整理的结果、对数据及数据流程分析整理的结构、子系统划分的结果、各个具体的业务处理过程，以及根据实际情况应建立的管理模型和管理方法。

在系统分析阶段，应牢牢记住开发出来的新系统最终是要交付用户使用的，因此一定要从用户的需求出发，做大量细致的工作。用户对开发的系统是否满意取决于系统是否能够满足用户的需求，因此，需求分析是系统分析阶段的一项非常重要的工作，是整个信息系统开发的基础。系统开发人员在系统分析阶段对用户需求的理解不准确或理解错误，开发出来的系统就不能满足用户的需求，为修改这些错误将会付出昂贵的代价。要深刻理解和体会用户需求的途径就是与用户进行充分的交流，系统分析过程是一个系统开发人员与用户的交流过程，双方的交流是系统分析的一个重要组成部分。

6.1.3 主要工具

为完成上述过程中的各项工作，可以采用如下适当的工具：

1）组织结构图、组织/业务关系图，业务功能一览表

这是组织结构与功能分析的主要工具。

2）业务流程图、数据流程图

对系统进行概要描述的工具，反映了系统的全貌，是系统分析的核心内容，但是对其中的数据与功能描述的细节没有进行定义。在业务流程分析和数据与数据流分析时会分别使用到这两种工具。

3）数据字典

数据字典是对数据流程图中的数据部分进行详细描述的工具，起着对数据流程图的注释作用，在数据流分析时会使用到这一工具。

4）功能描述工具

包括结构式语言、判定树、判定表，是对数据流程图中的功能部分进行详细描述的工具，也起着对数据流程图的注释作用，主要在数据字典中使用。

6.2 系统详细调查与分析

系统详细调查是在可行性研究的基础上进一步对现行系统进行全面的调查和分析，弄清楚现行系统的运行状况，发现其薄弱环节。系统规划阶段的初步调查只是在宏观上对现行系统进行调查，不是很细致，调查的目的是对新系统的开发进行可行性分析，论证是否有必要开发新系统，因此调查工作是一种概括的、粗略的调查，调查所掌握的资料不足以满足新系统逻辑设计的要求。系统分析阶段的详细调查，涉及用户企业各个部门的各个方面，是一项深入、细致、详尽的调查，必须从上而下、从粗到细、由表及里地对线性系统的基本功能和信息流程进行详细调查。详细调查的过程是大量原始素材的汇集过程，分析人员通过对这些材料的整理和分析，与用户进行反复讨论和研究，力求在短时间内对现行系统有全面详细的认识。

6.2.1 详细调查原则

在系统调查过程中应始终坚持正确的方法，以确保调查工作的客观性和正确性。系统调查工作应遵循如下五点原则。

1）自顶向下全面展开

系统调查工作应严格按照自顶向下的系统化观点全面展开。首先从管理工作的最上层开始，然后再调查为确保最上层工作的完成下一层（第二层）的管理工作支持。完成了第二层的调查后，再深入一步调查为确保第二层管理工作的完成下一层（第三层）的管理工作支持。依此类推，直至摸清所有的管理工作为止。这样做的目的是使调查者既不会被庞大的管理机构搞得不知所措、无从下手，又不会因调查工作量太大而顾此失彼。

2）客观深入的调查研究

每一个管理部门和每一项管理工作都是根据具体情况和管理需要而设置的。调查工作的目的正是要搞清这些管理工作存在的道理、环境条件以及工作的详细过程，然后再通过系统分析讨论其在新的信息系统支持下有无优化的可行性。因此，在系统调查时最好能保持头脑冷静，实实在在地搞清现实工作和它所在的环境条件。如果调查前脑子里已经有了许多已经成形的设想，那么这些设想势必会先入为主，妨碍你接收调查的现实信息。这样往往会造成还未接触实质问题，就感觉到这也不合理，那也不合理，以致无法客观地了解实际问题。

3）规范化的工作方式

所谓规范化的方法，就是将工作中的每一步事先都计划好，对于需多人协同工作的项目，必须用规范统一的表述形式。对于任何一个工程项目组织或用户企业来说，其内部的管理机构都是庞大的，这就给调查工作带来了一定的困难。一个大型系统的调查，一般都是多个系统分析人员共同完成的，按规范化的方法组织调查可以避免调查工作中一些可能出现的问题。

4）全面铺开和重点调查相结合

如果是开发整个工程或整个用户企业的管理信息系统，应开展全面的调查工作。如果近期内只需开发某一局部的管理信息系统，就必须坚持全面铺开与重点调查相结合的方法。即自顶向下全面展开，但每次都只侧重于与局部相关的分支。例如，若只要开发施工承包商的现场材料管理信息系统，则调查工作也必须从管理的上层开始，先了解承包商企业主管副总的工作，公司的分工，材料管理部门，参与工程的项目部相关管理工作，然后略去其他无关部门的具体业务调查，而将工作重点放在材料管理上。

5）主动沟通与亲和友善的工作方式

系统调查涉及组织内部管理工作的各个方面，涉及各种不同类型的人。故调查者主动地与被调查者进行沟通是十分重要的。创造出一种积极、主动、友善的工作环境和人际关系是调查工作顺利开发的基础，一个好的人际关系可以使调查和系统开发工作事半功倍，反之则有可能根本进行不下去。但是这项工作说起来容易，做起来却很难。它对开发者有主观上积极主动和行为心理方面的要求。

6.2.2 详细调查范围及内容

系统调查的范围应该包括信息流所涉及领域的各个方面。但应该注意的是，信息流是通过物流而产生的，物流和信息流又都是在工程中以及用户企业中流动的，故所调查的范围不能仅仅限于信息和信息流，应该包括工程以及用户企业的各个方面。

系统详细调查大致可从以下九个方面进行。

1）系统界限和运行状态

调查现行系统的发展历史、建设规模、运营效果、业务范围以及与外界的联系等，以便确定系统界限、外部环境，了解现有的管理水平等。

2）组织目标和发展战略

初步调查中，已经了解了工程及用户企业总目标和发展战略，工程项目组织各参与方以及用户企业各部门围绕总目标都有自己的子目标和发展战略。详细调查阶段的任务是搞清各参与方以及部门工作目标及战略。实际工作中，虽然每个业务人员都有一个工作目的，但往往要靠系统分析员帮助进行归纳和汇总。

3）组织机构

工程项目组织和用户企业组织机构是分别根据工程目标和企业目标设置并组织起来的，搞清工程项目组织/用户企业的部门划分及各部门的职能范围，可以帮助系统分析人员认识未来的新系统所处的环境，为进一步调查指明路线和方向。组织机构的调查就是调查现行系统的组织机构设置，行政隶属关系，岗位职责，业务范围和配备情况等。

4）业务功能

功能指业务具有的作用和效能，业务功能分配到工程项目组织/用户企业或其某个部门或某个岗位时，形成了职能范围或岗位职责。业务功能相对于组织结构是独立的，把业务功能抽象出来，按功能设计系统和子系统使信息系统具有较强的生命力和良好的柔性。

5）业务流程

现行系统中进行着各种各样的业务处理过程，业务流程是一个用户组织所完成的工作和活动的集合。系统分析人员要全面细致地了解整个系统各方面的业务流程，以及商流、物流和信息流的流通状况，对各种输入、输出、处理速度以及处理过程的逻辑关系都要进行详尽的了解。业务流程调查的结果可以作为后续业务流程图绘制的基础。

6）各种计划、单据和报表

调查中要收集各类计划、单据和报表，了解它们的来龙去脉以及各项内容的填写方法和时间要求，以便得到完整的信息流程。

7）可用资源情况

除了人力资源外，还要调查了解现行系统的物资、资金、设备、建筑平面布置和其他各项资源情况。现行系统如已配置了计算机，就要详细调查其型号、功能、容量、外设配置和计算机软件配置情况，以及目前的使用情况和存在的问题。这个过程能够在数据库设计的系统环境配置过程中进行更为合理的安排。

8）约束条件

调查了解现行系统在人员、资金、设备、处理时间以及处理方式等各方面的限制条件和规定。

9）现存问题和改进意见

现存问题是新系统所要解决的，因此是详细调查中最为关心的主要问题，是新系统目标的主要组成部分。在详细调查中，要注意收集用户的各种要求和改进意见，善于发现问题并找到问题的关键所在。

以上九个方面只是一种大致的划分，实际工作时应视具体情况增减或修改。围绕上述范围，可根据具体情况设计调查问卷的问题或问卷调查表的栏目，总的目的就是真正弄清处理对象现阶段工作的详细情况，为后面的分析设计工作做准备。

6.2.3 详细调查方法

对现行系统的调查是一项繁琐而艰巨的任务，要求系统开发人员在较短的时间内，全面而准确地获取现行系统的各个方面的资料。为了使调查工作能顺利进行，需要掌握有关的调查方法、要领和一定的技巧。详细调查的方法多种多样，经常使用的有如下这些方法。

1）问卷调查法

问卷调查法可以用来调查系统普遍性的问题。问卷调查方法是针对所需调查的各项内容，绘制出相应各种形式的图表（问卷），通过问卷对各管理岗位上的工作人员进行全面的需求调查，然后分析整理这些问卷，逐步得出需要调查和研究的内容。

2）召开调查会

这是一种集中调查的方法，适合于了解宏观情况。

3）深入实际的调查方式

通过问卷等方式获得的调查结构，若在整理时发现各个不同工作岗位上的调查结构不一致或前后矛盾时，就必须带着问题深入到具体的工作岗位进行实际调查，摸清详细的业务和数据流程以及具体的工作细节，弄清问题所在，并予以解决。

4）调查人员直接参与业务实践

调查人员直接参与业务实践，不仅可以获得第一手资料，而且开发人员便于和业务人员交流，使系统的开发工作接近用户，让用户更了解新系统。

5）查阅有关资料

每个工程和用户企业都有大量的资料，如各个部门业务相关的标准和规范、下发的各类文件、各部门的工作总结、工作标准和规章制度、工作计划和统计报表等。这些资料是系统分析人员了解现行系统的素材，在详细调查过程中，系统分析人员可以通过阅读这些资料了解工程和用户企业的各个方面。

6）面谈

面谈是指系统分析人员通过口头提问的方式收集现行系统的有关资料。面谈的对象可以是用户企业领导、管理人员和业务人员等各个岗位的工作人员，对某些特殊问题或细节的调查，可对有关的业务人员作专题访问，仔细了解每一步骤、方法等细节。采用这一方法进行详细调查时，被访问者就在现场，能对所了解的情况立即作出反应，系统分析人员能够引导被访问人员，得到所需要的信息。但是也要注意：

（1）选择合适的面谈对象

根据所要了解的内容，选择面谈对象，用户企业和工程参与方中不同岗位的工作人员所能提供的信息是不一样的，选择合适的面谈对象，可以得到事半功倍的效果。

（2）事先准备好面谈的内容

面谈前，系统分析人员应事先学习所要讨论的内容中有关业务方面的知识，准备所要了解的主题，并在面谈前通知被访问者，以便被访问者有足够的时间准备有关材料。

（3）使用合适的语言

尽量避免使用系统开发的专业语言，而应使用被访问者熟悉的专业术语。

（4）掌握面谈效率

应把握交谈的方向和内容，争取在比较合适的时间内获得所需要的信息。

另外还有由用户方管理人员向开发者介绍情况，专家调查等方法，可以根据系统调查的需要选择调查方法。

6.2.4　详细调查注意事项

系统调查是一项繁重和重要的工作，且涉及业务面很广。因此，合理地选择组织和协调各个方面工作的方法是很重要的，它决定了系统调查工作能否顺利地进行。在系统详细调查阶段应注意以下五个方面：

1）调查前要做好计划和用户培训

根据系统需要，明确调查任务的划分和规划，列出必要的调查大纲，规定每一步调查的内容、时间、地点、方式和方法等。对用户进行培训或发放说明材料，让用户了解调查过程、目的等，并参与调查的整个过程。这样便于开发者和用户的协调，而且可以使调查有序、高效。

2）从系统的现状出发，避免先入为主

要结合组织的实际管理现状，了解实际问题，得到客观资料。

3）调查与分析整理相结合

调查所获得的资料要及时整理，及时分析，对出现的问题要及时反映并解决。

4）分析与综合相结合

调查过程中要深入了解现行组织各部分的细节，然后根据相互之间的关系进行综合，以便对组织有一个完整的了解。

5）图表格式要简单统一

为便于开发者和用户对调查中得到的结果和问题进行交流和分析，调查中需要有简单易懂的图表。

系统详细调查的过程是大量原始素材的汇总过程，系统分析人员应当具有虚心、热心、耐心和细心的态度。分析人员通过对详细调查的成果进行整理和分析，形成描述现行系统的文字材料，并将有关内容绘制成描述现行系统的各种图表，与各级用户进行反复讨论、研究和修改，力求真实准确，以便在短时间内就能对现行系统有全面详细的了解。

6.3　组织结构与功能分析

组织结构是管理过程各要素组成的有机整体。总体来说，组织结构是根据建设生产过程的运行特点，以及由此产生的一系列技术、经济、管理上的要求，依据一定阶段的目标，将专业管理人员、管理工具等要素按比例组织起来构成的系统。组织结构是管理过程与运行状况的直接体现，因此现行系统的分析应从组织结构开始。

组织结构与功能分析主要有三部分内容：组织结构分析、业务过程与组织结构之间的联系分析、业务功能一览表。其中，组织结构分析是通过组织结构图来实现的，其做法是将调查中所了解的组织结构具体的绘制在图上，作为后续分析和设计的参考。业务是指管理过程中必要且逻辑上相关的、为了完成某种管理功能的一系列相关的活动，业务过程与组织结构之间的联系分析通常是通过组织/业务关系表来实现的，利用系统调查中所掌握的资料，反映管理业务过程与组织结构之间的关系，是后续分析与设计新系统的基础。业务功能分析图是把组织内部各项管理业务功能都用一张图的方式罗列出来，是后续进行数据分析，确定新系统拟实现的管理功能和分析建立管理数据指标体系的基础。

6.3.1 组织结构分析

现行系统中的信息流动是以组织结构为基础的。因为各部门之间存在着各种信息和物质的交换关系，只有理顺了各种组织关系，才能使系统分析工作找到头绪。有了调查问题的突破口，才能按照系统工程的方法自顶向下地进行分析。

组织结构分析通常利用组织结构图进行。组织结构图是对组织机构调查的结果，将在详细调查中得到的关于用户企业组织的资料进行整理，用图的形式反映组织各部门之间的隶属关系。组织结构图是用来描述组织的总体结构以及组织内部各部分之间的联系，把用户企业组织分成若干部分，按级别、分层次构成的，以树型结构显示，是一张反映组织内部之间隶属关系的树状结构图。通常用矩形框表示组织机构，用直线表示隶属关系。图6.1是某施工承包商在施工现场的组织结构，监理不直接隶属于施工承包商，因此用虚线连接。

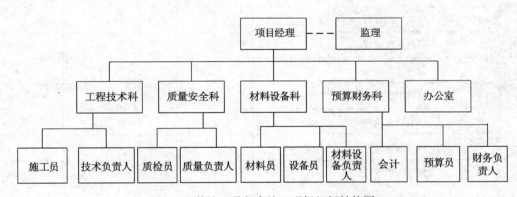

图6.1　某施工承包商施工现场组织结构图

工程管理信息系统中的组织结构分析有时不仅是面对用户企业的，还要关注工程项目组织对系统的影响，因此，有时还包括工程项目组织结构的分析。

6.3.2 组织/业务关系分析

组织结构图反映组织内部和上下级关系，但是不能反映组织各部分之间的联系程度、组织各部分的主要业务职能和它们在业务过程中所承担的工作等。这将会给后续的业务、数据流分析和功能/数据分析等带来困难。为了弥补这方面的不足，通常设置组织/业务关系分析表来反映组织各部分在承担业务时的关系。在组织/业务关系表中，横向表示组织内各部门名称，纵向表示业务过程名称，中间栏填写组织各部门在执行业务过程中的作用，如表6.1为某施工承包商现场材料管理的组织/业务关系表。

通常习惯将组织/业务联系表和组织结构图画在一张图上，以便对照、比较、分析它们之间的各种联系。

运用组织/业务联系表可以对组织/业务进行调整和分析。分析的内容有：

1）现行系统中的组织结构是否合理？若不合理，不合理的地方在哪里？

2）不合理的部分对组织整体目标的影响有哪些？表现在哪些方面？

3）不合理现象产生的历史原因是什么？

4）哪些部门需要整改？改进措施是怎样的？

5）对整改涉及的部门和有关人员的利益产生哪些影响？

施工承包商现场材料管理的组织/业务关系　　　　　　　表 6.1

功能	序号	业务\关系	工程技术科		质检员	材料员	预算财务科		办公室	项目经理	监理
			施工员	技术负责人			会计	预算员			
功能与业务	1	清点进场材料				*	√	√	×	√	√
	2	清点库存材料	×			*	√			√	
	3	安排材料入库			√	*	√			√	×
	4	材料质量检验		×	*	√				√	√
	5	材料消耗分析		×			√	√		√	
	6	材料堆放保管	√		×					√	√
	7	安排材料出库	×			*				√	
	8	材料用量预测	√	√		*				×	
	9	材料用量核算				×	*	×		√	
	10	材料需求分析	*							√	×
	11	材料需求审核	×							*	√
	12	材料需求申请	*		√					×	

注："＊"表示该项业务是对应组织的主要业务；"×"表示该单位是参加协调该项业务的辅助单位；"√"表示该单位是该项业务的相关单位；"空格"表示该单位与该项业务无关。

通过组织/业务分析，目的是找出现行系统中组织结构和功能存在的问题，研究解决这些问题的方法和措施，进一步理顺组织的功能，让组织和信息系统更好的相互适应。

6.3.3　业务功能分析

在组织中，经常出现这种情况，组织的各个部分并不能完整地反映该部分所包含的所有业务。因为在实际工作中，组织的划分或组织名称的取定往往是根据最初同类业务人员的集合而定的。随着生产的发展、生产规模的扩大和管理水平的提高，组织的某些部分业务范围越来越大，功能也越分越细，由原来单一的业务派生出许多业务。这些业务在同一组织中由不同的业务人员分管，其工作性质已经逐步有了变化。这种变化发展到一定的程度，就会引起组织本身的变化，裂变出一个新的、专业化的组织，由它来完成某一类特定的业务功能。对于这类变化，事先是无法全部考虑到的，但对于其功能是可以发现的。若以功能为准绳设计系统，那么系统将会对组织结构的变化有一定的独立性，更能适应组织的发展。因此，在分析组织时应对依附于组织结构的各项功能也有一个概貌性的了解，也可以对各项交叉管理、交叉部分各层次的深度以及各种不合理的现象有一个总体的了解，以便在后面的系统分析和设计时能特别注意避免这些问题。当功能体系和组织体系相一致时，该企业就在功能上组织化了，这种组织体系被认为是合理的。要弄清功能与组织的关系，最好的办法是制作功能体系。

业务功能分析图是一个完全以业务功能为主体的树形图，如图 6.2 为某施工承包商现场材料管理的业务功能分析图，其目的在于描述组织内部各部分的业务和功能。

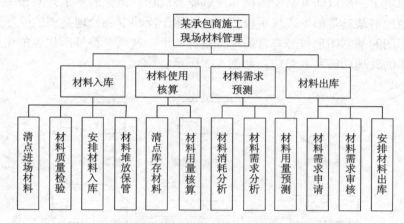

图 6.2　施工承包商现场材料管理的业务功能分析图

6.4　业务流程分析

6.4.1　业务流程分析的内容

组织结构调查任务的完成将为系统的深入调查分析提供了总体框架，也为业务流程重构、组织结构重构以及信息系统的数据传送设计和层次结构的划分提供了参考依据。

在系统调研时，通过了解组织结构和业务功能，能够对系统的主要业务有个大概的认识。但由此所得到的对业务的认识是静态的，是由组织部门映射到业务的。而实际的业务是流动的，一般称之为业务流程。一项完整的业务流程要涉及多个部门和多项数据。例如，生产业务要涉及从采购到财务，到生产车间，到库存等多个部门；会产生原料采购单，应收付账款，入库单等多项数据表单。因此，在考察一项业务时应将该业务一系列的活动即整个过程作为考察对象，而不仅仅是某项单一的活动，这样才能实现对业务的全面认识。将一项业务处理过程中的每一个步骤用图形来表示，并把所有处理过程按一定的顺序都串起来就形成了业务流程图（Transaction Flow Diagram，TFD）。

绘制流程图的目的是为了分析业务流程，在对现有业务流程进行分析的基础上进行业务流程重组，产生新的更为合理的业务流程。通过除去不必要的、多余的业务环节；合并重复的环节；增补缺少的必须环节；确定计算机系统要处理的环节等重要步骤，在绘制流程图的过程中可以发现问题，分析不足，改进业务处理过程。

业务流程图就是用一些规定的符号及连线来表示某个具体业务处理过程。业务流程图的绘制基本上按照业务的实际处理步骤和过程绘制。换句话说，就是一本用图形方式来反映实际业务处理过程的"流水账"。绘制出这本"流水账"对于开发者理顺和优化业务过程是很有帮助的。

6.4.2 业务流程图的基本符号

业务流程图是一种用尽可能少、尽可能简单的方法来描述业务处理过程的方法。由于它的符号简单明了，所以非常易于阅读和理解业务流程。但它的不足是对于一些专业性较强的业务处理细节缺乏足够的表现手段，比较适用于反映事务处理类型的业务过程。

业务流程图的基本图形符号非常简单，只有六个。这六个符号所代表的内容与管理信息系统最基本的处理功能一一对应，如图 6.3 所示。

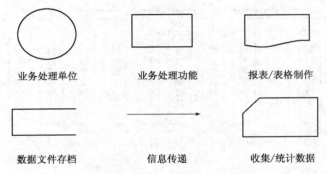

图 6.3　业务流程图的基本符号

其中，业务处理单位符号表达了某项业务负责或参与的人或事物；业务处理功能描述符号表明了业务处理功能；报表/表格制作符号表明了数据的载体；数据文件存档符号也表明了一种数据载体，但这个数据是作为档案来保存的；信息传递表达了业务数据的流动方向，这个方向用单箭头表示；收集/统计数据表示了对数据的收集统计过程。系统分析员应严格按照这个绘图规范完成业务流程图的绘制。

6.4.3 业务流程图的绘制及示例

业务流程图的绘制是根据系统详细调查所得的资料，按业务实际处理过程，用规定的符号将它们绘制在同一张图上。它的绘制无严格的规则，只需简明扼要地如实反映实际业务过程。绘制时应顺着原系统信息流动的过程逐步进行，内容包括各环节的处理业务、信息来源、处理方法、计算方法、信息流经去向、提供信息的时间和形态（报告、单据、屏幕显示等）。在绘制过程中一般也遵循"自顶向下"的原则，首先画出高层管理的业务流程图，然后再对每一个功能描述部分进行分解，画出详细的业务流程图。

某施工承包商现场材料管理系统中，业务流程图总图如图 6.4 所示，材料入库子系统、材料使用核算子系统、材料需求预测子系统和材料出库子系统业务流程图如图 6.5～图 6.8 所示。

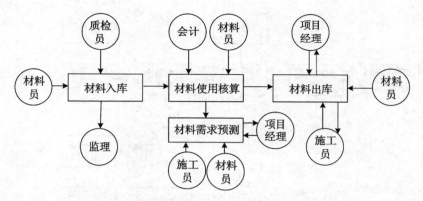

图 6.4　某施工承包商现场材料管理业务流程总图

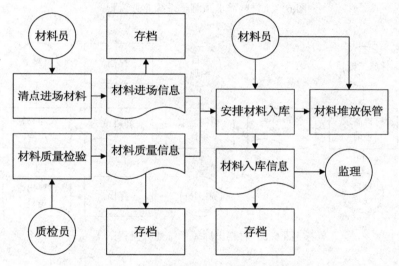

图 6.5　材料入库子系统业务流程图

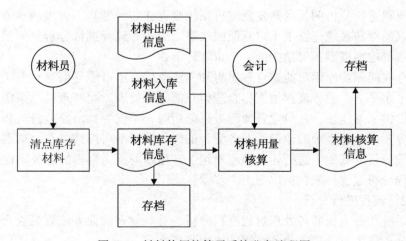

图 6.6　材料使用核算子系统业务流程图

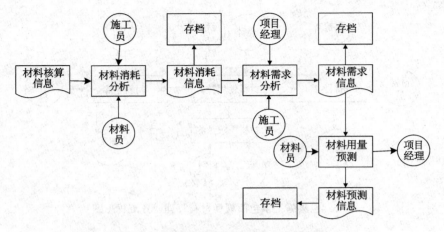

图 6.7　材料需求预测子系统业务流程图

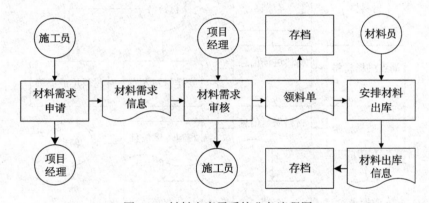

图 6.8　材料出库子系统业务流程图

6.4.4　业务流程分析

　　对业务流程进行分析的目的是发现现行系统中存在的问题和不合理的地方，优化业务处理过程，以便在新系统建设中予以克服或改进。对业务流程进行分析是掌握现行系统状况，确定新系统逻辑模型不可缺少的一个重要环节。

　　系统中存在问题的原因可能是管理思想和方法落后，也可能是因为在手工状态下或在原系统的技术水平下，业务流程虽不尽合理但只能这么处理。而管理信息系统的建设为优化业务流程提供了可能性。在对业务流程进行分析时，不仅要找出原业务流程不合理的地方，还要充分考虑信息系统的建设为业务流程的优化带来的可能性，在对现有业务流程进行认真、细致分析的基础上进行业务流程重组，产生新的更为合理的业务流程。

　　业务流程分析过程一般包括以下三个步骤：

　　1）对现行流程进行分析

　　对现行系统业务流程的各处理过程进行分析，看看原有的业务流程是否合理。若有不合理，就要分析产生不合理的业务流程的原因是什么。

　　2）对现行业务流程进行优化

分析现行业务流程中哪些过程可以按照计算机信息处理的要求进行优化；可以采取的改进措施有哪些；改进会涉及哪些方面；流程的优化会带来哪些好处等。

3）确定新的业务流程

即画出新系统的业务流程图。

6.5 数据与数据流分析

业务流程图虽然形象地描述了企业业务活动的过程，但仍然没有摆脱一些物质的因素，仍然有材料、资金和产品等具体的物质。要建立基于计算机的管理信息系统，目的是用管理信息系统对信息进行收集、传递、存储、加工、维护和使用。要弄清楚信息在用户企业/工程项目组织中是如何传递、加工和使用的，就要在系统分析的过程中，对数据与数据流程进行详细的调查和分析讨论。数据流程分析就是把数据在现行系统内部的流动情况抽象出来，舍去了具体组织机构、信息载体、处理工作等物理组成，单纯从数据流动过程来考察实际业务的数据处理模式。

数据流程是指数据在系统中产生、传输、加工处理、使用、存储的过程。数据流程分析主要包括对信息的流动、变换、存储等的分析，其目的是尽量发现数据流动中存在的问题，如数据流程不通畅，前后数据不匹配，数据处理过程不合理等问题，有时也可能是调查了解到的数据流程有误或作图有误。并找出加以解决的方法，优化数据流程。

6.5.1 数据收集与分析

系统数据流程分析的基础是数据或资料的收集与分析。数据的收集和分析没有明显的界限，数据收集经常伴随着分析，而数据分析又常需要补充收集数据。

1）数据收集

数据收集在系统调查阶段就已经开始了，数据收集工作量很大，所以要求系统开发人员要耐心细致地深入实际，协同业务人员收集与系统有关的一切数据。

数据收集的渠道主要有现行的组织机构；现行系统的业务流程；现行的决策方式；各种报表、报告、图示等。收集的数据应尽量全面，包括：原系统全部输入单据，如入库单、收据、凭证等；输出报表和数据存储介质，如账本、清单等。在上述各种单据、报表、账本的样品上注明制作单位、报送单位、存放地点、发生频度（如每月制作几张）、发生的高峰时间及发生量等内容，并注明各项数据的类型，如数字型、字符型，数据的长度、取值范围。还应收集各个处理环节对数据的处理方法和计算方法。

2）数据分析

收集上来的数据中，有些不能用作系统分析的依据，要把这些数据加工成系统分析可用的资料，就必须要进行数据分析工作。数据分析工作包括：

（1）从业务处理和管理角度分析

先从业务处理角度来看，为了满足正常的信息处理业务，需要哪些信息，哪些信息是冗余的，有待于进一步收集。

再从管理角度来看，为了满足科学管理的要求，应该分析这些信息的精度如何，能否满足管理的需求；信息的及时性如何，可行的处理区间如何，能否满足对生产过程及时进行处理的需求；对于一些定量化的分析（如预测等）能否提供数据支持等。

（2）弄清信息源周围的环境

要分清这些信息是从现存组织结构中哪个部门来的，目前用途如何，受周围哪些环境影响较大（如有些信息受具体统计人员的统计方法影响较大；有些信息受外界条件影响变化较大），它的上一级信息结构是怎样的，下一级信息结构是怎样的等。

（3）围绕现行的业务流程进行分析

分析现有报表的数据是否全面，是否满足管理的需要，是否正确反映业务实物流；分析业务流程，现行的业务流程有哪些弊端，需要进行哪些改进；做出这些改进后对信息与信息流应该做出什么样的相应改进，对信息的收集、加工、处理有哪些新要求等；根据业务流程分析，确定哪些信息是多余的，哪些是系统内部可以产生的，哪些需要长期保存。

（4）数据特征分析

数据特征分析是下一步设计工作的准备工作。特征分析包括：

①数据的类型及长度：是数字型还是字符型，是定长还是变长，长度是多少字节，有何特殊要求（比如精度、正负号等）。

②合理的取值范围：这对于将来设计校验和审核功能是十分必要的。

③数据所属业务：即哪些业务需要使用这个数据。

④数据业务量：每天、每周、每月的业务量（包括平均值、最低的可能值、最高的可能值）以及要存储的量有多少，要输入、输出的频率多大。

⑤数据重要程度和保密程度：重要程度即对于检验功能的要求有多高，对后备储存的必要性如何。保密程度即是否需要有加密措施，其读、写、改、看权限如何。

6.5.2 数据流程图的基本符号

数据流程图是对业务流程的进一步抽象与概括。抽象性表现在它完全舍去了具体的物质，只剩下数据的流动、加工处理和存储；概括性表现在它可以把各种不同业务处理过程联系起来，形成一个整体。业务流程图描述对象包括企业中的信息流、资金流和物流，数据流程图则主要是对信息流的描述。此外，数据流程图还要配合数据字典的说明，对系统的逻辑模型进行完整和详细的描述。

数据流程图比业务流程图更为抽象，舍弃了业务流程图中的一些物理实体，更接近于信息系统的逻辑模型。对于较简单的业务，可以省略其业务流程图直接绘制数据流程图。

数据流程图的基本符号如图 6.9 所示。

对数据流程图的基本符号解释如下：

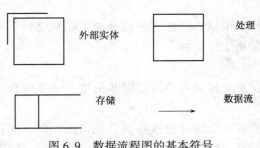

图 6.9　数据流程图的基本符号

1）外部实体

指计算机系统之外的人或单位，它们和本系统有信息传递关系，向系统提供输入，接受系统产生的输出。在绘制某一系统的数据流程图时，凡属该系统之外的人或单位，也都被列为外部实体。为了避免在一张数据流程图中出现线条的交叉，同一个外部实体可以出现若干次。

外部实体表示数据流的始发点或终止点。原则上讲，它不属于数据流程图的核心部分，只是数据流程图的外围环境部分。

2）数据流

数据流表示流动着的数据，它可以是一项数据，也可以是一组数据（如扣款数据文件、订货单等）。数据流用单向箭头表示，箭头表示流向，通常在数据流符号的上方标明数据流的名称。数据流可以从处理流向处理，也可以从处理流进、流出文件，还可以从源点流向处理或从处理流向终点。

3）数据存储

数据存储指通过数据文件、文件夹或账本等存储数据，用来表示需要暂时存储或长久保存的数据类，表示系统产生的数据存放的地方。数据存储时对数据文件的读写处理，通过数据流与处理逻辑和外部实体发生联系，当数据流的箭头指向数据存储时，表示将数据流的数据写入数据存储，反之，则表示从数据存储读出数据流的数据。数据存储表示逻辑意义上的数据存储环节，不考虑存储的物理介质和技术手段的数据存储环节。

数据存储用一个右边开口的长方形条表示。图形右部填写存储的数据和数据集的名字，左边填入该数据存储的编号。同外部实体一样，为了避免在一张数据流程图中出现线条的交叉，同一个数据存储可以出现若干次。

4）处理逻辑

处理逻辑也称为处理或功能，是对数据进行的操作，把流入的数据流转换为流出的数据流，处理逻辑表示对数据的加工处理，因此一般处理逻辑的名称由动词和宾语表示，动词表示加工处理的动作，宾语表示被加工处理的数据。

处理逻辑包括两方面的内容：一是改变数据结构；二是在原有数据内容基础上增加新的内容，形成新的数据。如果将数据流比喻成工厂中的零部件传送带，数据存储是零部件的存储仓库，那么每一道加工工序就相当于数据流程图中的处理功能，它表达了对数据处理的逻辑功能。

数据流程图中，一般用一个矩形来表示处理逻辑，在矩形里加一条直线，直线下部填写处理的名称（如开发票、出库处理等），直线上方填写唯一标识该处理的编号。一张数据流程图中一般有多个处理逻辑，因此要用编号来标识，不同处理逻辑使用不同的编号。

关于数据流程图的基本符号很多教材上都不完全一致，还没有形成一个统一的标准。例如，有的教材上用圆形表示外部实体，有的用矩形表示外部实体。二者所使用的符号不同，但代表的含义都相同。

6.5.3　数据流程图的绘制

数据流程图的绘制方法较为复杂，它是按照"自顶向下，逐层求精"的方法进行的。数据流程图是分层次的。绘制时采取自顶向下逐层分解的办法。首先画出顶层（第一层）数据流程图。顶层数据流程图只有一张，它说明了系统的总的处理功能、输入和输出。然后逐层向下分析，直到把系统分解为详细的低层次的数据流程图。

1）绘制的原则

一般遵循"从外向里"的原则，即先取定系统的边界或范围，再考虑系统的内部，先画处理的输入和输出，再画处理的内部。即：

（1）识别系统的输入和输出；

（2）从输入端至输出端画数据流和处理，并同时加上数据存储；

（3）处理的分解"从外向里"进行；

（4）数据流的命名要确切，要反映整体；

（5）各种符号布置要合理，分布均匀，尽量避免交叉线；

（6）先考虑稳定态，后考虑瞬间态。如系统启动后先考虑在正常工作状态，稍后再考虑系统的启动和终止状态。

2）绘制的基本步骤

（1）识别系统的输入和输出，划出顶层图。

即确定系统的边界。在系统分析初期，系统的功能需求等还不是很明确，为了防止遗漏，不妨先将系统范围定得大一些，系统边界确定后，越过边界的数据流就是系统的输入和输出，将输入与输出用处理符号连接起来，并加上输入数据来源和输出数据去向就形成了顶层图。

（2）画系统内部的数据流、处理与存储，画出一级细化图。

从系统输入端到输出端（或反之），逐步用数据流和处理连接起来，当数据流的组成或值发生变化时，就在该处画一个"处理"符号。画数据流图时还应同时画上数据存储，以反映各种数据的存储处，并表明数据流是流入还是流出文件的。最后，再回过头来检查系统的边界，补上遗漏但有用的输入输出数据流，删去那些没被系统使用的数据流。

（3）处理的进一步分解，画出二级细化图。

同样运用"从外向里"方式对每个处理进行分析，如果在该处理内部还有数据流，则可将该处理分成若干个子处理，并用一些数据流把子处理连接起来，即可画出二级细化图。二级细化图可在一级细化图的基础上画出，也可单独画出该处理的二级细化图，二级细化图也称为该处理的子图。

3）绘制数据流程图的注意事项

（1）数据流程图的绘制一般是从左到右进行

从左侧开始标出外部实体，然后画出由外部实体产生的数据流，再画出处理逻辑、数据流、数据存储等元素及其相互关系，最后在流程图的右侧画出接收输出信息的外部实体。正式的数据流程图应尽量避免线条交叉，必要时可用重复的外部实体和数据存储。数据流程图中各种符号布置要合理，分布应均匀。

（2）关于层次的划分

系统分析中可能会得到一系列分层的数据流程图。最上层的数据流程图相当概括地反映出信息系统最主要的逻辑功能、最主要的外部实体和数据存储。这张图应该使人一目了然，立即有个深刻印象，使人知道这个系统的主要功能和与环境的主要联系是什么。

逐层扩展数据流程图，是对上一层图（父图）中某些处理框加以分解。随着处理的分解，功能越来越具体，数据存储、数据流越来越多。必须注意，下层图（子图）是上层图中某个处理框的放大。因此，凡是与这个处理框有关系的外部实体、数据流、数据存储必须在下层图中反映出来。下层图上用虚线长方框表示所放大的处理框，属于这个处理内部用到的数据存储画在虚线框内，属于其他框也要用到的数据存储，则画在虚线框之外或跨在虚线框上。流入或流出虚线框的数据流，若在上层图中没出现，则在与虚线交叉处用"X"表示。

逐层扩展的目的，是把一个复杂的功能逐步分解为若干较为简单的功能。逐层扩展不是肢解和蚕食，使系统失去原来的面貌，而应保持系统的完整性和一致性。究竟怎样划分层次，划分到什么程度，没有绝对的标准，但一般认为：

①展开的层次与管理层次一致，也可以划分得更细。处理块的分解要自然，注意功能的完整性。

②一个处理框经过展开，一般以分解为 4~10 个处理框为宜。

③最下面的处理过程用几句话或者几张判定表或一张简单的 HIPO 图就能表达清楚。

（3）检查数据流程图的正确性

通常可以从以下几个方面检查数据流程图的正确性：

①数据流至少有一端连接处理框

换言之，数据流不能从外部实体直接到数据存储，不能从数据存储到外部实体，也不能在外部实体之间或数据存储之间流动。初学者往往容易违反这一规定，常常在数据存储与外部实体之间画数据流。其实，记住数据流是指处理逻辑的输入或输出，就不会出现这类错误。

②数据存储输入/输出协调

数据存储必定有输入数据流和输出数据流，缺少任何一个则意味着遗漏了某些处理。

③输入数据与输出数据匹配

即数据守恒。数据不守恒一般有两种情况：一种是某个处理逻辑用以产生输出的数据，没有输入给这个处理逻辑，这肯定是遗漏了某些数据流；另一种是某些输入在处理过程中没有被使用，这不一定是一个错误，但产生这种情况的原因以及是否可以简化值得研究。有时，只有流入没有流出，则数据处理无需存在。

④顺序命名

数据流程图绘制过程中，对外部实体、数据流、处理逻辑以及数据存储都必须合理地命名。一般应先给数据流命名，再根据输入/输出数据流名的含义为处理命名。命名含义要确切，要能反映相应的整体。若碰到难以命名的情况，则很可能是分解不恰当造成的，应考虑重新分解。

⑤准确编号

数据流程图正式完稿后还要对外部实体、数据流、处理逻辑以及数据存储进行编号，以便进一步编写数据字典，便于系统设计人员和用户阅读与理解。画分层数据流程图时要注意，分层数据流程图的顶层称为 0 层，称它是第一层的父图，而第一层既是 0 层图的子图，又是第二层图的父图，依此类推。由于父图中的处理可能就是功能单元，不能再分解，因此父图拥有的子图数少于或等于父图中的处理个数。为了便于管理，应按下列规则为数据流程图中的处理编号：子图中的编号为父图号和子处理号的编号组成，子图的父图号就是父图中相应处理的编号。

⑥父图与子图的平衡

子图是对父图中处理逻辑的详细描述，因此父图中数据的输入和输出必须出现在相应的子图中，即父图与子图必须平衡，或者说，父图与子图必须具备接口的一致性。父图与子图的平衡是数据流守恒原则的体现，即对每一个数据处理功能来说，要保证分解前后的输入数据流与输出数据流的数目保持不变。

特别应注意检查父图与子图的平衡，尤其是在对子图进行某些修改之后。父图的某框扩展时，在子图中用虚线框表示，有利于这种检查。父图与子图的关系，类似于全国地图与分省地图的关系。在全国地图上标出主要的铁路、河流，在分省地图上标得则更详细，除了有全国地图上与该省相关的铁路、河流之外，还有一些次要的铁路、公路、河流等。

父图与子图的平衡是分层数据流程图的重要特性，因而在绘制分层数据流程图时，必须认真检查"平衡"、特别是当子图有若干张，数据流被分成若干条时，更应慎重核查。

（4）提高数据流程图的易理解性

数据流程图是系统分析员调查业务过程，与用户交换思想的工具。因此，数据流程图应该简明易懂。这也有利于后面的设计，有利于对系统说明书进行维护。可以从以下几个方面提高易理解性：

①简化处理间的联系

结构化分析的基本手段是分解，其目的是控制复杂性。合理的分解是将一个复杂的问题分成相对独立的几个部分，每个部分可单独理解。在数据流程图中，处理框间的数据流越少，各个处理就越独立，所以应尽量减少处理框间输入及输出数据流的数目。

②均匀分解

如果在一张数据流程图中，某些处理已是基本处理，而另一些却还要进一步分解三四层，这样的分解就不均匀。不均匀的分解不易被理解，因为其中某些部分描述的是细节，而其他部分描述的是较高层的功能。遇到这种情况，应重新考虑分解，努力避免特别不均匀的分解。

③适当命名

数据流程图中各种成分的命名与易解性有直接关系，所以应注意命名适当。

处理框的命名应能准确地表达其功能，理想的命名由一个具体的动词加一个具体的名词（宾语）组成，在下层尤其应该如此，例如"计算总工作量"、"开发票"。而"存储和打印月报表"最好分成两个。"处理输入"则不太好，"处理"是空洞的动词，没有说明究竟做什么，"输入"也是不具体的宾语。同样，数据流、数据存储也应适当命名，尽量避免产生错觉，以减少设计和编程等阶段的错误。

（5）数据流程图也常常要重新分解

例如画到某一层时意识到上一层或上几层所犯的错误，这时就需要对它们重新分解。重新分解可以按下述方法进行：

①把需要重新分解的某张图的所有子图拼成一张。

②把图分成几部分，使各部分之间的联系最少。

③重新建立父图，即把第②步所得的每一部分画成一个处理框。

④重新画子图，只要把第②步所得的图沿各部分边界分开即可。

⑤为所有处理重新命名、编号。

4）数据流程图和业务流程图的联系

（1）业务流程图和数据流程图都是从流程的角度动态地去考察分析对象，都是用图形符号抽象地表示调查结果。

（2）数据和业务的联系表现在：数据流是伴随着业务过程而产生的，它是业务过程的衍生物；数据资料基本上也是按组织结构或业务过程收集的；在数据汇总时，也是以业务流程为单位，将同一业务的不同处理步骤中的数据加以集中；数据流程图的绘制遵照业务处理的全过程。

（3）业务流程图中的"业务处理功能"和"数据文件存档"这两个符号和数据流程图中的相应的符号内涵基本一致。业务流程图和数据流程图中都有箭头线的符号，但含义不同：业务流程图中的箭头线表示信息流向，它没有名称；数据流程图中的箭头线表示某一数据流，它有名称，通常写在数据流的上方。

（4）数据流程图和业务流程图存在一定的对应关系

由业务流程图可以导出相应的数据流程图有两种思路：一种是按业务流程图理出的业务流程顺序，将相应调查过程中所掌握的数据、表单分离出来，再考查数据的流向、处理和存储，把它们串起来就绘制成一完整的数据流程图；另一种是从业务流程中分离出处理，再考查每一个处理的输入数据与输出数据，将业务过程中所有的处理的输入、输出数据流进行有机的集成就形成了一个完整的数据流程图。

5）数据流程图示例

图 6.10 为施工承包商现场材料管理的数据流程图父图，图 6.11~图 6.14 为其子图。

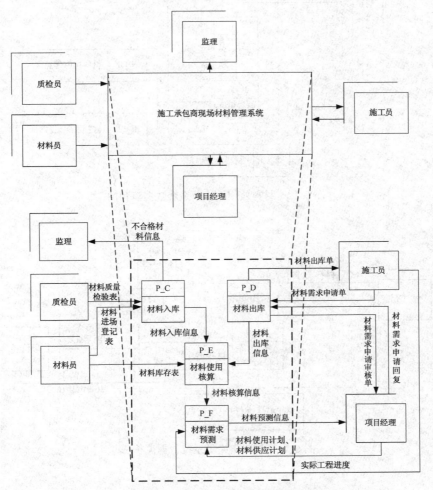

图 6.10　施工承包商现场材料管理系统的数据流程图（父图）

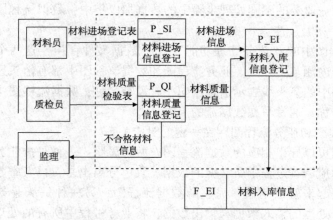

图 6.11　材料入库子系统数据流程图

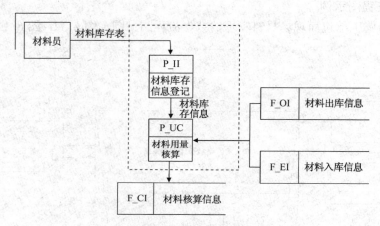

图 6.12　材料使用核算子系统数据流程图

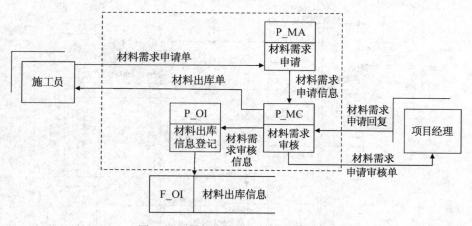

图 6.13　材料出库子系统数据流程图

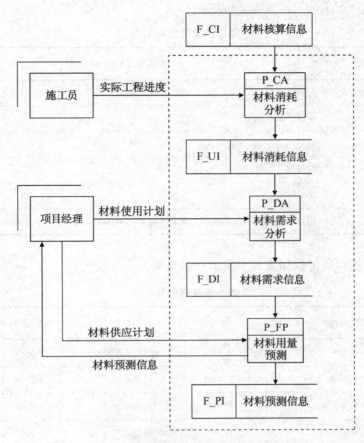

图 6.14 材料需求预测子系统数据流程图

6.5.4 数据字典

数据字典是系统分析阶段的重要文档,它详细地定义和解释了数据流程图上未能表达的内容。数据流程图加上完整的数据字典,就形成一份完整的系统分析的"系统规格说明书"(System Specification)。

数据字典是关于数据的信息的集合,是数据流程图上所有成分的定义和解释的文字集合,对数据流程图的各种成分起注释、说明的作用,对这些成分赋予实际的内容。它还对系统分析中其他需要说明的问题进行定义和说明。

数据字典的编写是系统开发中很重要的一项基础工作,从系统分析一直到系统设计和系统实施都要使用它。在数据字典的建立、修改和补充过程中,始终要注意保证数据的一致性和完整性,而且也要有可用性。

数据字典有两种存储形式:一种是人工方式,它是把有关内容记录在一张张卡片上,装订成册;另一种是存储在计算机中,通过一个数据字典软件来管理。

数据字典已经在第 4 章中介绍过了,这里主要是按照施工承包商现场材料管理的例子进行示范。

1)数据项定义

单个的数据项定义一般如表 6.2 所示。

单个数据项定义示例 　　　　　　　　　　　　　　　　　　　　表 6.2

数据项名称	材料编号（Material Code）
编号	E_MC
简述	给各种材料的编号
别名	编号
数据类型	字符型
长度	20
取值含义	用各种材料的拼音来表示，例如水泥就用 shuini 来编号，以此类推

多个数据项的列表可以如表 6.3 所示（只列举部分数据项）。

多个数据项列表示例 　　　　　　　　　　　　　　　　　　　　表 6.3

数据项名称	编号	简述	数据类型	位宽	小数位
材料编号（Material Code）	E_MC	给材料的编号	字符型	20	
材料名称（Material Name）	E_MN	材料的名称	字符型	20	
材料种类（Material Type）	E_MT	材料的种类	字符型	10	
材料规格（Material Spec）	E_MS	材料的具体型号	字符型	12	
厂家编号（Supplier Code）	E_SC	供应厂家编号	字符型	8	
厂家名称（Supplier Name）	E_SN	生产材料的厂家	字符型	30	
厂家地址（Supplier Address）	E_SA	供应厂家地址	字符型	40	
进场数量（Site Entrance Amount）	E_SEA	材料的数量	数字型	6	
进场时间（Site Entrance Time）	E_SET	材料进场时间	时间型	8	

2）数据结构定义

单个数据结构如表 6.4 所示。

单个数据结构示例 　　　　　　　　　　　　　　　　　　　　表 6.4

名称	材料基本信息
编号	D_MI
简述	材料的基本信息
组成	材料编号+材料名称+材料种类+材料规格

一般在小型管理信息系统中，数据结构不会很多，多个数据结构列表如表 6.5 所示。

多个数据结构列表示例　　　　　　　　　　　　　　　　　　表 6.5

名　称	编号	简　述	组　成
材料基本信息	D_MI	材料的基本信息	材料编号+材料名称+材料种类+材料规格
厂家信息	D_SI	供应厂家的信息	厂家编号+厂家名称+厂家地址+联系方式

3）数据流定义

数据流示例如表 6.6 所示，单个数据流所包括的内容基本上和表 6.6 的表头内容差不多，就不再单列了。

数据流示例（只列举部分）　　　　　　　　　　　　　　　　表 6.6

名称	编号	简　述	数据流来源	数据流去向	数据流组成	流通量
材料进场登记表	F_ST	材料员登记的进场材料的表格	"材料员"外部实体	"材料进场信息登记"处理逻辑	材料基本信息+厂家信息+进场数量+进场时间+材料员职工号	100/天
材料质量检验表	F_QT	质检员登记的进场材料质量检查情况的表格	"质检员"外部实体	"材料质量信息登记"处理逻辑	材料基本信息+厂家信息+质检合格率+质检时间+质检员职工号	60/天
不合格材料信息	F_QF	质量检查不合格材料信息	"材料质量信息登记"处理逻辑	"监理"外部实体	材料基本信息+厂家信息+不合格数量+质检时间+质检员职工号	30/天

4）数据存储定义

数据存储定义如表 6.7 所示。

单个数据存储示例　　　　　　　　　　　　　　　　　　　表 6.7

名　称	材料入库信息
编　号	S_EI
简　述	记录入库材料的信息，包括入库数量、入库时间等
流入的数据流	"材料入库信息登记"处理逻辑
流出的数据流	"材料用量核算"处理逻辑
数据存储的组成	材料基本信息+厂家信息+入库数量+入库时间+材料员职工号

多个数据存储列表如表 6.8 所示。

多个数据存储列表示例　　　　　　　　　　　　　　　　表 6.8

名　称	编号	简　述	数据存储的组成
材料入库信息	S_EI	记录材料入库的信息	材料基本信息+厂家信息+入库数量+入库时间+材料员职工号

名　称	编号	简　述	数据存储的组成
材料出库信息	S_OI	记录材料出库的信息	材料基本信息+出库数量+出库时间
材料核算信息	S_CI	记录材料核算的信息	材料基本信息+核算数量+核算时间+是否正确
材料预测信息	S_PI	记录材料预测的信息	材料基本信息+预测数量+预测时间+是否满足需求

5）处理逻辑定义

单个处理逻辑的示例如表 6.9 所示。其中，"处理"部分的描述十分重要，直接关系到后续系统实现时编程人员对此的实现，一定要重视。若"处理"部分的描述太过简单，可考虑将前后的处理逻辑进行合并，返回至前面进行数据流程图的修改。

单个处理逻辑示例　　　　　　　　　　　　　　　　　　表 6.9

名　称	材料质量信息登记
编号	P_QI
输入	数据流"材料质量检验表"
输出	数据流"材料质量信息"和"不合格材料信息"
简述	对进场材料的质量检验表进行识别和统计，生成材料质量信息，并将不合格材料信息传给监理
处理	①质检员输入进场材料的质量检验结果（材料质量检验表）； ②进行单张检验表内容识别和若干张检验表内容的质量信息统计； ③将材料质量信息传送至"材料入库信息登记"处理逻辑； ④将不合格材料信息传送给监理

多个处理逻辑列表如表 6.10 所示。一般处理逻辑建议单列，不建议采用多个列表形式。

多个处理逻辑列表示例　　　　　　　　　　　　　　　　表 6.10

名　称	编号	输　入	输　出	简　述
材料进场信息登记	P_SI	数据流"材料进场登记表"	数据流"材料进场信息"	对材料进场登记表进行识别和统计，生成材料进场信息
材料质量信息登记	P_QI	数据流"材料质量检验表"	数据流"材料质量信息"和"不合格材料信息"	对进场材料的质量检验表进行识别和统计，生成材料质量信息，并将不合格信息传给监理

6）外部实体定义

外部实体示例如表 6.11 所示。单个外部实体的描述基本和列表中的表头相同。

表 6.11

外部实体示例

名称	编号	简　述	输入的数据流	输出的数据流
材料员	O_MM	现场材料管理员	数据流"材料进场登记表"，"材料库存表"	无
质检员	O_QM	现场质量检查员	数据流"材料质量检验表"	无
监理	O_SV	现场监理	无	数据流"不合格材料信息"

6.6　功能/数据分析

在对实际系统的业务流程、管理功能、数据流程以及数据分析都作了详细的了解和形式化的描述以后，就可在此基础上进行系统化的分析，整体地考虑新系统的功能子系统及数据资源的合理分布。进行这种分析的有力工具之一就是功能/数据分析。功能/数据分析法是 IBM 公司于 20 世纪 70 年代初在企业系统规划法中提出的一种系统化的聚类分析法。

功能/数据分析是通过 U/C 矩阵的建立和分析来实现的。这种方法不但适用于功能/数据分析，也可以适用于其他各方面的管理分析。例如用此方法曾经尝试过解决岗位职能和人员定编等管理问题，同样取得了良好的效果。

U/C 矩阵可以用来分析收集的数据的合理性和完备性等问题，还可以用于分析新系统的逻辑划分和数据资源分布的问题，为下一步的系统设计工作奠定基础。

6.6.1　U/C 矩阵及其建立

U/C 矩阵是一个进行内容分析的二维表格，要分析的内容就是 X、Y 两个方向的坐标变量。表的纵坐标定义为数据类变量（X_i）；表的横坐标定义为业务过程类变量（Y_i）；数据与业务过程（即 X_i 与 Y_i）之间的关系 U-Use（使用），C-Create（建立）。如果将 X_i 和 Y_i 之间的联系用二维表内的"U""C"来表示，就构成了一个 U/C 矩阵。

要建立一个 U/C 矩阵对于一个实际的组织来说不是一件容易的事情。从理论上说建立 U/C 矩阵首先要进行系统化，自顶向下地划分，然后逐个确定具体的功能（或功能类）和数据（或数据类），最后填写上功能/数据之间关系，即完成了 U/C 的建立过程。

以功能/数据分析为例，详细调查过程中所绘出的功能业务一览表、业务联系图等和 6.5 节中收集的数据为基本坐标变量，加上功能与数据之间的联系（"U"或"C"）就构成了 U/C 矩阵。表 6.12 为施工承包商现场材料管理的 U/C 矩阵。

表 6.12

U/C 矩阵

数据类 功能	材料进场信息	材料质量信息	材料入库信息	不合格材料信息	材料库存信息	材料核算信息	材料消耗信息	材料需求信息	材料预测信息	材料需求申请信息	材料需求审核信息	材料出库信息
材料进场信息登记	C											

数据类 功能	材料进场信息	材料质量信息	材料入库信息	不合格材料信息	材料库存信息	材料核算信息	材料消耗信息	材料需求信息	材料预测信息	材料需求申请信息	材料需求审核信息	材料出库信息
材料质量信息登记	C			C								
材料入库信息登记	U	U	C	U								
材料库存信息登记					C							
材料用量核算			U		U	C						U
材料消耗分析						U	C					
材料需求分析							U	C				
材料用量预测								U	C			
材料需求申请										C		
材料出库信息登记											U	C
材料需求审核										U	C	

6.6.2 正确性检验

建立 U/C 矩阵后一定要根据 "数据守恒" 原则进行正确性检验, 以确保系统功能数据划分和所建 U/C 矩阵的正确性。"数据守恒" 就是指数据必定有一个产生源, 也一定有一个或多个用途。通过检验, 可以指出前段工作的不足的疏漏, 或是划分不合理的地方, 及时督促, 加以改正。具体说来, U/C 矩阵的正确性检验可以从以下三个方面进行:

1) 完备性检验

完备性 (Completeness) 检验是指对具体的数据项 (或类) 必须有一个产生者 (即 "C") 和至少一个使用者 (即 "U"), 功能则必须有产生或使用 ("U" 或 "C" 元素) 发生, 否则这个 U/C 矩阵的建立是不完备的。

这个检验可及时发现表中的功能或数据项的划分是否合理以及 "U"、"C" 元素是否有填漏的现象发生。

2) 一致性检验

一致性 (Uniformity) 检验是指对具体的数据项/类有且仅有一个产生者 ("C"), 如果有多个产生者的情况出现, 则产生了不一致性的现象, 其结果将会给后续开发工作带来混乱。这种不一致现象的产生可能有如下原因:

(1) 没有产生者——漏填了 "C" 元素或者是功能、数据的划分不当。

(2) 多个产生者——错填了 "C" 元素或者是功能、数据的划分不独立、不一致。

3) 无冗余性 (Non-verbosity) 检验

即表中不允许有空行或空列。如果有空行或空列的现象发生则可能出现如下问题:

(1) 漏填了 "U" 或 "C" 元素。

（2）功能项或者数据项的划分是冗余的——没有必要的。

6.6.3 U/C 矩阵的求解

U/C 矩阵求解过程就是对系统结构划分的优化过程。它是基于子系统划分应相互独立，而且内部凝聚性高这一原则之上的一种聚类操作。

具体做法是使表中的"C"元素尽量地靠近 U/C 矩阵的对角线，然后再以"C"元素为标准，划分子系统。这样划分的子系统独立性和凝聚性都是较好的，因为它可以不受干扰地独立运行。U/C 矩阵的求解过程是通过表上作业来完成的。其具体操作方法是：调换表中的行变量或列变量，使得"C"元素尽量地朝对角线靠近，如表 6.13 所示。

注意：这里只能是尽量朝对角线靠近，但不可能全在对角线上。

求解后的 U/C 矩阵　　　　　　　　　　　　表 6.13

功能＼数据类	材料进场信息	材料质量信息	不合格材料信息	材料入库信息	材料库存信息	材料核算信息	材料消耗信息	材料需求信息	材料预测信息	材料需求申请信息	材料出库信息	材料需求审核信息
材料进场信息登记	C											
材料质量信息登记		C	C									
材料入库信息登记	U	U	U	C								
材料库存信息登记					C							
材料用量核算				U	U	C					U	
材料消耗分析						U	C					
材料需求分析							U	C				
材料用量预测								U	C			
材料需求申请										C		
材料出库信息登记											C	U
材料需求审核										U		C

6.6.4 系统功能划分与数据资源分布

1）系统功能划分

通过前一小节的求解处理后，就可以进行新系统的逻辑划分了。

划分的方法是在求解后的 U/C 矩阵中划出一个个的小方块。划分时应注意：沿对角线一个接一个地画，即不能重叠，又不能漏掉任何一个数据和功能。小方块的划分是任意的，但必须尽可能地将所有的"C"元素都包含在小方块之内。划分后的小方块即为今后新系统划分的基础，每一个小方块即一个子系统。系统功能划分后的 U/C 矩阵如表 6.14

所示。特别值得一提的是：对同一调整出来的结果，小方块（子系统）的划分不是唯一的。具体如何划分为好，要根据实际情况以及分析者个人的工作经验和习惯来定。子系统划定之后，留在小方块（子系统）外还有若干个"U"元素，这就是今后子系统之间的数据联系，即共享的数据资源。

系统功能划分后的 U/C 矩阵　　　　　　　　　　　表 6.14

功能	数据类	材料进场信息	材料质量信息	不合格材料信息	材料入库信息	材料库存信息	材料核算信息	材料消耗信息	材料需求信息	材料预测信息	材料需求申请信息	材料出库信息	材料需求审核信息
材料入库	材料进场信息登记	C											
	材料质量信息登记		C	C									
	材料入库信息登记	U	U	U	C								
材料使用核算	材料库存信息登记					C							
	材料用量核算				U	U	C					U	
材料需求预测	材料消耗分析						U	C					
	材料需求分析							U	C				
	材料用量预测								U	C			
材料出库	材料需求申请										C		
	材料出库信息登记											C	U
	材料需求审核										U		C

2）数据资源分布

在对系统进行划分并确定了子系统以后，从表 6.14 中可能看出所有数据的使用系统都被小方块分隔成了两类，一类在小方块以内，一类在小方块以外。

在小方块以内产生和使用的数据，则今后主要考虑放在本子系统的计算机设备上处理。而小方块以外的数据联系（即图中小方块以外的"U"），则表示了各子系统之间的数据联系。今后应考虑将这些数据资源放在网络服务器上供各子系统共享或通过网络来相互传递。

数据资源分布后的 U/C 矩阵如表 6.15 所示。

数据资源分布后的 U/C 矩阵　　　　　　表 6.15

功能	数据类	材料进场信息	材料质量信息	不合格材料信息	材料入库信息	材料库存信息	材料核算信息	材料用量信息	材料需求信息	材料预测信息	材料需求申请信息	材料出库信息	材料需求审核信息
材料入库	材料进场信息登记	材料入库子系统											
	材料质量信息登记												
	材料入库信息登记												
材料使用核算	材料库存信息登记					材料使用核算子系统							
	材料用量核算				U→			←				U	
材料需求预测	材料消耗分析						U→	材料需求预测子系统					
	材料需求分析												
	材料用量预测												
材料出库	材料需求申请										材料出库子系统		
	材料出库信息登记												
	材料需求审核												

6.7　新系统逻辑方案的建立

　　逻辑方案是新系统开发中要采用的管理模型和信息处理方法。系统分析阶段的详细调查、系统化分析都是为建立新系统的逻辑方案做准备。逻辑方案是系统分析阶段的最终成果，也是今后进行系统设计和实施的依据。

　　新系统的逻辑方案是系统开发者和用户共同确认的新系统处理模拟及共同努力的方向。

　　新系统的逻辑方案主要包括：

1）对系统业务流程分析整理的结果；

2）对数据及数据流程分析整理的结果；

3）子系统划分的结果；

4）各个具体的业务处理过程；

5）根据实际情况应建立的管理模型和管理方法。

6.7.1 新系统信息处理方案

前述对原有系统进行的大量的分析和优化，这个分析和优化的结果就是新系统拟采用的信息处理方案。它包括如下几部分：

1）确定合理的业务处理流程

具体内容包括：

（1）删去或合并了哪些多余的或重复处理的过程；

（2）对哪些业务处理过程进行优化和改动，改动的原因是什么，改动（包括增补）后将带来哪些好处；

（3）给出最后确定的业务流程图；

（4）指出在业务流程图中哪些部分新系统（主要指计算机软件系统）可以完成，哪些部分需要用户完成（或是需要用户配合新系统来完成）。

2）确定合理的数据和数据流程

具体内容包括：

（1）请用户确认最终的数据指标体系和数据字典。确认的内容主要是指标体系是否全面合理，数据精度是否满足要求并可以统计得到这个精度等；

（2）删去或合并了哪些多余的或重复的数据处理过程；

（3）对哪些数据处理过程进行了优化和改动，改动的原因是什么，改动（包括增补）后将带来哪些好处；

（4）给出最后确定的数据流程图；

（5）指出在数据流程图中哪些部分新系统（主要指计算机软件系统）可以完成，哪些部件需要用户完成（或是需要用户配合新系统来完成）。

3）确定新系统的逻辑结构和数据分布

（1）新系统逻辑划分方案（即子系统的划分）。

（2）新系统数据资源的分布方案，如哪些在本系统设备内部，哪些在网络服务器或主机上。

6.7.2 新系统可能涉及的管理模型

确定新系统的管理模型就是要确定今后系统在每一个具体的管理环节上的处理方法。而管理模型是一个广义的概念，涉及管理的方方面面，同时不同单位由于环境条件各不相同，对管理模型也会有不同的要求，在系统分析阶段必须与用户协商，共同决定采用哪些模型。

一般应根据系统分析的结果和管理科学方面的知识来定，因此无法给出一个预先规定的新系统模型或产生该模型的条条框框。

6.8　系统分析报告

　　系统分析报告是系统分析阶段的成果，反映了这一阶段的全部情况，是下一阶段系统设计的基础。系统分析报告不仅能够展示系统调查的结果，而且还能反映系统分析的结果，即新系统逻辑方案。系统分析报告又称为系统说明书，通常包括下列三方面内容：

　　1）系统概述

　　主要对组织的基本情况进行简单介绍，包括组织结构，组织的工作过程，外部环境，与其他单位之间的物质、信息交换以及系统开发背景等。

　　2）新系统目标及开发可行性

　　在系统初步调查和分析的基础上，根据系统现状和环境约束条件，确定新系统的名称、目标和主要功能，新系统拟采用的开发策略和开发方法，人力、资金及计划进度的安排，可行性分析结果等。

　　3）现行系统状况

　　主要介绍详细调查的结果，包括：

　　（1）现行系统调查说明：通过现行系统的组织/业务联系表、业务流程图、数据流程图等，说明线性系统的目标、规模、主要功能、业务流程、数据存储和数据流，以及存在的薄弱环节。

　　（2）系统需求说明：用户要求以及现行系统主要存在的问题等。

　　4）新系统的逻辑设计

　　这部分是系统分析报告的核心部分，主要包括：

　　（1）系统功能及分析：提出明确的功能目标，并与现行系统进行比较分析，重点要突出管理信息系统的优越性。

　　（2）系统逻辑模型：各个层次的数据流程图、数据字典和处理说明，在各个业务处理环节拟采用的管理模型。

　　（3）其他特性要求：例如系统的输入/输出格式等。

　　（4）遗留问题：即根据目前条件，暂时还不能满足的一些用户要求或设想，并提出今后解决的措施和途径。

　　5）系统实施的初步计划

　　这部分内容因系统而异，通常包括与新系统相配套的管理制度、运行体制的建立，以及系统开发资源与时间进度估计、开发费用预算等。

　　在系统分析报告中，数据流程图、数据字典和处理说明这三部分是主体，是系统分析报告中的核心部分。而其他各部分内容，则可根据所开发目标系统的规模、性质等具体情况酌情选用，不能生搬硬套。

　　系统分析报告描述了目标系统的逻辑模型，是开发人员进行系统设计和系统实施的基础，是用户和开发人员之间的沟通基础，是目标系统验收和评价的依据。因此，系统分析报告是系统开发过程中的一份重要文档，必须要求其完整、一致、精确且简明易懂。

　　系统分析报告形成后，必须组织各方面的人员，即组织领导、管理人员、专业技术人员、系统分析人员等一起对已经形成的逻辑方案进行论证，尽可能地发现其中的问题、误解和疏漏。对于问题、疏漏要及时纠正，对于有争论的问题要重新核实当初的原始调查资料或进一步地深入调查研究，对于重大的问题甚至可能需要调整或修改系统目标，重新进行系统分析。系统分析报告一经用户认可接受后，就成为具有约束力的指导性文件，成为下一阶段系统设计工作的依据和今后验收目标系统的检验标准。

复习思考题

1. 系统分析的主要过程包括哪六大部分？
2. 系统详细调查的原则有哪四个？
3. 系统详细调查的方法包括哪六种？
4. 什么是组织结构图？请画出自己熟悉的企业或工程项目组织的组织结构图。
5. 什么是业务流程图？请画出自己熟悉的某业务过程的业务流程图。
6. 什么是数据流程图？与业务流程图有哪些联系？
7. 简述绘制数据流程图时的注意事项。
8. 请将自己所绘制的业务流程图转换成对应的数据流程图。
9. U/C 矩阵的正确性检验包括哪三方面的内容？
10. 新系统逻辑方案包括哪些内容？
11. 系统分析报告应包括哪五部分内容？

第 7 章　工程管理信息系统设计

本章要点

系统设计是对新系统的物理设计，解决新系统应该"如何做"的问题，包括总体设计和详细设计两个阶段。

(1) 系统总体设计：包括系统划分、平台设计（包括计算机处理方式、软硬件选择、网络系统的设计、数据库管理系统的选择）和计算机处理流程设计。

(2) 系统数据库设计：以系统分析阶段的数据流程图和数据字典为依据，进行概念设计，画出 E-R 图；再建立关系数据库的逻辑结构，即所有的二维表。

(3) 代码设计：对整个工程范围的信息进行统一的分类编码是实现信息集成必需的。

(4) 输入/输出及界面设计：要设计符合系统的输入/输出及界面。

(5) 模块功能与处理过程设计：描述工具为 HIPO 图，由层次模块结构图（可由数据流程图导出）和 IPO 图（对层次模块图中各模块的说明）构成。

最后形成系统设计报告。

7.1　系统设计概述

7.1.1　概述

系统设计是管理信息系统开发过程中一个重要的阶段。系统设计是对新系统的物理设计，即根据系统分析阶段提出的新系统逻辑模型，建立新系统的物理模型。这一阶段的主要任务是解决新系统应该"如何做"的问题。

系统设计分为总体设计和详细设计两个阶段。其中，总体设计包括系统划分、系统平台设计和计算机处理流程设计；详细设计包括数据库设计、代码设计、输入/输出及界面设计、模块功能与处理过程设计。系统设计的成果是系统设计报告。

7.1.2　系统设计的原则

系统设计的原则包括：

1）功能性原则

这是系统开发最基本的要求。它包括系统是否解决了用户希望解决的问题，是否有较强的数据校验功能，能否进行所需的运算，能否提供符合用户需要的信息输出等。

2）系统性原则

按照系统工程的观点，系统应始终从总体目标出发，服从总体要求，在总体方案设计中，经过对局部的调查、分析、综合形成总体方案，局部应服从全局，使方案成为一个有机的整体。系统是作为统一整体而存在的，因此，在系统设计中，要从整个系统的角度进行考虑，系统的代码要统一，设计规范要标准，程序设计语言要一致，对系统的数据采集要做到数出一处、全局共享。

3）实用性原则

包括两层含义，一是从实用出发，二是从实际出发。工程管理信息系统的根本目的是实用，因此系统不应过于追求大而全。另外应从技术、设备、用户、管理者的实际考虑，不应追求硬件设备的先进性。

4）经济性原则

经济性是指满足系统需求的前提下，尽可能减小系统的开销。在满足需要的情况下，尽可能选择性能价格比高的、相对成熟的产品，不要贪大求新。一方面，在硬件投资上不能盲目追求技术上的先进，而应以满足应用需要为前提；另一方面，系统设计中应尽量避免不必要的复杂化，各模块应尽量简洁，以便缩短处理流程、减少处理费用。

5）可靠性原则

可靠性是指系统抵抗外界干扰的能力及受外界干扰时的恢复能力。一个成功的工程管理系统必须具有较高的可靠性，如安全保密性、检错及纠错能力、抗病毒能力等。在开发工程管理信息系统时，要重视安全性问题，如计算机软硬件的故障可能造成的数据丢失，数据共享带来的失密等，在设计阶段应采取必要的措施。

6）规范性原则

在工程管理信息系统的开发过程中要制定统一的规范，要做到规范的数据、规范的编码、规范的程序设计、规范的文档等，只有这样才能保证不同的开发阶段之间和各子系统之间能有机地衔接起来。

7）灵活性原则

无论是设备还是组织机构，管理制度或管理人员，在一定时间内只能是相对稳定的，变化是经常的。工程项目组织本身就是动态的组织形式，工程管理信息系统的设计要适应工程管理水平的提高、技术的进步等诸多变化。为保持系统具有较强的生命力，要求系统具有很强的环境适应性，为此，系统应具有较好的开放性和结构的可变性。在系统设计中，应尽量采用模块化结构，提高模块间的独立性，尽可能减少模块间的数据耦合，使各子系统间的数据依赖减至最低限度。这样，既便于模块的修改，又便于增加新的内容，提高系统适应环境变化的能力。

8）高效性原则

系统的高效性是指系统的运行效率要高。系统的运行效率包括：处理能力，即单位时间内处理的事务个数；处理速度，即处理单个事务的平均时间；响应时间，即从发出处理要求到给出回答所需的时间。

7.2 系统总体设计

系统总体设计是根据系统分析的要求和组织的实际情况，对新系统的总体结构形式和可利用的资源进行大致设计。总体设计的主要任务是将整个系统合理地划分成各个功能模块。

7.2.1 总体设计原则

为高质量地完成系统总体结构设计，应遵循以下四条原则进行系统总体设计。

1）分解-协调原则

整个系统是一个整体，具有整体目标和功能。但这些目标和功能的实现又是相互关联，错综复杂的。解决复杂问题的一个很重要的原则，就是把它分解成多个易于解决、易于理解的小问题分别处理，在处理过程中根据系统总体要求协调各部分的关系。在管理信息系统中，这种分解和协调都有一定的要求和依据。

分解的主要依据包括：

（1）按系统的功能进行分解；

（2）按管理活动和信息运动的客观规律分解；

（3）按信息处理方式和手段分解；

（4）按系统的工作规程分解；

（5）按用户工作的特殊需要分解（如有保密和其他要求）；

（6）按开发、维护和修改的方便性分解。

协调的主要依据包括：

（1）目标协调；

（2）工作进程协调；

（3）工作规范和技术规范协调；

（4）信息协调（指信息的提供和收回）；

（5）业务内容协调（如某些业务指标的控制）。

2）信息隐蔽-抽象原则

上一阶段只负责为下一阶段的工作提供原则和依据，并不规定下一阶段或下一步工作中要负责决策的问题，即上层模块只规定下层模块做什么和所属模块间的协调关系，但不规定怎么做，以保证各模块的相对独立性和内部结构的合理性，使得模块与模块之间层次分明，易于理解、实施和维护。

3）自顶向下原则

首先抓住总的功能目标，然后逐层分解，即先确定上层模块的功能，再确定下层模块的功能。

4）一致性原则

要保证整个系统设计过程中具有统一的规范、统一的标准、统一的文件模式等。

7.2.2　系统划分

1）系统划分概述

系统设计阶段首先要确定系统的总体结构，即系统总体功能结构确定和子系统与模块划分。系统划分就是将实际对象划分为若干相互独立的子系统。

系统设计的主要方法是结构化方法，其主要思想是：

（1）采用自顶向下、逐层分解的方法；

（2）把系统划分为若干子系统；

（3）把子系统又划分为若干功能模块；

（4）模块又划分为子模块；

（5）层层划分直到每一个模块是相对独立、功能单一的独立程序为止。

2）系统划分原则

（1）可理解的结构划分

每个子系统功能要明确，尽量做到规模大小适中均衡，减少复杂性，易于用户理解和接受。此外，在合理可能的前提下，适当照顾现行系统的结构和用户的习惯，使旧系统能顺利地向新系统过渡。

（2）子系统要具有相对独立性

子系统的内部功能、信息等方面应具有较好的内聚性，每个子系统，模块之间应相互独立，将联系比较密切、功能相近的模块相对集中，尽量减少各种不必要的数据调用和控制联系，这使得大型复杂的软件简单化，减小问题的复杂程度，保证工程管理信息系统的质量，加强系统的可维护性和适应性。

（3）子系统之间数据依赖性尽量小

子系统之间的联系尽量少，相互关联及相互影响程度较小，接口清晰、简洁。划分子系统时应将联系较高的相对集中的部分列入一个子系统内部，剩余的一些分散、跨度较大的联系成为这些子系统之间的联系和接口。这样，将来系统的调试、维护和运行都比较方便。

（4）子系统划分应减少数据冗余

数据冗余就是在不同模块中重复定义某一部分数据，这使得经常大量调用原始数据，重复计算、传递、保存中间结果，从而导致程序结构紊乱效率降低，软件编制工作困难。

（5）子系统的设置应考虑今后管理发展的需要

子系统的设置光靠上述系统分析的结果是不够的，因为现存的系统由于这样或那样的原因，很可能没有考虑到一些高层次管理决策的要求。因此，要预留子系统便于今后管理发展的需求。

（6）子系统的划分应便于系统分阶段实现

管理信息系统的开发是一项较大的工程，它的实现一般都要分期分步进行，所以子系统的划分应能适应这种分步的实施。另外，子系统的划分还必须兼顾组织机构的要求，但又不能完全依赖于组织（因为工程组织结构相对来说是动态的），以便系统实现后能够符合现有的情况和用户的习惯，更好地运行。

（7）子系统的划分应考虑到各类资源的充分利用

各类资源的合理利用也是系统划分时应该注意到的。一个适当的系统划分应该既考虑有利于各种设备资源在开发过程中的搭配使用，又考虑各类信息资源的合理分布和充分使用，以减少系统对网络资源的过分依赖，减少输入、输出、通信等设备压力。

3）系统划分方法

子系统划分一般以功能/数据分析结果为主，兼顾组织实际情况来划分。目前最常用的一种划分方法是按照功能（业务的处理功能）进行划分，根据相对独立的管理活动建立各个职能子系统。一般工程管理信息系统通常包括：成本管理子系统、进度管理子系统、质量管理子系统、合同管理子系统、健康环境安全管理子系统、组织管理子系统等。不同的组织机构的管理功能要求也不尽相同，应根据系统分析结果来进行划分。

对于较小的系统，也可以按照组织机构的部门设置来进行划分，因为部门设置在一定程度上也反映了管理功能要求的分布。例如对于承包商企业，可以分为办公室、合同管理部、财务部、项目管理部等，由此，可以将系统划分为综合管理子系统、合同管理子系统、财务子系统、项目管理子系统。

子系统的划分还可以按照业务的先后顺序（如成本预测模块、成本计划模块、成本控制模块、成本核算模块等）、实际环境和网络分布等进行划分。

系统划分形成系统划分图，图 7.1 为施工承包商现场材料管理系统划分图。

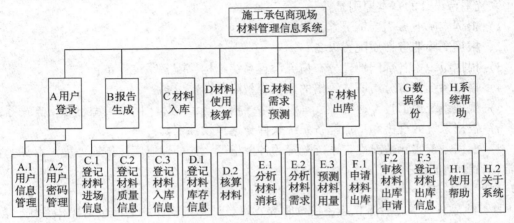

图 7.1　施工承包商现场材料管理系统划分图

7.2.3　系统平台设计

系统平台设计又称为系统环境配置。信息系统是以计算机系统为核心建立起来的，在确定了系统的划分后，接着就应该考虑管理信息系统的平台设计了。工程管理信息系统的平台是其开发和应用的基础。平台设计包括计算机处理方式、软硬件选择、网络系统的设计、数据库管理系统的选择等。

7.2.3.1　系统平台设计的依据

1）系统的吞吐量

每秒钟执行的作业数称为系统的吞吐量。系统的吞吐量越大，则系统的处理能力就越强。系统的吞吐量与系统软、硬件的选择有着直接的关系，如果要求系统具有较大的吞吐量，就应当选择具有较高性能的计算机和网络系统。

2）系统的响应时间

从用户向系统发出一个作业请求开始，经系统处理后，给出应答结果的时间称为系统的响应时间。如果要求系统具有较短的响应时间，就应当选择运算速度较快的计算机及具有较高传递速率的通信路线。

3）系统的可靠性

系统的可靠性可以用连续工作时间表示。例如，对于每天需要 24 小时连续工作的系统，则系统的可靠性就应该很高，这时可以采用双机双工结构方式。

4）系统的结构模式

如果一个系统的处理方式是集中式的，则信息系统既可以是主机系统，也可以是网络系统；若系统的处理方式是分布式的，则采用网络系统将更能有效地发挥信息系统的性能。

5）地域范围或计算模式

对于分布式系统，要根据系统覆盖的范围决定采用广域网还是局域网。

6）数据管理方式。

如果数据管理方式为文件系统，则操作系统应具备文件管理功能。

7.2.3.2　系统平台设计的基本原则

系统平台设计的基本原则是：

1）根据实际业务需要情况配置设备；

2）根据实际业务性质配置设备；

3）根据组织中各部门地理分布情况设置系统结构，配备系统设备；

4）根据系统调查分析所估算出的数据容量配备存储设备；

5）根据系统通信量、通信频度确定网络结构、通信媒体、网络类型、通信方式等；

6）根据系统的规模和特点配备系统软件，选择软件工具；

7）根据系统实际情况确定系统配置的各种指标，如处理速度、传输速度、存储容量、性能、功能、价格等。

7.2.3.3　软件的选择

计算机软件配置是管理信息系统的重要支撑。计算机软件的选择包括操作系统、数据库管理系统、开发工具等方面的选择。

1）操作系统

当操作系统采用客户/服务器模式，应考虑服务器和工作站两种操作系统的选择。在服务器上，选择操作系统主要是考虑满足多用户、多进程、图形用户接口的要求。在工作站上，选择操作系统主要是考虑系统的处理能力和图形用户接口。

2）数据库管理系统

数据库管理系统的选择是一个关键问题。数据库管理系统是为了有效地管理和使用数据，控制数据的存储，协调数据之间的联系。选择时，应着重考虑所选数据库管理系统的：

（1）数据存储能力；

（2）数据查询速度；

（3）数据恢复与备份能力；

（4）分布处理能力；

（5）与其他数据库的互联能力。

常见的数据库管理系统有 FoxPro、Oracle、Sybase、Informix、Microsoft SQL Server 等。

3）开发工具

开发工具的选择要考虑：

（1）系统的环境：应根据所选择的体系结构、操作系统类型、数据库管理系统以及网络协议等选择开发工具，即所选择的开发工具应支持所选择的操作系统、数据库、网络通信协议等。

（2）系统的开放性：开发工具本身要尽可能开放，符合开放系统标准，独立于硬件平台及系统软件平台的选择，甚至能够独立于数据库的选择，这样才有利于系统的扩充。同时，开发工具要有与高级语言的接口，便于系统特殊功能的开发。

（3）开发工具应尽量面向终端用户，使用方便，使用户自己能比较容易学会，便于维护所开发的系统。

（4）开发工具应尽可能支持系统开发的整个生命周期。

常见的开发工具有：PowerBuilder、Delphi、Visual Basic、Visual C++等。

7.2.3.4 硬件设备的选配

计算机硬件的选择包括计算机主机、外围设备、联网设备的选配，取决于数据的处理方式和要运行的软件。

对于数据处理是集中式的，则采用单主机多终端模式，以大型机或高性能小型机为主机，使系统具有较好的性能。对一定规模的工程，如果其管理应用是分布式的，则所选计算机系统的计算模式也应是分布式的。

系统硬件的选择应服从于系统软件的选择。首先根据新系统的功能、性能要求，确定系统软件，再根据系统软件确定系统硬件。

硬件的选择原则包括：

1）选择技术上成熟可靠的系列机型；

2）处理速度快；

3）数据存储容量大；

4）具有良好的兼容性与可扩充性、可维护性；

5）有良好的性能/价格比；

6）售后服务与技术服务好；

7）操作方便；

8）在一定时间内保持一定先进性的硬件。

7.2.3.5 网络设计

计算机网络是若干台计算机组成的、能够相互通信的实体，这些计算机之间是通过电缆和其他网络连接设备联接起来的。两台或多台计算机联接起来，就是一个网络；一个网络与另一个或多个网络联接起来，就是一个互联网络。

计算机网络系统的设计主要包括网络拓扑结构的选取、通信介质的选型、网络逻辑设计、网络操作系统及网络协议等的选择。

1）网络设计的主要内容

计算机网络的选择主要考虑的内容包括：

（1）网络拓扑结构

网络拓扑结构一般有总线型、星形、环形、混合型等，这在第1章已经介绍过了。在网络选择上应根据应用系统的地域分布、信息流量进行综合考虑。一般来说，应尽量使信息流量最大的应用放在同一网段上。

（2）网络的逻辑设计

通常首先按软件将系统从逻辑上分为各个分系统或子系统，然后按需要配备设备，如主服务器、主交换机、分系统交换机、子系统集线器（Hub）、通信服务器、路由器和调制解调器等，并考虑各设备之间的联接结构。

（3）网络操作系统

应选择能够满足计算机网络系统功能要求和性能要求的网络操作系统。一般要选用网络维护简单，具有高级容错功能，容易扩充并可靠，具有广泛的第三方厂商的产品支持，保密性好、费用低的网络操作系统。

服务器上的操作系统一般选择多用户网络操作系统，目前，流行的网络操作系统有Unix、Netware、Windows NT等。Unix历史最早，是唯一能够适用于所有应用平台的网络操作系统。其特点是稳定性及可靠性非常高，缺点是系统维护困难，系统命令枯燥。Netware适用于文件服务器/工作站工作模式，现在应用较少。Windows NT安装维护方便，具有很强的软硬件兼容能力，并且与Windows系列软件的集成能力也很强。

2）网络设计的影响因素

在网络设计时，应着重考虑下列影响因素：

（1）应具有标准的网络协议

例如TCP/IP等，便于信息系统内部及信息系统与其他系统的互联与集成。

（2）传输能力

在工程管理信息系统中，传输的信息可能是文本数据、图形、图像、声音等。网络的选择应保证快速、有效、正确地传输可能的信息。

（3）互联能力

即能联接多种机型和网络系统，为系统集成奠定基础。

（4）响应时间

所选网络系统对信息传输的响应时间应能满足用户对信息处理的要求。

（5）考虑环境条件和覆盖范围

根据用户企业/工程的环境条件和覆盖范围选择网络的类型（如广域网或局域网）以及信息传输媒体，例如用细缆或粗缆或光纤等。

（6）应考虑系统的安全性和可靠性

所选网络产品应非常成熟，运行安全、可靠。

7.2.3.6 系统环境的配置报告

在完成以上工作后，可以得到系统环境的配置报告，主要包括：

1）确定系统的网络结构体系（网络设计）

包括网络拓扑结构，传输介质，组网方式，网络设备，网络协议，网络操作系统等。如某施工承包商现场材料管理的网络设计图如图7.2所示。

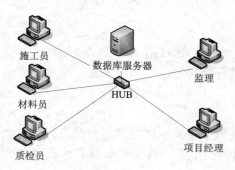

图7.2 施工承包商现场材料管理
的网络设计图

其中，传输范围：局域网；适用范围：专用网；网络拓扑结构：星型；网络协议：TCP/IP；传输介质：同轴电缆；通信方式：通过服务器进行数据交流。

2）硬件的配置

包括对C/S、B/S服务器和工作站的选择，机型、性能指标、数量、涉及的机构（或部门）、外围设备。某施工承包商现场材料管理的硬件配置为：

计算机主机（客户端）的CPU：P3 500MHz及以上；内存：256MB及以上；硬盘：4GB及以上；

网络：1Mb 及以上；联网设备：6 口 HUB 一台。

3）软件的选择（系统软件和工具软件）

包括对 C/S、B/S 分服务器和工作站上的软件选择，操作系统，网络管理软件、数据库系统，开发平台与工具。

如某施工承包商现场材料管理的操作系统：客户端——Windows XP 及以上；服务器端——Windows NT 5.0 及以上。网络协议：TCP/IP；数据库软件：FoxPro；开发工具的选择：Visual C++。

7.2.4 计算机处理流程设计

在确定了系统划分和系统的配置后，就要根据总体方案，选择各子系统的计算机处理方式（批处理、联机实时处理、联机成批处理、分布式处理等方式，也可以混合使用各种方式）。可以根据系统功能、业务处理的特点、性能/价格比等因素规划出每个子系统内部流程结构，为后面设计详细模块调用关系、模块处理等打下基础。通常采取计算机处理流程图完成本部分的工作，该图主要说明信息在新系统内部的流动、转换、存储及处理的情况。

7.2.4.1 计算机处理流程图例

计算机处理流程图，是用一系列类似计算机内部物理部件的图形符号，来表示信息在计算机内部的处理流程，图 7.3 是计算机处理流程图中常见的图例。

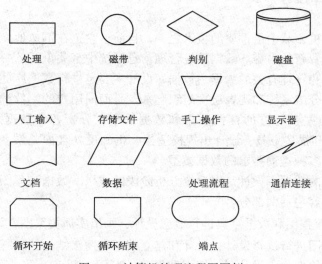

图 7.3 计算机处理流程图图例

7.2.4.2 计算机处理流程图绘制方法

首先对数据流程图进行分析，按信息处理的步骤与处理的具体内容划分为块。

然后对每一块处理的详细物理过程进行分析：讨论输入输出的内容和形式、输入的数据来源（包括手工输入、远程输入或其他）、输出的形式（显示、打印、转存、通信或其他）、所涉及的物理设备等。

最后根据各步骤先后次序与逻辑关系绘制成图。某施工承包商现场材料管理系统中

"材料使用核算"子系统的计算机处理流程图如图7.4所示。将其与第6章的图6.12进行对比。数据流程图中"外部实体"在计算机流程图中常对应为"人工输入","处理"常对应为"处理",向外部实体的输出一般对应"显示器"、"文件"或"通信连接"等。"存储"可能有"存储文件"、"文档"或"磁盘",系统备份一般采用"磁盘"。

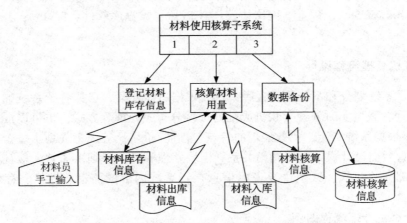

图7.4 材料使用核算子系统计算机处理流程图

7.3 系统数据库设计

数据库是计算机领域中最重要的技术之一。目前,它正在迅速地发展着,特别是在应用实践中不断丰富着新的内容。数据库是管理信息系统中至关重要的一个组成部分,它为管理信息系统存储和管理有关的数据。数据库设计主要是进行数据库的逻辑设计,即将数据按一定的分类、分组系统和逻辑层次组织起来,是面向用户的。数据库设计时要综合用户企业和工程各相关参与方的存档数据和数据需求,分析各个数据之间的关系,按照DBMS提供的功能和描述工具,设计出规模适当、正确反映数据关系、数据冗余度小、存取效率高、能满足多种查询要求的数据模型。

系统设计阶段的数据库设计是以系统分析阶段的成果,数据流程图和数据字典为依据的设计。其主要内容包括两部分:

1)根据数据流程图和数据字典进行概念设计,画出实体关系图,即E-R图;

2)根据E-R图进行逻辑设计,设计和建立数据库逻辑结构,即所有的二维表。

数据库设计往往取决于设计者的知识和经验,对同一环境,采用同一个DBMS,由不同设计者设计的数据库的性能可能相差很大。

7.3.1 数据库概念模型

用来表示概念数据模型的方法,即E-R模型,在第3章已经详细介绍过了。这里主要展示一下某施工承包商材料现场管理的E-R模型,如图7.5所示。

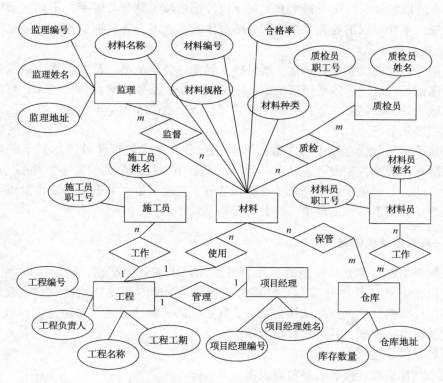

图 7.5　施工承包商现场材料管理的 E-R 模型

7.3.2　数据库设计的规范化理论

关系数据模型的逻辑结构是人们所熟悉的二维表，它由行和列组成。第 3 章已经详细介绍过相关内容了，具体请见第 3 章的 3.3 节。

规范化理论是由埃德加·考特（Edgar Frank Codd）于 20 世纪 70 年代初提出的，目的是要设计"好的"关系数据库模式。规范化是在关系型数据库中减少数据冗余的过程。除了数据以外，在数据库中，对象名称和形式都需要规范化。

关系模式要求关系必须是规范化的，即要求关系必须满足一定的规范条件。在关系型数据库中，范式是用来衡量数据库规范的层次或深度，数据库规范化层次由范式来决定。在数据规范化时，范式可以具体表现为：

1）第一范式

关系的每一个分量必须是一个不可分的数据项，此条件就是第一范式。第一范式要求：

（1）表的每格必须是单值的，数组和重复的组都不能作为值；

（2）任意一列（属性）的所有条件都必须是同一类型的，每个列有唯一的名字；

（3）表中任意两行（元组）不能相同。

2）第二范式

如果一个关系的所有非关键字属性都完全依赖于主关键字，那么该关系就属于第二范式。根据这一定义，每个以单个属性作为关键字的关系自动进入第二范式。因为关键字是一个属性，所以按缺省约定，每个非关键字属性都依赖于整个关键字，不存在部分依赖关系。满足第二范式可以消除关系中的部分函数依赖，就不会有数据更新异常问题。

3）第三范式

满足第二范式的关系也有异常，就是插入异常。要想从第二范式关系中消除异常，必须消除传递依赖。这就导致了第三范式的定义：一个关系如果满足第二范式，且没有传递依赖，则该关系便满足第三范式。第三范式要求一个数据库表中不包含已在其他表中已包含的非主关键字信息。

规范化表示从数据存储中移去数据冗余的过程。如果数据库设计达到了完全的规范化，则把所有的表通过关键字连接在一起时，不会出现任何数据的复本（Repetition）。其优点是明显的，它避免了数据冗余，自然就节省了空间，也对数据的一致性提供了根本的保障，杜绝了数据不一致的现象，同时也提高了效率。

7.3.3 关系数据结构的建立

关系数据结构的建立是按照数据库管理系统提供的数据模型，转换已设计的概念模型，即把概念模型（即 E-R 模型）转换为所选用的 DBMS 所支持的模式。关系数据结构的建立要保证数据共享，消除结构冗余，实现数据的逻辑独立性，易懂易用，有利于数据的完整性及安全性控制，且尽量降低开销。

关系数据模型建立的过程为：

1）把 E-R 模型转换成关系数据模型

E-R 模型中主要有实体和联系两类数据，其转换原则为：

（1）一个实体用一个二维表表示，实体的所有属性就是表的属性，实体的主码就是表的主码。

（2）一个联系用一个二维表表示，与该联系相连的各实体的主码以及联系本身的属性均成为此表的属性。而表的主码为联系相连的各实体的主码的组合。

通过转换，就有了关系数据模式，可以用 FoxPro 等提供的各种命令来建立库文件了。

2）确定关联的关键指标并建立关联表

在进行了上述数据规范化重组后，已经可以确保每一个基本数据表（简称为表）是规范的，但是这些单独的表并不能完整地反映事物，通常需要通过整体指标数据才能完整全面地反映问题。也就是说，在这些基本表的各字段中，所存储的是同一事物不同侧面的属性。那么，计算机系统如何能知道哪些表中的哪些记录应与其他表中的哪些记录相对应，它们表示的是否同一事物呢？这就需要在设计数据结构时，将这些表之间的数据记录关系确定下来。这种表与表之间的数据关系一般都是通过主关键字或次关键字之间的链接来实现的。因为，在每个表中只有主关键字才能唯一地标识表中的这个记录值，所以将表通过主关键字连接就能够唯一地标识某一事物不同属性在不同表中的存放位置。

3）确定单一的父系记录结构

所谓确定单一的父系记录结构，就是要在所建立的各种表中消除多对多联系（以下用 $m:n$ 来表示）的现象，即设法使得所有表中记录之间的关系呈树状结构（只能由一个主干发出若干条分支的状况）。所谓的"父系"，就是指表的上一级关系表。消除多对多联系可以借助 E-R 图的方法来解决，也可以在系统分析时予以注意，避免这种情况的发生。

消除这种 $m:n$ 联系情况的办法也很简单，只需在两表之间增加一个表，则原来的关系就改成了 $m:1$、$1:n$ 的关系了，如图 7.6 所示。工程项目表和合同表之间存在 $m:n$ 联系，通过增加一张工程项目合同表就可消除多对多联系。

工程项目表				合同表				工程项目合同表		

工程项目表

项目号	项目名	…
B3694	xxxxxx	…
D2639	xxxxxx	…
A2239	xxxxxx	…
A2361	xxxxxx	…
A4470	xxxxxx	…
A5630	xxxxxx	…
⋮	⋮	⋮

合同表

合同号	合同名	…
564372	xxxxxx	…
636962	xxxxxx	…
726264	xxxxxx	…
433667	xxxxxx	…
516646	xxxxxx	…
666124	xxxxxx	…
⋮	⋮	⋮

工程项目合同表

编号	项目号	合同号
XH5390	B3694	564372
XH5391	D2639	636962
XH5392	D2639	726264
XH5393	D2639	433667
XH5394	D2639	516646
XH5403	A2239	666124
XH5402	A2361	666124
XH5403	A4470	666124
XH5404	A5630	666124
⋮	⋮	⋮

图 7.6　消除多对多关系

4）建立整个数据库的关系结构

在进行数据基本结构的规范化重组后，还必须建立整体数据的关系结构。这一步设计完成后，数据库和数据结构设计工作才基本完成，只待系统实现时将数据分析和数据字典的内容代入所设计的数据整体关系结构中，一个规范化数据库系统结构就建立起来了。

7.4　代码设计

工程管理信息系统可以覆盖工程管理的全过程，是一种集成化的管理信息系统。要实现集成化，必须在以计算机网络支持下的物理集成的基础上实现信息集成，也就是说使整个工程范围的信息达到共享，并且在不同的参与单位之间，使信息保持完整一致而且不冗余。

为了实现信息集成，除了建立全工程范围内的信息模型外，对整个工程范围的信息进行统一的分类编码也是至关重要的。信息分类编码是利用计算机辅助工程管理必要的前提条件。一般情况下，信息的分类在先，编码在后。

7.4.1　代码设计的目的

代码就是以数字或字符来代表各种客观实体。在系统开发过程中设计代码的目的是：

1）唯一化

在现实世界中，有很多东西如果不加标识是无法区分的，这时机器处理就十分困难。所以能否将原来不确定的东西，唯一地加以标识是编制代码的首要任务。最简单，最常见的例子就是职工编号，在人事档案管理中不难发现，人的姓名不管在一个多么小的单位里都很难避免重名。为了避免二义性，唯一地标识每一个人，因此编制了职工代码。

2）规范化

即编码要有规律，符合某一类事物的聚集，提高处理的效率和精度。例如，某混凝土公司关于混凝土产品标准编码的规定，以"1"打头表示汽车泵送混凝土，其中"11"表示汽车泵送 C10 混凝土，"12"表示汽车泵送 C15 混凝土，"13"表示汽车泵送 C20 混凝土等。这样在查找或统计某一类产品时就十分方便了。如要查找汽车泵送混凝土产品，只要对文件记录进行一次排序，显示出"1"字打头的一段即可。再要细分的话，就再限定第二位，如"12"字打头的显示出来就是汽车泵送 C15 混凝土的记录。

3）系统化

系统所用代码应尽量标准化，要符合国家或行业标准，提高数据全局一致性。在实际工作中，有些编码有国家或行业标准。如在会计领域中，一级会计科目由国家财政部进行标准分类，二级科目由各部委或行业协会统一进行标准分类，而企业只能对其会计业务中的明细账目，即对三、四级科目进行分类，并且这个分类还必须参照一、二级科目的规律进行。有些需要自行编码，如合同编码、图纸编码等。

7.4.2　代码设计的原则

现行系统中，一般已经存在着一套代码系统。但是往往需要进行重新设计或修订，其中对重要代码的设计应依据国家有关编码标准，进行全面的考虑和仔细的推敲，反复修改，逐步优化。设计或优化的代码系统遵循以下原则：

1）唯一确定性

每一个代码都仅代表唯一的实体或属性。

2）标准化与通用性

国家有关编码标准是代码设计的重要依据。此外，系统内部使用的同一系列代码应做到统一。

3）可扩充性和稳定性

代码越稳定越好，但是也要考虑系统的发展和变化，一般考虑三至五年的使用期限。当增加新的实体或属性时，直接利用原代码加以扩充，而不需要重新变动代码系统。

4）便于识别和记忆

为了同时适于计算机和人工处理使用，代码不仅要具有逻辑含义，而且要便于识别和记忆。尽量不用一些易混淆的字母，如 I、O、Z 等。

5）短小精悍

代码的长度不仅会影响所占据的存贮单元和信息处理的速度，而且也会影响代码输入时出错的概率和输入、输出的速度。

6）容易修改

当某个代码在条件、特点或代表的实体关系改变时，容易进行变更。

7.4.3　代码的分类

图 7.7 是代码的基本分类，在实际设计中，可以根据需要进行选择，或将不同类型组合起来使用。

1）有序码

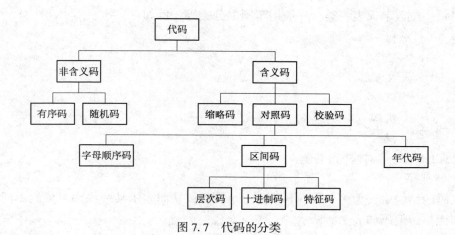

图 7.7　代码的分类

这种编码方法是将要编码的对象按照一定的规则，如发生的顺序、大小的顺序等，分配给连续的顺序号码，通常从 1 开始。如某建筑施工企业有 1600 名员工，则员工的职工号可以为：张平的职工号为 0001，王立的职工号为 0002……李斯的职工号为 1600。

有序码的特点是简单明了，位数少，易于追加，易于管理。但有序码因为没有逻辑含义作基础，一般不能说明信息的任何特性，因而不能用于分类处理等场合。同时追加的部分只能列在最后，删除时容易造成空码。

通常，有序码是用于比较固定的永久性编码，或者和其他编码方式配合使用。

2）缩略码

即从编码对象名称中选几个关键字母作为代码，例如：

Cont 合同（Contract）

Inv. No 发票号（Invoice Number）

3）区间码

区间码把数据项分成若干组，每一区间代表一个组，有不同的含义。这样，码中的数字和位置都代表一定意义。区间码又分为以下类型：

（1）层次码

在码的结构中，为数据项的各个属性各规定一个位置（一位或几位），并使其排列符合一定层次关系。例如，某施工企业的组织机构的层次码如表 7.1 所示。

层次码示例　　　　　　　　　　　　　　　　　　　　　　　表 7.1

公司级	科室级	小组级
1—总公司	1—财务科	1—审核预算组
2—江苏分公司	2—技术科	2—审查设备组
……	……	3—价款结算组

依据表 7.1，代码 112 就代表总公司财务科审查设备组。

（2）十进制码

码中每一位数字代表一类，一般用于图书分类等，例如：

500. 自然科学
510. 数学
520. 天文学
530. 物理学
531. 机构
531.1 机械
531.1.1 杠杆和平衡

（3）特征码

在代码的结构中，为多个属性各规定一个位置，从而表示某一编码对象的不同方面特征，例如地板砖编码如表 7.2 所示。

特征码示例 表 7.2

类 别	尺 寸	材 料
N（室内砖）	800×800	B（玻化砖）
W（室外砖）	600×600	P（抛光砖）
	500×500	F（防滑砖）

例如：某一种砖的编码为 N800×800B，则代表尺寸为 800×800 的室内玻化砖。

在区间码中，由于数字的值与位置均代表一定意义，故使排序、分类、检索容易进行，缺点是有时造成码很长。

4）校验码

校验码又称编码结构中的校验位。为了保证正确的输入，有意识地在编码设计结构中原代码的基础上，通过事先规定的数学方法计算出校验码（一位或两位），附加在原代码的后面，使它变成代码的一个组成部分；使用时与原代码一起输入，此时计算机会用同样的数学运算方法按输入的代码数字计算出校验位，并将它与输入校验位进行比较，以检验输入是否有错。

校验码可以检查出移位错（如 1234 记录为 1243），双重移位错（如 1234 记录为 1432），抄写错（如 1234 记录为 1235）及其他错误（如 1234 记录为 2434）等。

产生校验码的方法有多种，各具有不同优缺点。通常根据使用设备的复杂程度或功能，以及某项应用要求的可靠性而决定采取哪种方法。

7.4.4 代码设计的一般步骤

严格地讲，代码设计从编制数据字典就开始了。代码对象主要是数据字典中的各种数据元素。代码设计的结果形成代码本或代码表，作为其他设计和编程的依据。代码设计一般包括以下七个步骤：

1）明确代码目的

即为什么要编制代码。

2）确定编码对象

即先确定哪些对象需要进行编码。

3）对编码对象进行分类

分析代码对象的特征，包括代码使用频率、变更周期、追加及删除情况等，进行分类。

4）编码

根据编码对象的分类，考虑选择不同的代码类型。编码时要考虑代码的使用范围和期限，决定采用何种代码，确定代码结构及内容。

5）设计校验码

为了通过程序检查输入代码的正确性，可以利用在原代码基础上附加校验位的方法。校验位的值是通过数学计算得到的，程序检查时，通过对代码有关位的计算来核对校验位的值，如果不一致则查出代码有误。

6）编制代码表

7）代码维护设计

7.5　输入/输出及界面设计

系统输入输出（I/O）设计是一个在系统设计中很容易被忽视的环节，又是一个重要的环节，它对于今后用户使用的方便性、安全性和可靠性都十分重要。一个好的输入系统设计可以为用户和系统双方带来良好的工作环境，一个好的输出设计可以为管理者提供简捷、明了、有效、实用的管理和控制信息。

在实现系统开发过程中输入输出及界面设计所占的比重较大。以某厂开发的系统为例，在涉及全厂生产、经营、财务、销售、物资供应等 12 个子系统中，与输入/输出界面相关的程序占总程序量的 65%左右。

7.5.1　输入设计

输入设计对系统的质量有着决定性的重要影响：输入数据的正确性直接决定处理结果的正确性，同时，输入设计是信息系统与用户之间交互的纽带，决定着人机交互的效率。

在输入设计中，提高效率和减少错误是两个最根本的原则。输入设计主要包括输入方式设计、输入格式设计和校对方式设计。

1）输入方式设计

输入方式的设计主要是根据总体设计和数据库设计的要求，来确定数据输入的具体形式。常用的输入方式有：键盘输入，模/数、数/模输入，网络传送数据，磁/光盘读入等几种形式。通常在设计新系统的输入方式时，应尽量利用已有的设备和资源，避免大批量的数据重复键盘输入。因为键盘输入不但工作量大，速度慢，而且出错率较高。

（1）键盘输入

即使用键盘进行输入，有多种输入法可以进行选择。目前的键盘输入法种类繁多，而且新的输入法不断涌现，各种输入法各有各的特点，各有各的优势。随着各种输入法版本的更新，其功能越来越强。但是这种输入方式速度较慢，工作量大，且容易出错，主要适用于常规的、少量的数据输入。

无论多好的键盘输入法，都需要使用者经过一段时间的练习才可能达到基本要求的速度，至少用户的指法必须很熟练才行，对于并不是专业电脑使用者来说，多少会有些困难。所以，现在有许多人想另辟蹊径，不通过键盘而通过其他途径，省却了这个练习过程，让所有的人都能轻易地输入汉字。我们把这些输入法统称为非键盘输入法，它们的特点就是使用简单，但都需要特殊设备。

（2）模/数、数/模输入

这种输入是目前比较流行的基础数据输入方式。这是一种直接通过光电设备对实际数据进行采集，并将其转换成数字信息的方法，是一种既省事，又安全可靠的数据输入方式。这种方法最常见的有如下五种：

①条码（棒码）输入

即利用标准的商品分类和统一规范化的条码贴（或印）于商品的包装上，然后通过光学符号阅读器（Optical Character Reader，OCR）来采集和统计商品的流通信息。这种数据采集和输入方式现已普遍地被用于商业、企业、工商、质检、海关、图书馆等信息系统中。

②扫描仪输入

这种方式实际上与条码输入是同一类型的。它大量地被使用在图形/图像的输入、文件/报纸的输入、标准考试试卷的自动阅卷、投票的统计等应用中。

③传感器输入

即利用各类传感器和电子衡器接收和采集物理信息，然后再通过 A/D 板将其转换为数字信息。这也是一种用于采集和输入生产过程数据的方法。

（3）语音输入

顾名思义，是将声音通过语音识别系统，利用声频转换器和语音分析手段，与预先存入系统的语音特征参量对比，通过逻辑判断完成识别与辨认。虽然使用起来很方便，但错字率仍然比较高，特别是一些未经训练的专业名词以及生僻字，而且在硬件方面要求电脑必须配备能进行正常录音的声卡。

（4）网络传送数据

这既是一种输出信息的方式，又是一种输入信息的方式。对下级子系统它是输出，对上级主系统它是输入。使用网络传送数据可以安全、可靠、快捷地传输数据。

（5）磁/光盘读入数据

即数据输出和接收双方事先约定好待传送数据文件的标准格式，然后再通过软盘/光盘传送数据文件。这种方式不需要增加任何设备和投入，是一种非常方便的输入数据方式，目前还常被用在主/子系统之间的数据联接上。

2）输入格式设计

在设计数据输入格式时，应严格按照数据库设计时产生的数据字典，遵循代码设计的实际标准，统一格式。常见的输入格式有简列式、表格式和全屏幕编辑方式。

（1）简列式

这种输入格式一般适用于一组相关的数据项，按顺序排成几列，输入时按顺序逐个地键入数据，这种输入格式简单、直观，容易用程序实现。原材料入库单的简列式输入格式如图 7.8 所示。

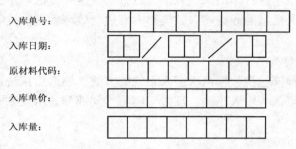

图 7.8　原材料入库单的简列式输入格式

（2）表格式

这种输入格式排列成空白表格的格式，符合日常输入习惯。使用时要注意安排屏幕，与数据载体格式一样。企业职工个人资料表的表格式输入如图 7.9 所示。

职工 代码		姓名		姓别		籍贯	
出生 年月		政治 面貌		文化 程度		职务	
部门		职称		参加 工作 时间			
工资		电话		邮编			

图 7.9　企业职工个人资料表的表格式输入格式

（3）全屏幕编辑方式

一般由数据库语言提供，采用移动指针或选择字段的方式进行输入。这种输入格式操作方便，实时性高，编程简单。图 7.10 是 Foxpro 提供的全屏幕编辑方式，通过移动指针进行输入。

在一些旧系统改造过程中，实际数据输入时（特别是大批量的数据统计报表输入时）有时会遇到统计报表（或文件）结构与数据库文件结构不完全一致的情况。这时应尽量严格参照有关标准，统一格式，不能随意更改数据库结构。特殊情况下可编制一个转换

XH	YY	SX	YW	JSJ
9801	89	90	80	95
9802	90	80	80	80
9803	89	86	90	80
9804	70	78	89	86

图 7.10　全屏幕编辑方式

模块，以适应其特殊要求。现在还可以采用智能输入方式，由计算机自动将输入数据送至不同表格中。

3）校对方式设计

输入校对方式的设计也是非常重要的。特别是针对数字、金额等字段，没有适当的校对措施作保证是很危险的。对一些重要的报表，输入设计一定要考虑适当的校对措施，以减少出错，但绝对保证不出错的校对方式是没有的。常用校对方式有：

（1）人工校对

即输入数据后再显示或打印出来，人工进行校对。这种方法对于少量的数据或控制字符输入还可以，但对大批量的数据输入就显得太麻烦，效率太低。这种方式在实际系统中很少使用。

（2）二次键入校对

二次键入是指一种同一批数据两次键入系统的方法。输入后系统内部再比较这两批数据，如果完全一致则可认为输入正确；反之，则将不同部分显示出来有针对性地由人工来进行校对。

（3）用程序设计实现校对

用程序设计实现校对又可以分为如下六种：

①格式校对

即检验数据记录中各数据项的位数和位置是否符合预先规定的格式，例如数据项规定为 16 位，而实际输入时的最大位数为 15 位，则该数据项的最后一位一定是空白，若不是空白，则认为该数据项有误。

②逻辑校对

根据各种数据的逻辑型，校验数据值是否合理。如日期型数据中月份只能是 1~12 个整数，超出这个范围或者出现小数、负数，肯定是错误数据。

③界限校对

对要求完整性控制的字段，若在数据库设计时已知取值区间（可允许取值的上、下限，或只用一个上限或下限来确定），就要检查某项输入值是否位于规定范围之内。如某项材料价格最少为 100 元，若该项数据小于 100 元，肯定有错。

④排列校对

检查顺序排列的记录，若要求输入数据无缺号时，通过顺序校对可以发现被遗漏的记录。又如，要求记录的序号不重复时，也可查出有无重复的记录。可利用数据表的外键（取值集所在表的主键）进行排列校对。

⑤计数校对

通过计算记录个数，检查记录是否有遗漏或重复。不仅对输入数据，而且对处理数据、输出数据及错误数据的个数等均可进行计数校对。

⑥平衡校对

检查数字的合计是否正确。例如检查统计报表中，各小计之和是否等于"合计"，各"合计"之和是否等于"总计"等。

为了保证输入数据正确无误，数据输入过程中需要通过程序对输入的数据进行严格的校验。这些体现在数据库的完整性设计中，也体现在输入设计中。

7.5.2　输出设计

在系统设计中，输出设计占据很重要的地位。因为计算机系统对输入的数据进行加工处理的结果，只有通过输出才能让用户所使用，故输出的内容与格式是用户最关心的问题。一般对输出信息的基本要求是：准确、及时、适用。能否达到上述三点基本要求是评价管理信息系统优劣的标志之一。

输出设计的步骤包括：

1）确定输出类型

输出类型包括内部输出和外部输出两种。其中，内部输出是指一个处理过程（或子系统）向另一个处理过程（或子系统）的输出，外部输出是指向计算机系统外的输出。

2）确定输出方式（设备与介质）

常用的输出设备有打印机、磁带机、磁盘、光盘等，输出介质有打印纸、磁带、磁盘、多媒体介质等。这些设备和介质各有特点，应根据用户对输出信息的要求，结合现有设备和资金进行选择。

3）设计输出内容

用户是输出信息的主要使用者，因此，进行输出设计时，首先要确定用户在使用信息方面的要求，包括使用目的、输出速度、数量、安全性等。输出信息的内容设计包括输出内容的项目名称、项目数据的类型、长度、精度、格式设计、输出方式等。

输出信息直接服务于用户，在设计过程中，系统设计员应深入了解用户的信息要求，与用户充分协商。

7.5.3 界面设计

用户界面（User Interface）是系统与用户之间的接口，也是控制和选择信息输入/输出的主要途径。用户界面设计应坚持友好、简便、实用、易于操作的原则，尽量避免过于繁琐和花哨。当然要设计一个十分友好的操作界面，不仅需要计算机方面的业务知识，还需要美工等方面的综合知识。

1）界面设计原则

（1）用户导向原则

设计界面要站在用户的观点和立场上来考虑，因此必须要和用户进行沟通，了解他们的需求、目标、期望和偏好等。用户之间差别很大，他们的能力各有不同。比如有的用户的计算机使用经验比较初级，对于复杂一点的操作会感觉到很费力。而且用户使用的计算机配置也是千差万别，包括显卡、声卡、内存、操作系统以及浏览器等都会有所不同。如果忽视了这些差别，设计出的界面在不同的机器上显示就会造成混乱。

（2）KISS 原则

KISS 是"Keep It Simple & Stupid"的缩写，简洁和易于操作是界面设计的最重要的原则。没有必要在界面上设置过多的操作，堆积上很多复杂和花哨的图片。因此，操作设计尽量简单，并且有明确的操作提示；所有的内容和服务都在显眼处向用户予以说明等。

（3）色彩的搭配

颜色是影响界面的重要因素，不同的颜色对人的感觉有不同的影响，例如：红色和橙色使人兴奋并使得心跳加速；黄色使人联想到阳光，是一种快活的颜色；黑色显得比较庄重。要为界面设计选择合适的颜色，而且在颜色搭配上也要注意，如菜单中两个邻近的功能或子系统选择之间，可以考虑交替使用深浅不同的对比色调，以使他们的之间的变化更为明显。

此外，界面的整体风格要同用户企业形象相符。

2）界面设计方法

界面设计包括菜单方式、会话方式、操作提示方式等。

（1）菜单方式

菜单（Menu）是信息系统功能选择操作的最常用方式。按目前软件所提出的菜单设计工具，菜单的形式可以是下拉式、弹出式的。也可以是按钮选择方式的（如 Windows 下所设计的菜单多属这种方式）。菜单选择的方式也可以是移动光棒，选择数字（或字母），鼠标驱动或直接用手在屏幕上选择等多种方式。

设计菜单时，一般应安排在同一层菜单选择中，功能尽可能多，而进入最终操作层次尽可能少。一般功能选择性操作最好让用户一次就进入系统，只有在少数重要执行性操作时，如删除操作，才设计让用户选择后再确定一次的形式。

在系统开发中，经常会使用下拉式菜单来描述前面所确定的系统或子系统功能。下拉式菜单方便、灵活，便于统一处理。在实际系统开发时，编制一个统一的下拉式菜单程序，而将菜单内的具体内容以数据的方式存于一个菜单文件中，使用时先打开这个文件，读出相应的信息，这个系统的菜单就建立起来了。按这个方法，只要在系统初始化时简单输入几个汉字，定义各自的菜单项，一个大系统的几十个菜单就都建立起来了。

（2）会话管理方式

在所有的用户界面中，几乎毫无例外地会遇到人机会话问题，最为常见的有：当用户操作错误时，系统向用户发出提示和警告性的信息；当系统执行用户操作指令遇到两种以上的可能时，系统提请用户进一步地说明。这类会话通常的处理方式是让系统开发人员根据实际系统操作过程将会话语句写在程序中。

（3）提示方式

为了操作使用方便，在系统设计时，可设置提示标签，即当鼠标移到某个按钮或其他控件上时，弹出小提示框对该控件的功能进行简要描述。另一种操作提示设计方式则是将整个系统操作说明书全送入到系统文件之中，并设置系统运行状态指针。当系统运行操作时，指针随着系统运行状态来改变，当用户按"帮助"键时，系统则立刻根据当前位置调出相应的操作说明。

7.6 模块功能与处理过程设计

7.6.1 概述

模块功能与处理过程设计是系统设计的最后一步，也是最详细地涉及具体业务处理过程的一步。它在概要设计基础上，对总体结构设计中产生的功能模块进行过程描述，设计功能模块的内部细节，解决如何实现各个模块的内部功能。即为设计模块内详细算法、内部数据结构和程序逻辑结构。

结构化系统设计的核心是模块分解设计，由于组成系统的模块彼此独立，因此，能够对模块进行单独维护和修改，而不会影响系统中的其他模块。模块化显著提高了系统的可修改性和可维护性。

系统模块功能与处理过程设计的描述工具是 HIPO（Hierarchy Plus Input‐process‐output）图。通常，HIPO 图方法由两个基本图表组成。

1）层次模块结构图

描述整个系统的设计以及各类模块之间的关系。

2）IPO图

描述某个特定模块内部的处理过程和输入/输出关系。

7.6.2 层次模块结构图

7.6.2.1 概述

层次模块结构图也称层次图。它不仅表示了一个系统（功能模块）的层次分解关系，还表示了模块的调用关系和模块之间数据流及控制流信息的传递关系。层次模块结构图是结构化系统设计的一种重要图表工具，与数据流程图、系统划分图和代码表一起形成了结构化系统分析与设计技术的主要图表体系。

7.6.2.2 基本符号说明

1）层次模块结构图

层次模块结构图是由美国Yourdon公司于1974年提出的，它是目前用于表达系统内各部分的组织结构和相互关系的主要工具。它是用一组特殊的图形符号按一定的规则描述系统整体结构的图形，是系统设计中反映系统功能模块层次分解关系、调用关系、数据流和控制信息流传递关系的一种重要工具。模块结构图的基本符号如图7.11所示。模块结构图由模块、调用、数据流、控制流四种基本符号组成。

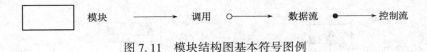

图7.11 模块结构图基本符号图例

2）模块

模块（Module）就是具有输入和输出、逻辑功能、运行程序、内部数据四种属性的一组程序过程，是可以组合、分解和更换的单元，是组成系统、易于处理的基本单位。在本书中，系统中的任何一个处理（即加工）都可以看作是一个模块。在结构图中，模块用矩形框表示，并用模块的名字标记它。模块名称标注在方框内部，模块的名字应当能够表明该模块的功能，通常由一个名词和一个作为宾语的名词构成。结构图中最底层的模块通常称为基本模块或功能模块，功能模块的命名必须使用确切含义并能表明该功能的动词，不能使用"做"、"处理"等含糊的动词。不过对包含多种管理和控制功能的非功能模块，并不要求一定使用有明确含义的动词。对于现成的模块，则以双纵边矩形框表示。模块的表示如图7.12所示。

3）调用

调用是模块图中模块之间唯一的联系方式，它将系统中所有模块结构化地、有序地组织在一起。在模块结构图中，用连接两个模块的箭头表示调用。箭头总是由调用模块指向被调用模块，但是应该理解成被调用模块执行后又返回到调用模块。

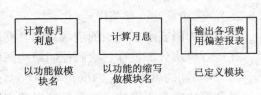

图7.12 模块的表示

如果一个模块是否调用一个从属模块决定于调用模块内部的判断条件，则该调用称为模块间的判断调用，采用菱形符号表示。如果一个模块通过其内部的循环功能能循环调用一个或多个从属模块，则该调用称为循环调用，用弧形箭头表示。

模块间的三种基本调用关系如图 7.13 所示。

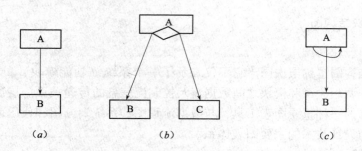

图 7.13　调用示意图

（a）A 调用 B；（b）A 判断调用 B，C；（c）A 循环调用 B

4）数据流

当一个模块调用另一个模块时，调用模块可把数据传送到被调用模块进行处理，而被调用模块又可以将处理结果送回调用模块。在模块之间传送的数据，使用带空心圆的箭头表示，并在旁边标上数据名称或者编号，箭头的方向为数据传送的方向。图 7.14（a）表示模块 A 带数据 b 调用模块 B，返回时带数据 a。

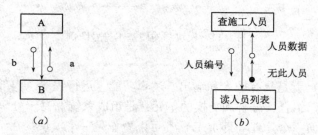

图 7.14　数据流和控制流示意图

5）控制流

为了指导下一步的执行，模块间还必须传送某些控制信息。如数据输入完成后给出的结束标志，文件读到末尾时所产生的文件结束标志等。控制信息与数据的主要区别是前者只反映数据的某种状态，不必进行处理。在模块结构图中，用带实心圆点的箭头表示控制流，控制流名称或编号标注在旁边。如图 7.14（b）中"无此人员"就是表示送来的人员编号有误的控制信息。

7.6.2.3　模块设计的有关规定

控制结构图表示了模块的组成结构及模块间的调用关系，为了使系统结构设计比较合理，在进行模块分解设计，绘制控制结构图的过程中，应遵循以下几项基本原则：

1）模块间的凝聚性（内聚）要好。

每个模块要有明确的任务，每项任务应该由尽量少的模块来完成，以免造成修改、更新复杂或出现遗漏等问题。模块的内聚是用来描述模块内各部分之间逻辑关系紧密程度的，通过内聚可以反映模块的优劣。如果一个模块内部相关性非常高，并且只具有一个功能，就称模块内聚程度高。

2）若某一模块要与其邻近的同级模块发生联系，必须通过它们各自的上级模块进行传递。

3）整个系统呈树状结构，不允许有网状结构或交叉调用关系。

4）所有模块都必须严格分类编码并建立归档文件。

7.6.2.4 从数据流程图导出初始结构图

在系统分析阶段，通过结构化分析方法可以获得数据流程图等描述系统的逻辑模型。在系统设计阶段，可以以数据流程图为基础设计系统的层次模块结构图。绘制模块结构图的过程，实际上就是把数据流程图转变为所需要的模块结构图的过程。

1）基本步骤

（1）分析数据流程图

必须仔细研究和分析数据流程图，对照数据字典，查看数据流程图的输入、输出数据流和加工是否有遗漏或分解不合理之处。

（2）确认数据流程图是属于变换型还是事务型

一般来说，所有的数据流程图都可以看作是变换型的。但如果数据流程图具有明显的事务型特征，则采用事务型设计方法更合适。当系统规模较大时，数据流程图可能会很复杂，可能在某些局部具有很明显的事务型数据流程图的放射状特征，此时应注意系统的核心功能是否在该放射状特征所在的加工中，如果核心功能不在该处，则该处不是整个系统的事务中心。最底层的数据流程图如果很复杂，可适当参照上层的数据流程图来进行判断。

（3）按照不同类型的方法将数据流程图转换为初始模块结构图

（4）初始模块结构图的优化

2）数据流程图的结构类型

根据数据流程图的特点，可以将其分为变换型和事务型两种基本类型。

在介绍两种基本类型之前，先介绍几个有关数据流程图的概念。

①物理输入（出）：直接来自（去向）外部数据源（池）的输入（出）数据流。

②逻辑输入（出）：指距离物理输入（出）段最远，且仍被看作输入（出）的数据流的那个数据流。

③逻辑输入（出）路径：指由物理输入（出）到逻辑输入（出）沿（逆）数据流方向所经过的各加工和数据流组成的通路。

④逻辑输入（出）部分：指逻辑输入（出）路径的集合。

其中，逻辑输入部分是系统的输入部分，在逻辑输入路径上的各加工实际上是把外部的物理输入数据，由外部形式转换为系统的内部形式，是为变换部分作预处理。通常所做的工作包括数据编辑、有效性检查、格式转换等。逻辑输出部分是系统的输出部分，在逻辑输出路径上的各加工实际上是把输出数据从内部形式转换成适合外部设备所要求的输出格式，为真正的物理输出作预处理。所做的工作通常包括格式转换、缓冲处理、组成物理块等。

（1）变换型数据流程图

如果一个数据流程图可以明显地分为输入、处理和输出三部分，那么这种流程图就是变换型的。在变换型的数据流程图中，尽管输入和输出部分也有一些处理功能，但是执行的处理功能是在处理部分完成的，因此，处理部分是"变换中心"。图7.15（a）是一个变换型的数据流程图。

应注意的是，并不是所有变换型数据流程图都完整的具备输入、变换、输出三部分，有的可能只是其中的两部分。

（2）事务型数据流程图

事务型结构通常都可以确定一个处理逻辑为系统的事务中心，该事务中心应该具有以下四种逻辑功能：获得原始的事务记录；分析每一个事务，从而确定它的类型；为这个事务选择相应的逻辑处理逻辑；确保每一个事务都能得到完全的处理。

事务型数据流程图一般呈束状形，即一束数据流平行输入或输出，可能同时有几个事务要求处理或加工，如图7.15（b）所示就是事务型的数据流程图。

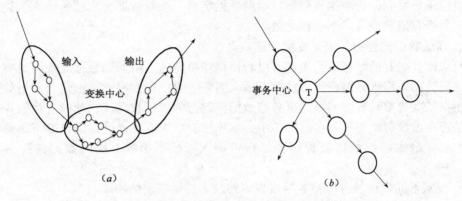

图 7.15　变换型和事务型数据流程图
（a）变换型；（b）事务型

3）转换策略

由数据流程图向初始模块结构图的转换，通常采用两种方法，对于变换型数据流程图，采用以转换为中心的设计方法，而事务型数据流程图则采用以事务为中心的设计方法。

（1）以转换为中心的设计

该方法是根据数据流程图绘制模块结构图的一种重要分析方法。其基本思想是以数据流程图为基础，先找出变换中心，逻辑输入部分和逻辑输出部分，确定按照"自顶向下"的设计原则逐步细化，最后得到一个满足数据流程图所表达的用户要求的模块结构。

①设计顶层模块

顶层模块反映系统整体功能或主要功能，所以"顶"应在变换中心，应按变换中心整体功能或关键处理来命名顶层模块。顶层模块的作用是协调和控制下层模块并接收和发送数据，所以顶层模块通常称为控制模块，下层特别是底层模块称为功能模块。

②设计第一层模块

设计第一层模块有两种不同的方法，实际上它们基本上是一致的，下面分别介绍这两种方法。

a）第一种方法

为每个逻辑输入设计一个输入模块，该模块负责向顶层模块输入该数据流；为变换中心设计一个"变换控制模块"以实现所需要的变换功能；为每个逻辑输出设计一个输出模块，为该模块实现该数据流的输出。图 7.16 是一张变换型数据流程图的示意图。

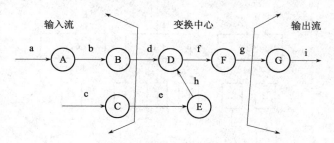

图 7.16   变换型数据流程图的示意图

采用第一种方法导出的初始层次模块结构图如图 7.17 所示，第一层共有四个模块，分别对应两个逻辑输入、变换中心和一个逻辑输出。

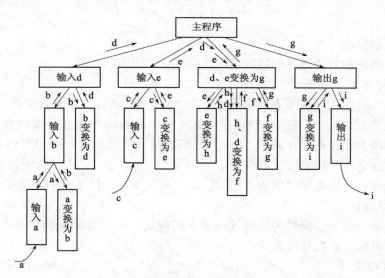

图 7.17   变换型数据流程图导出层次模块结构图的第一种方法

b）第二种方法

如图 7.18 所示，设计 CI 、CT 、CO 三个模块。它们的功能分别是：

CI ：输入控制模块，由它协调所有输入数据的接收和预加工，并向顶层模块发送所需的数据，由顶层模块发送给变换中心。

CT ：变换控制模块，负责系统内部数据的变换，把输入数据变换（逻辑输入）为可供输出的数据（逻辑输出）。

CO ：输出控制模块，负责数据的加工和实现物理输出。

当逻辑输入/输出路径较多时，模块结构的第一层模块数目将很多，顶层主控模块的复杂性较高，采用第二种方法相对来说更为合适，不管有多少逻辑输入路径和逻辑输出路径，第一层模块的数目是固定的。当逻辑输入/输出路径很少时，第一种方法优于第二种方法。

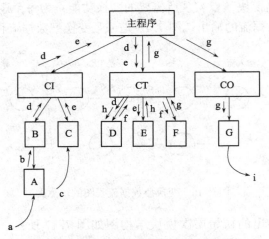

图 7.18　变换型数据流程图导出层次模块
结构图的第二种方法

③设计下层模块

设计下层模块的方法随设计第一层模块的方法不同而不同。

a) 第一种方法

为每个输入模块设计两个下层模块：一是"输入模块"，用于输入或接受所需的数据；另一个是"变换模块"，将输入的数据变换为所要求的数据。此过程递归重复进行，直到物理输入数据流为止。例如在图 7.17 中，我们为第一层模块"输入 d"设计两个下层模块，一个是"输入 b"用于接收数据 b，另一个是"b 变换为 d"。由于数据流 b 还不是物理输入数据流，所以按照同样的方法为模块"输入 b"设计了两个下层模块，即"输入 a"和"a 变换为 b"。

对于每个输出模块，同样为其设计两个下层模块：一个是"变换模块"，将调用模块提供的数据变换成要求的输出形式；另一个是"输出模块"，向下层的输出模块发送数据。此过程也是递归重复进行，直到物理输出为止。例如，图 7.17 中的第一层模块"输出 g"，为其设计了两个下层模块，一个是将数据"g 变换为 i"，另一个是"输出 i"。

为变换控制模块设计下层模块没有一定规则可以遵循，应根据数据流程图中处理的具体情况进行。一般来说，应为每一个基本处理设计一个功能模块。图 7.17 中即采取了此种方法，为变换控制模块"d、e 变换为 g"设计了三个下层模块，即"e 变换为 h"、"h、d 变换为 f"和"f 变换为 g"。

b) 第二种方法

如果设计第一层模块时采取的是第二种方法，则设计下层模块时应按下面的方法进行。先为数据流程图上的每个基本处理设计一个模块，直接把基本处理映射为模块。从数据流程图中变换中心的边界沿每个逻辑输入路径逆数据流方向向外移动，将逻辑输入路径上的每一个处理映射成软件结构中输入控制模块 CI 的一个下层模块，直到物理输入为止。再从每一个逻辑输出出发，沿逻辑输出路径顺数据流方向向外移动，将输出路径上的每个处理映射为输出控制模块 CO 的一个下层模块，直到物理输出为止。最后将变换中心的每个处理映射成控制变换模块 CT 的一个下层模块，如图 7.18 所示。

（2）以事务为中心的设计

该方法是根据数据流程图得到模块结构图的另一种主要分析方法。当进入系统的业务处理有若干种，需要根据判断处理模块的处理结果确定进行不同的业务处理时，就必须采用事务中心分析。

由事务型的数据流程图导出层次模块结构时，首先应设计一个顶层模块或称为总控模块。它有两个功能：一是接受事务数据，二是根据事务类型调度相应的处理模块，以实现处理该事务的动作序列。所以，事务型数据流程图导出的模块结构包括两个分支：

①接收分支：负责接收数据，并将其按照事务所要求的格式实现输入数据的变换。接收分支的设计方法，可参照变换型数据流程图输入部分的设计方法。

②发送分支：通常包括一个调度模块。调度模块下层按照数据流程图上画出的事务种类数设计相应的处理模块。每个事务处理模块的下层模块，则按照数据流程图上该事务的处理序列所形成的相应的数据流类型映射成相应的结构。

图 7.19 是事务型数据流程图导出的初始层次模块结构图，图中"多种业务处理"为总控模块，"业务调度"为调度模块。图中"处理业务 A"、"处理业务 B"和"处理业务 C"的下层模块未给出，可直接按照数据流程图中的处理——映射。

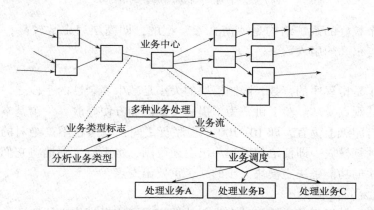

图 7.19　事务型数据流程图导出初始层次模块结构

在大多数系统结构设计中，数据流程图也许不完全属于变换型或事务型的，很可能是两者的结合，因此一般是两种分析方法同时结合起来使用，从而导出系统的初始结构图。

7.6.2.5　结构图的优化

将系统的初始结构图根据"降低耦合度，提高聚合性"的原则进行优化，对模块进行合并、分解、修改、调整，得到易于实现、易于测试和易于维护的模块结构。除了上述两项原则外，还存在着若干辅助性的优化技巧，可以帮助改进系统设计，产生设计文档的最终结构图。

1）系统的深度和宽度

系统的深度表示系统结构图的层数，宽度则表示同一层次上模块个数的最大值。深度和宽度标志着一个系统的大小和复杂程度，它们之间有一定的比例关系，即深度和宽度均要适当。

2）模块的扇入和扇出数

模块的扇入数是指模块的直接上层模块的个数，反映了该模块的通用性。图7.20（a）中模块 A 的扇入数等于 3。如果一个规模很小的底层模块的扇入数为 1，则可把它合并到其上层模块中去。若其扇入数较大，则不能向上合并，否则将导致对该模块作多次编码和排错。

模块的扇出数是指一个模块拥有的直接下层模块的个数。图7.20（b）中模块 A 的扇出数等于 3。如果一个模块具有多种功能，应当考虑做进一步分解，反之，对某个扇出数过低，如为 1 或 2 的模块，也应进行检查。一般来说，模块的扇出数应在 5~7 之内比较好。

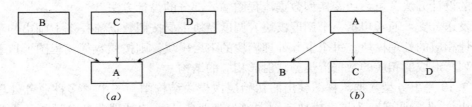

图 7.20　模块的扇入和扇出
（a）模块的扇入数；（b）模块的扇出数

通常，一个较好的系统结构是"清真寺"型的，即高层扇出数较高，中层扇出数较少，底层模块有很高的扇入数。

3）模块的大小

模块的大小是指程序的行数，限制模块的大小是减少复杂性的手段之一。模块多大最好有许多不同的观点。从经验上讲，为了提高可读性和方便修改，一个基本模块的程序量以能印在一张打印纸上为宜，即 10~100 个程序行之间，当然这不是绝对的，例如一个复杂的数学公式计算模块，即使语句远远超出上述范围，也不应生硬地将它们分成几个小模块。因此，模块的功能是决定模块大小的一个重要出发点。

4）消除重复的功能

设计过程中如果发现几个模块具有类似的功能，则应对模块进行必要的分解或合并处理，设法消去其中的重复功能。因为同一功能的程序段多次出现，不仅浪费编码时间，而且会给调试和维护带来困难。

5）作用范围和控制范围

一个判定作用范围是指所有受这个判定影响的模块。若某一模块中只有一小部分操作依赖于这个判定，则该模块仅仅本身属于这个判定的作用范围；若整个模块的执行取决于这个判定，则该模块的调用模块也属于这个判定的作用范围。

模块的控制范围是指模块本身及其所有的下属模块。控制范围完全取决于系统的结构，它与模块本身的功能没有多大关系。

一个好的模块结构，应该满足以下条件：判定的作用范围应该在判定所在模块的控制范围内，判定所在模块层次结构中的位置不能太高。

6）其他优化建议

在设计时，还有一些其他方面的考虑，如应设计单入口、单出口的模块，从而使模块间不出现内容耦合；模块应设计成"暗箱"形式，只完成一个单独的子功能；力求模块的接口简单，根据具体情况设计模块内容等。

施工承包商现场材料管理系统中"材料使用核算"的层次模块结构图如图 7.21 所示，和图 6.12"材料使用核算"的数据流程图是对应的。

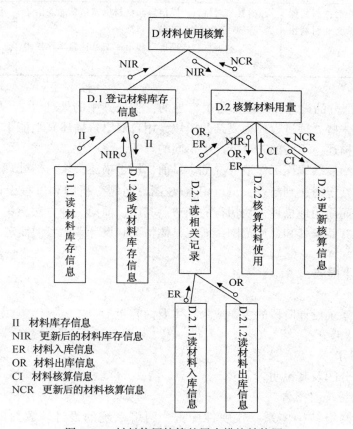

图 7.21　材料使用核算的层次模块结构图

7.6.3　IPO 图

IPO 图是对每个模块进行详细设计的工具，它是输入加工输出（Input Process Output）图的简称。在系统的层次模块结构图形成过程中，产生了大量的模块，在进行详细设计时开发者应为每一个模块写一份说明。IPO 图就是用来说明每个模块的输入、输出数据和数据加工的重要工具。

IPO 图的设计因人而异，但都必须包括输入（Input）、处理（Processing）和输出（Output），以及与之对应的数据库、文件、在总体结构中的位置等信息。最后的备注栏一般用于记录一些该模块设计过程中的特殊要求。图 7.21 材料使用核算中"核算数据"模块的 IPO 图如表 7.3 所示。

核算材料使用的 IPO 图   表 7.3

IPO 图编号（即模块号）：D. 2. 2		HIPO 图编号：D. 0. 0	
模块名称：核算材料使用	设计者：×××	使用单位：×××	编程要求：FoxPro
输入部分（I）	处理描述（P）		输出部分（O）
上组模块送入更新后的材料库存信息，材料入库信息和材料出库信息	（1）核对材料入库信息和材料出库信息的差值是否与更新后的材料库存信息相符； （2）根据材料入库信息和出库信息计算库存使用数据		将材料核算信息返回上一级调用模块

　　IPO 图其他部分的设计和处理都是很容易的，唯独其中的处理（P）描述部分较为困难。因为，对于一些处理过程较为复杂的模块，用自然语言描述其功能十分困难，并且对于同一段文字的描述，不同的人可能产生不同的理解，会产生二义性。因此，如果这个环节处理不好，会给后续编程工作造成混乱。目前，用于描述模块内部处理过程的方法主要有结构化语言、判定树、判断表，也可用 N-S 图、问题分析图和过程设计语言等工具进行描述，要准确而简明地描述模块执行的细节。其中，前面三种方法在第 4 章已经介绍过了。这些方法各有其长处和适用范围，需视具体情况和设计者的习惯而定。

7.7　系统设计报告

系统设计报告是系统设计阶段的主要成果，主要内容包括：
　　1）总体设计部分
　　（1）系统划分
　　包括系统划分图及其说明。
　　（2）系统环境配置报告
　　包括系统的网络结构体系、软硬件配置、网络系统的设计、数据库管理系统的选择等。
　　（3）计算机处理流程图
　　2）详细设计部分
　　（1）数据库设计说明
　　主要包括数据库概念模型以及数据结构及其说明。
　　（2）代码设计方案
　　各类代码名称、功能、相应的编码表、使用范围、使用要求及对代码的评价。
　　（3）输入/输出设计方案
　　包括输入和输出设计及其说明。
　　（4）HIPO 图
　　包括层次模块结构图和 IPO 图。
　　这些只是主要内容，一般前面还会有系统背景介绍、系统分析成果简介等，后面还可以增加系统设计阶段的小结等内容。

复习思考题

1. 系统总体设计的原则是什么？
2. 系统平台设计包括哪些内容？请简要说明各部分内容。
3. 请将自己所绘制的数据流程图转换为计算机处理流程图。
4. 数据库中关系数据结构的建立包括哪些步骤？
5. 代码分为哪四大类？请写出各类的名称并举例。
6. 代码设计的步骤包括哪些？
7. 目前有哪几种输入校对方式？各有哪些优缺点？
8. HIPO 图是指什么？
9. 模块设计有哪些规定需要遵循？
10. 从数据流程图导出初始模块结构图有哪两种策略？各适用于哪种类型的数据流程图？
11. 模块结构图的优化要注意哪些事项？
12. 请将自己所绘制的数据流程图转换为层次模块结构图。

第8章 系统实施、维护与运行管理

本章要点

本章对工程管理信息系统的实施、维护、运行管理、系统评价和安全管理进行了介绍。系统实施是前述步骤好坏的体现。系统的维护、运行管理、评价与安全管理是对系统实施的考核。

（1）系统实施：包括程序设计和系统测试两大部分，是系统的技术实现和管理。

（2）系统试运行与切换：是系统实施向系统维护的转化阶段，包括三种切换方式。

（3）系统维护：一是为了改正系统中存在的错误，二是满足用户新的需求而修改系统的过程。

（4）系统的运行管理：系统运行管理组织部分是针对工程进行的研究。

（5）系统评价体系：一个系统运行中会有多次评价，第一次评价和后续评价（运行阶段评价）是有差别的，介绍了第一次评价的指标体系和运行阶段评价的主要指标。

（6）系统的安全管理：对于特大型或国家重点工程，安全管理十分重要。

8.1 系统实施、维护与运行管理框架

系统实施是系统规划、系统分析、系统设计后的一个重要阶段，具体是要实现系统设计选定的方案。在系统实施前，需要做好各项准备工作，并且按系统设计方案中提出的设备清单进行购置并安装好硬件、软件和网络。系统实施后，就要进行维护和运行管理，并对系统进行评价和安全管理。

系统实施、维护与运行管理可分为两个阶段。

第一阶段是系统技术实现的过程和对这个过程的管理，包括程序设计和系统测试，即

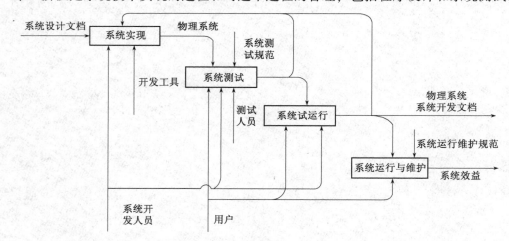

图8.1 管理信息系统实施、运行与维护框架

系统实施。这一阶段主要由开发团队完成，着重于技术实现，完成的系统应完全覆盖用户需求，达到系统目标和指标，从技术角度实现系统，满足用户需求。本阶段的交付物包括软件、数据、文档资料和用户手册等。

第二阶段是用户转化阶段，即系统交付用户使用的过程，包括系统切换、维护、管理和评价等。这一阶段的交付物主要是用户实施方案，包括培训方案、切换方案、运行和维护方案、维护记录和修改报告等。第二阶段着重于维护和管理，在用户端完成。虽然这两个阶段侧重点不同，但其目标都是为了系统的成功实施，让用户得到并用好这个系统。

管理信息系统实施、维护与运行管理框架如图 8.1 所示。

8.2 程序设计

程序设计的主要依据是系统设计阶段的功能模型、信息处理流程以及数据库结构和编程码设计。程序调试设计的目的就是要用计算机程序语言来实现系统设计中的每一个细节。有关程序设计的方法、技术等，在各种计算机程序语言中都有详细的介绍，这里不再赘述。但值得注意的是，这部分工作与计算机技术的发展密切相关，随着技术的发展，当今的程序设计无论从设计思想、方法技巧还是从评价指标上都产生了一些根本性的变化。例如，前些年所倡导的程序设计"紧凑性、技巧性"的原则，目前已被"尽量写清楚，不要太巧"的观点所取代。这主要是因为硬件的飞速发展，使得计算机速度越来越快，容量越来越大，价格越来越便宜，而 4GL 的出现，使得原来编程时要担心和考虑的问题不复存在。另外，目前系统分析、设计的技术越来越成熟和规范，模块的划分越来越细（基本以单一处理功能为主），使得原来所强调的程序设计框图已基本无人再画，原来所强调的结构化程序设计方法也已变得毫无意义。这些都是值得在开发工作中注意的。

8.2.1 程序设计方法

目前程序设计大多是按照结构化法、原型法、面向对象法进行的，这里也推荐充分利用现有软件工具的方法，因为这样做不仅可以减轻开发的工作量，而且还可以使得系统开发过程规范、功能强、易于维护和修改。

编程的目的是为了实现开发者在系统分析和系统设计中提出的管理方法和系统构想，编程不是系统开发的目的。所以在编程和实现中，应尽量借用已有的程序和各种开发工具，尽快尽好地实现系统，而不要在具体的编程和调试工作中花费过多的精力和时间。

1）结构化程序设计方法

这种程序设计方法按照信息处理流程的要求，用结构化的方法来分解内容和设计程序。在结构化程序设计方法的内部，强调的是自顶向下地分析和设计，而在其外部，又是强调自底向上地实现整个系统。它是当今程序设计的主流方法。但是，对于一个分析和设计都非常规范，并且功能单一又规模较小的模块来说，再强调这种方法意义就不大了。但当遇到某些开发过程不规范、模块划分不细或者是因特殊业务处理的需要模块程序量较大时，结构化程序设计方法仍是一种非常有效的方法。结构化的程序设计方法主要强调以下几点：

（1）模块内部程序各部分要自顶向下地结构化划分；

（2）各程序部分应按功能组合；

（3）各程序部分的联系尽量使用调子程序（Call - Return）方式，不用或少用 goto 方式（条件跳转指令，可以使程序的执行跳转到另一个位置，因此会破坏其他的控制流机制）。

2）快速原型式的程序开发方法

这种方法在程序设计阶段的具体实施是，首先将信息处理流程图中类似的带有普遍性的功能模块集中，如菜单模块、报表模块、查询模块、统计分析和图形模块等，这些模块几乎是每个子系统所必不可少的；然后再去寻找有无相应可用的软件工具，如果没有，则可以考虑开发一个能够适合各子系统情况的通用模块，再用这些工具生成这些程序模型原型。如果信息处理流程图中有一些特定的处理功能和模型，而这些功能和模型又是现有工具不可能生成的，则要考虑编制一段程序加进去。利用现有的工具和原型方法可以很快开发出所需程序。

3）面向对象程序设计方法

面向对象程序（OOP）设计方法一般应与面向对象的系统设计（OOD）的内容相对应。它是一个简单直接的映射过程，即将 OOD 中所定义的范式直接用 C++、Smalltalk、Visual C 等来取代。在系统实现阶段，OOP 设计方法的优势是巨大的，是其他方法所无法比拟的。

8.2.2 衡量编程工作的指标

衡量编程工作质量的指标是多方面的，这些指标随着系统开发技术和计算机技术的发展而不断地变化。从目前技术的发展来看，衡量编程工作质量的指标大致可有如下七个方面：

1）正确性

编制出来的程序能够严格按照规定的要求准确无误地提供预期的全部信息。

2）可靠性

系统运行的可靠性是非常重要的，系统的可靠性指标在任何时候都是衡量系统质量的首要指标。可靠性指标可分解为两个方面的内容：一方面是程序或系统的安全可靠性，如系统存取的安全可靠性、通信的安全可靠性、操作权限的安全可靠性等，这些指标一般都要靠系统分析和设计来严格定义；另一方面是程序运行的安全可靠性，这一点只能靠调试时严格把关（特别是委托他人编程时）来保证编程工作的质量。

3）规范性

系统的划分、书写的格式、变量的命名等都应按统一规范，这样对于以后程序的阅读、修改和维护都是十分有帮助的。

4）可读性

程序清晰，没有太多繁杂的技巧，能够使他人容易读懂。可读性对于大规模、工程化的开发软件非常重要。可读程序是今后维护和修改程序的基础，如果很难读懂，则无法修改，而无法修改的程序是没有生命力的程序。在国外，程序中常常还插入大量解释性语句，以对程序中的变量、功能、特殊处理细节等进行解释，为今后他人读该段程序提供方便。

5）可维护性

程序各部分相互独立，没有调子程序以外的其他数据牵连，也就是说不会发生那种在维护时"牵一发而动全身"的连锁反应。一个规范性、可读性、结构化划分都很好的程序模块，它的可维护性也是比较好的。

6）有效性

程序运行要占用一定的时间和空间资源，高效的程序运行的时间短，占用空间少。程序和数据的存储、调用安排得当，就可以节省空间，即系统运行时尽量占用较少空间，却能用较快速度完成规定功能。

7）适应性

应用环境的不断变化要求软件系统有较好的适应性，能在不同机型上移植。

8.2.3 常用编程工具

目前市场上能够提供选用的编程工具很多，软件工具是整个计算机或信息产业中发展最快的领域之一。目前工具技术的发展趋势是不仅数量和功能上突飞猛进，而且在其内涵的拓展上也日新月异，这为开发系统提供了越来越多、越来越方便的实用手段。所以说，在当今的管理信息系统开发中，了解和选择适当的工具是系统实现这一环节质量和效率的保证。

目前比较流行的软件工具有常用编程语言、数据库系统、程序生成工具、专用系统开发工具、C/S 型工具、面向对象的编程工具等。目前这类工具的划分在许多具体的工具软件上又是交叉的。为了说明问题，下面先给出工具应用的典型类别，然后再将其中最常用的工具和特性列出，以供实际工作时选择。

1）常用编程语言类

常用编程语言类如 C 语言、C++语言、Basic 语言、Cobol 语言、PL/I 语言、Prolog 语言、OPS 语言等。

这些语言一般不具有很强的针对性，它只是提供了一般程序设计命令的基本集合，因而适应范围很广，原则上任何模块都可以用它们来编写。但是其适应范围广是以用户编程的复杂程度为代价的，程序设计的工作量很大。

2）数据库类

目前市场上提供的数据库软件工具产品主要有两类：一类是以微型计算机关系数据库为基础的 Xbase 系统，最为典型的产品有 Dbase - Ⅱ、Dbase - Ⅲ、Dbase - Ⅳ、Dbase、Foxbase2.0、Foxbase2.1 以及 FoxPro 的各种版本；另一类是大型数据库系统，主要是指一般规模较大、功能较齐全的大型数据库系统，目前最为典型的有 Oracle 系统、Sybase 系统、Ingres 系统、Informix 系统、DB2 系统等。

这类系统的最大特点是功能齐全，容量巨大，适合于大型综合类数据库系统的开发。在使用时配有专门的接口语言，可以允许各类常用的程序语言（称之为主语言）任意地访问数据库内的数据。

3）程序生成工具类

程序生成工具或称第四代程序生成语言（4GL），是一种基于常用数据处理功能和程序之间对应关系的自动编程工具。

较为典型的产品有：应用系统建造工具（Application Builder，AB）、屏幕生成工具、报表生成工具以及综合程序生成工具，即有 FoxPro、Visual BASIC、Visual C++、CASE、Power Builder 等。

目前这类工具发展的一个趋势是功能大型综合化，生成程序模块语言专一化。

4）系统开发工具类

系统开发工具是在程序生成工具基础上进一步发展起来的，它不仅具有 4GL 的各种功能，而且更加综合化、图形化，因而使用起来也更加方便。目前系统开发工具主要有两类，即专用开发工具类（如 SQL、SDK 等）和综合开发工具类（如 FoxPro、dbase-V、Visual Basic、Visual C++、CASE、Team Enterprise Developer 等）。

在实际开发系统时，只要人们再自己动手将特殊数据处理过程编制成程序模块，则可实现整个系统。

5）C/S 工具类

C/S 工具是当今软件工具发展过程中出现的一类新的系统开发工具。它是采用了人类在经济和管理学中经常提到的"专业化分工协作"的思想而产生的开发工具。它是在原有开发工具的基础上，将原有工具改变为一个个既可被其他工具调用的，又可以调用其他工具的"公共模块"。在整个系统结构方面，这类工具采用了传统分布式系统的思想，产生了前台和后台的作业方式，减轻了网络的压力，提高了系统运行的效率。

常用的 C/S 类工具有：FoxPro、Visual Basic、Visual C++、Excel、PowerPoint、Word、Delphi C/S、Power Builder Enterprise、Team Enterprise Developer 等。

6）面向对象编程工具

面向对象编程工具主要是指与 OO（包括 OOA、OOD）方法相对应的编程工具。目前，面向对象编程工具主要有 C++（或 Visual C++）和 Smalltalk。这是一类针对性较强并且很有潜力的系统开发工具，这类工具最显著特点是它必须与整个 OO 法相结合。没有这类工具，OO 法的特点将受到极大的限制；反之，没有 OO 法，该类工具也将失去其应有的作用。

8.3　系统测试

系统测试也称系统调试，就是要在计算机上以各种可能的数据和操作条件对程序进行试验，找出存在的问题加以修改，使之完全符合设计要求。在 MIS 系统开发过程中虽然采用了各种措施保护软件质量，但是实际开发过程中还是不可避免地会产生差错。系统中通常可能隐藏着错误和缺陷，未经周密测试的系统投入运行，将会造成难以想象的后果，因此系统测试是 MIS 系统开发过程中为保证软件质量必须进行的工作，是保证系统质量的关键步骤。大量统计资料表明，系统测试的工作量往往占 MIS 系统开发总工作量的 40% 以上，因此，必须高度重视测试工作。

8.3.1　系统测试目的

系统测试是在计算机上用各种可能的数据和操作条件，反复地对程序进行试验，尽可能多地发现错误，促使其完全符合测试要求。系统测试的目的在于以最低的成本、最短的时间尽可能多地发现程序中存在的问题。

1）系统测试的主要目的

系统测试的主要目的在于纠错。纠错指发现错误的位置与原因后通过修改程序进行纠正。测试与纠错常交叉进行，统称为调试。在调试操作中关键是发现错误及其原因。

任何软件，特别是像 MIS 系统这样的大型软件系统，都不可能是完美无缺、没有任何错误的。这些错误可能来自程序员的疏忽，也可能在系统分析和设计时就已产生，有些错误很容易被发现，而有些错误却隐藏得很深。彻底发现这些错误的最终方法就是系统测试。

2）系统测试的附加目的

然而，系统测试的意义不仅在于发现系统内部的错误，人们还通过某些系统测试，了解系统的响应时间、事务处理吞吐率、荷载能力、失效恢复能力以及系统实用性等指标，以对整个系统作出综合评价。所以说，系统测试是保证系统开发成功的重要环节。

3）系统测试的最终目的

不管是为了发现系统内部错误还是为了了解系统的实用性情况，系统测试的最终目的都是为了降低软件产品的成本。通过系统测试发现产品中存在的问题，发现问题越早，开发费用越低，产品质量越高，软件发布后维护费用越低。因此要想真正保证软件项目如期完成，不仅取决于开发人员，更取决于测试人员。通常，测试组是与产品规划组、产品管理组、开发组和用户培训等并列的队伍。测试的要求是在一定的开发周期和经费的限制下，通过有限次的测试，尽可能多地发现一些错误，从而最终达到降低软件成本的目的。

8.3.2 系统测试基本原则

为了使测试工作更加合理有效，应注意以下基本原则：

1）客观原则

程序员或程序设计机构应当在设计过程中不断调试自己的程序，在测试阶段则要避免由设计者自己测试自己的程序。因为从心理学上看，程序员和程序设计机构总认为自己的程序没有错误，因此，让他们测试自己的程序时，要采用客观的态度是很困难的。最好由与源程序无关的程序员和程序设计机构进行程序的测试。模块之间的联调必须由设计师和分析员主持，各类人员相互协调以保证测试工作的顺利进行。

2）输入输出原则

为达到最佳的测试效果或高效地揭露隐藏的错误而精心设计的少量测试数据，称之为测试用例。测试用例的设计应该由"确定的输入数据"和"预期的输出结果"组成。在执行程序之前应该有很明确的期望输出，测试后可将程序的输出同预期输出对照检查。若事先无确定的预期输出，由于心理作用，就可能把似乎是正确而实际是错误的输出结果当成是正确的结果。

3）异常测试原则

系统的坚固性要求即使用户操作出现错误或由于其他非正常原因出现错误，系统也不能崩溃，应能通过给出出错警告、自动纠正错误或其他手段减少损失。因此测试时，不仅应选用合理的输入数据进行测试，还应选用不合理的甚至错误的输入数据作为测试用例。因为人们常有一种自然的倾向，只注意合理的数据，而忽略不合理的数据。为了提高程序的可靠性，应该组织一些异常数据进行测试，注意观察和分析系统的反应。

4）多余检查原则

除了检查程序是否做了它应该做的工作之外，还应当检查程序是否做了它不该做的事情。因为，如果程序执行了一些多余的操作，往往会导致不良的后果。多余检查原则就是体现了这一内容，即检查程序是否做了它不该做的事情。

5）集中测试原则

当程序中控制结构复杂或数据结构复杂时，如果模块的独立性差，程序运行时就容易出现错误。在进行深入测试时，要集中测试那些容易出错的模块，以期找出相关的可能错误，提高测试效率。

6）回归测试原则

对于测试中发现错误的程序，经修正后，要用原来的测试用例再进行测试称为回归测试。利用回归测试，一方面验证原有错误是否确实修正了，另一方面能够发现因修改而可能引入的新错误。

7）保存测试资料原则

测试过程中形成的记录资料，例如：测试计划、人员分工、测试用例、测试数据及其输出结果、错误现场记录、原因分析及纠正措施等应该保存，一方面作为日后再测试的参考，同时也是系统文档资料的组成部分。

8.3.3　系统测试任务

系统测试的主要任务有以下几项：

1）制定系统测试大纲，确定测试的项目、方法、步骤、参与人员及时间安排。

2）根据系统测试的项目及内容设计测试用例，以便对每个程序、功能、子系统进行测试以及系统联调。

3）进行单个程序的测试，验证每个程序的输入、输出以及程序逻辑功能的正确性。

4）测试每个模块的功能，检查模块内部控制关系的正确性和数据处理内容的正确性。

5）对每个子系统进行测试，验证其业务职能及功能的正确性，并对各模块或子系统之间的接口进行测试，检查各模块之间参数的传递是否正确和合理。

6）对整个系统进行测试，查找系统中属于相互关系方面的错误和缺陷，检查整个系统能否协调一致地进行工作。

7）系统测试完后，将测试准则、测试计划、人员分工、记录、测试用例、测试数据、总结以及验收文件等资料整理汇总，编写成测试报告，交付存档。

8.3.4　系统测试方法

对软件系统进行测试一般来说有两种主要方法。如果已经知道了软件系统应具有的功能，可通过测试来验证每个功能是否都能正常使用，这种方法称为黑盒测试（Black Box Testing）；如果知道程序的内部工作过程，可以通过测试来检验程序内部是否按照规格说明书的规定正常进行，这种方法称为白盒测试。

8.3.4.1　黑盒测试

1）概念

黑盒测试又称功能测试或数据驱动测试。它把程序看成一个不能打开的黑盒子，在完全不考虑程序内部结构和内部特性的情况下，在程序接口进行测试，它只检查程序功能是否按照需求规格说明书的规定正常使用，程序是否能适当地接收输入数据而产生正确的输出信息。黑盒测试着眼于程序外部结构，不考虑内部逻辑结构，主要针对软件界面和软件功能进行测试。

黑盒测试是从用户的角度，从输入数据与输出数据的对应关系出发进行测试，它不涉及程序的内部结构。因此，如果外部特性本身有问题或需求说明的规定有误，用黑盒测试方法是发现不了的。黑盒测试注重于测试软件的功能性需求。

黑盒测试侧重于测试软件的功能需求，主要是为了发现以下几类错误：

（1）是否存在功能不对或遗漏；

（2）在接口上，输入是否能正确地被接受，能否输出正确的结果；

（3）是否存在数据结构或外部数据库访问错误；

（4）性能能否满足系统要求；

（5）是否有初始化或终止错误。

2）方法

目前，黑盒测试的主要方法包括：等价类划分法、边界值分析法、错误推测法、输入组合法等。要针对开发项目的特点选择适当的方法。

（1）等价类划分法

等价类划分法是把程序的输入域划分成若干部分（子集），然后从每个部分中选取少数代表性数据作为测试用例。每一类的代表性数据在测试中的作用等价于这一类中的其他值。该方法是一种重要的、常用的黑盒测试用例设计方法。

（2）边界值分析法

边界值分析是通过选择等价类边界的测试用例，不仅重视输入条件边界，而且也必须考虑输出域边界。它是对等价类划分方法的补充。

（3）错误推测法

错误推测法是基于经验和直觉推测程序中所有可能存在的各种错误，从而有针对性地设计测试用例的方法。这种方法在设计测试用例时通常要凭借测试人员的经验和直觉，同时要求测试人员能够通过分析规格说明等，找出其中遗漏或省略的部分并设计相应的测试用例。

例如：输入数据和输出数据为 0，输入表格为空格或输入表格只有一行，这些都是容易发生错误的情况，可选择这些情况下的例子作为测试用例。在推测可能出现的错误时，有时用户的经验也很有参考价值，因此最好能让用户积极参与。

（4）因果图法

等价类划分方法和边界值分析方法都是着重考虑输入条件，但未考虑输入条件之间的联系、相互组合等。考虑输入条件之间的相互组合，可能会产生一些新的情况。但要检查输入条件的组合不是一件容易的事情，即使把所有输入条件划分成等价类，它们之间的组合情况也相当多。因此必须考虑采用一种适合于描述对于多种条件的组合，相应产生多个动作的形式来考虑设计测试用例，这就需要利用因果图法。

因果图法侧重于输入条件的各种组合，各个输入情况之间的相互制约关系。使用因果图法进行程序测试时，通常要借助于判别表和判别树等工具。根据判别表和判别树中的各种数据组合，预测相应的程序执行结果，设计出测试用例。

3）优缺点

（1）优点

①基本上不用人管着，如果程序停止运行了一般就是被测试程序停止运作了；

②能站在用户的立场进行测试。

（2）缺点

①结果取决于测试例的设计，测试例的设计部分来源于经验，因此需要有经验的测试人员；

②没有状态转换的概念，还做不到针对被测试程序的状态转换来进行测试；

③就没有状态概念的测试来说，寻找和确定造成程序停止运作的测试例非常麻烦，必须把周围可能的测试例单独确认一遍。而就有状态的测试来说，就更麻烦了，尤其不是一个单独的测试例造成的问题。

8.3.4.2　白盒测试

白盒测试又称结构测试或逻辑驱动测试，它把程序看作一个透明的盒子，测试人员依据程序内部逻辑结构相关信息，设计或选择测试用例，对程序所有逻辑路径进行测试，通过在不同点检查程序的状态，确定实际的状态是否与预期的状态一致。

1）实施步骤

白盒测试主要用于软件验证，白盒测试的实施步骤包括：

（1）测试计划阶段：根据需求说明书，制定测试进度。

（2）测试设计阶段：依据程序设计说明书，按照一定规范化的方法进行软件结构划分和设计测试用例。

（3）测试执行阶段：输入测试用例，得到测试结果。

（4）测试总结阶段：对比测试的结果和代码的预期结果，分析错误原因，找到并解决错误。

2）测试方法

白盒测试的测试方法有代码检查法、静态结构分析法、静态质量度量法、逻辑覆盖法、基本路径测试法、域测试、符号测试、Z路径覆盖、程序变异。其中，逻辑覆盖法是白盒测试的主要方法，逻辑覆盖是对一系列测试过程的总称，包括语句覆盖、判定覆盖、条件覆盖、判定/条件覆盖、条件组合覆盖和修正条件判定覆盖。

（1）语句覆盖

语句覆盖（Statement Coverage）的含义是：选择足够多的测试数据，使被测程序中每条语句至少执行一次。语句覆盖是很弱的逻辑覆盖。

（2）判定覆盖

判定覆盖（Decision Coverage）的含义是：设计足够的测试用例，使得程序中的每个判定至少都获得一次"真值"或"假值"，或者说使得程序中的每一个取"真"分支和取"假"分支至少经历一次，因此判定覆盖又称为分支覆盖。它不仅要求每个语句至少执行一次，而且每个判定的各种可能结构至少执行一次，也就是每个判定的每个分支至少执行一次。

（3）条件覆盖

条件覆盖（Condition Coverage）的含义是：构造一组测试用例，使得每一判定语句中每个逻辑条件的可能值至少满足一次。条件覆盖不仅要求每个语句至少执行一次，而且要求判别表达式中的每个条件都要取得各种可能的结果。

（4）判定/条件覆盖

判定覆盖只考虑各个判定的可能结果，而条件覆盖只考虑判定表达式中的各个条件，二者是从两个不同的角度加以覆盖。事实上，条件覆盖不一定包含判定覆盖，判定覆盖亦不一定包含条件覆盖，而判定/条件覆盖恰恰能够同时满足两种覆盖各自的标准。

判定/条件覆盖要求选取足够多的测试数据，使得判定中每种可能的结果都至少执行一次，同时判定表达式中的每个条件也都取得各种可能的结果。判定/条件覆盖既满足条件覆盖的要求，又满足判定覆盖的要求。

（5）条件组合覆盖

条件组合覆盖也称多条件覆盖，它的含义是：设计足够的测试用例，使得每个判定中条件的各种可能组合都至少出现一次。条件组合覆盖是更强的覆盖标准，显然满足多条件覆盖的测试用例是一定满足判定覆盖、条件覆盖和条件判定组合覆盖的。

（6）修正条件判定覆盖

这个覆盖度量需要足够的测试用例来确定各个条件能够影响到包含的判定的结果。它要求满足两个条件：首先，每一个程序模块的入口和出口点都要考虑至少要被调用一次，每个程序的判定到所有可能的结果值要至少转换一次；其次，程序的判定被分解为通过逻辑操作符（and、or）连接的布尔条件，每个条件对于判定的结果值是独立的。目前在国外的国防、航空航天领域应用广泛。

不同的测试工具对于代码的覆盖能力也是不同的，通常能够支持修正条件判定覆盖的测试工具价格是极其昂贵的。

3）优缺点

（1）优点

①迫使测试人员去仔细思考软件的实现；

②可以检测代码中的每条分支和路径；

③对代码的测试比较彻底，可揭示隐藏在代码中的错误；

④能够对程序内部特定部位进行测试；

⑤能达到最优化。

（2）缺点

①费用高昂；

②无法检测代码中遗漏的路径和数据敏感性错误；

③不验证规格的正确性。

白盒测试目前主要用在具有高可靠性要求的软件领域，例如：军工软件、航天航空软件、工业控制软件等等。

黑盒测试和白盒测试的比较如表8.1所示。

黑盒测试和白盒测试的对比分析　　　　　　　　　　　　　　　　表8.1

	白盒测试	黑盒测试
测试规则	根据程序的内部结构，如语句的控制结构，模块间的控制结构以及内部数据结构等进行测试	根据用户的规格说明，即针对命令、信息、报表等用户界面及体现它们的输入数据与输出数据之间的对应关系，特别是针对功能进行测试

		白盒测试	黑盒测试
特点	优点	能够对程序内部的特定部位进行覆盖测试	能站在用户的立场上进行测试
	缺点	无法检验程序的外部特性 无法对未实现规格说明的程序内部欠缺部分进行测试	不能测试程序内部特定部位 如果规格说明有误，则无法发现

8.3.4.3 其他系统测试方法

（1）数据测试

数据测试（Data Testing）要用大量实际数据进行测试。数据类型要齐备，各种"边值""端点"都应该测试到。

（2）穷举测试

穷举测试（Exhaustive Testing）亦称完全测试（Complete Testing），程序运行的各个分支都应该测试到。理论上穷举是可以保证100%正确的，但是实际上往往做不到"穷举"。

（3）操作测试

操作测试（Operating Testing），即从操作到各种显示、输出应全面检查，是否与设计要求相一致。

（4）模型测试

模型测试（Modle Testing）即核算所有计算结果。

不论采用哪种测试方法，都不可能发现程序中存在的所有错误。必须综合应用以上几种方法，精心设计测试方案，力争用尽可能少的次数，测试出尽可能多的错误。

8.3.5 系统测试过程

一个大型的 MIS 系统通常由若干个子系统组成，每个子系统通常又由若干个模块组成。所以，可以把测试工作分为模块测试（单调）、子系统测试（分调）和系统测试（联调或总调）三个层次，依次进行，其步骤如图 8.2 所示。系统测试成功后，还有用户的验收测试。到目前为止，人们还无法证明一个大型复杂程序的正确性，只能依靠一定的测试手段来说明该程序在某些特定条件下没有发现错误。

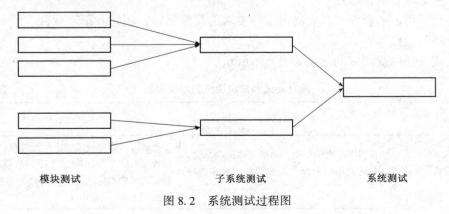

图 8.2 系统测试过程图

系统测试过程是一个"自顶向下，逐步细化"的过程，这种测试思路非常符合结构化的设计思想。

1）模块测试

模块测试（Module Testing）也称单元测试，是对每一个程序模块进行测试，以验证系统的每一个模块是否满足系统设计说明书的要求。模块测试的目的是保证系统的每个模块都能够独立地正常地运行，在模块测试中发现的错误大多来自详细设计或程序设计。模块测试主要由人工测试和机器测试两部分组成，如图 8.3 所示。

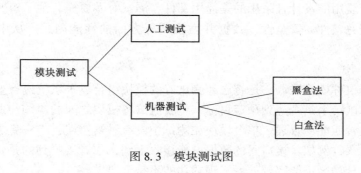

图 8.3　模块测试图

（1）人工测试

人工测试是采用人工方法检查程序的静态结构，找出编译不能发现的错误。经验表明，组织良好的人工测试可以发现程序中 30%~70% 的编码和逻辑设计错误，从而可以减少机器测试的负担，提高整个测试工作的效率。人工测试主要有以下三种方法：

①个人复查

指源程序编完以后，直接由程序员自己进行检查。由于心理上对自己程序的偏爱，有些习惯上的错误自己不易发现，如果对功能理解有误，自己也不易纠正。这是针对小规模程序常用的方法，效率不高。

②走查

一般由 3~5 人组成测试小组，小组成员应是从未介入过该软件设计工作的有经验的程序设计人员。测试在预先阅读过该软件资料和源程序的前提下，由测试人员扮演计算机的角色，用人工方法将测试数据输入被测程序，并在纸上跟踪监视程序的执行情况，让人代替机器沿着程序的逻辑走一遍，以发现程序中的错误。由于人工运行很慢，走查只能使用少量简单的测试用例，实际上走查只是个手段，随着"走"的进程不断从程序中发现错误。

③会审

测试小组的成员组成与走查相似，要求测试成员在会审前仔细阅读有关软件资料，根据错误类型清单，填写检测表，列出根据错误类型要提出的问题。会审时，由程序作者逐个阅读和讲解程序，测试人员逐个审查、提问、讨论可能产生的错误。会审对程序的功能、结构及风格等都要进行审定。

人工测试主要用来发现程序中的语法错误和部分逻辑错误。对于大多数逻辑上的错误来说，人工测试是难以奏效的，这时就需要采用机器测试。

（2）机器测试

机器测试是运用事先设计好的测试用例，执行被测试程序，对比运行结果和预期结果的差别以发现错误。机器测试的主要方法包括黑盒法与白盒法，在实际应用中通常以黑盒法为主。无论采用哪种测试方法，都要注意测试用例的设计原则，在较低的成本下尽可能多地发现错误。同时要注意，在设计测试用例时一定要给出期望输出的结果，否则在程序执行以后，没有客观的标准加以对照，凭借想当然的主观判断通常会出错。

在进行机器测试时，设计好测试用例是很重要的一方面，充分利用一些高级语言所提供的测试机制（如设置断点等）和一些现成的测试软件进行测试是另一方面。

如果是基于复用的设计且采用的是通用部件，测试时需要充分地了解其功能、性能等特性，重视数据完整性、安全性、数据并发控制等方面的性能测试，从中发现是否满足要求。

2）子系统测试

子系统测试也称模块联调，是将已经测试好的模块组合成子系统进行业务职能方面的测试，检查其测试结果是否达到预定目标，主要测试各模块之间的协调与通信，也就是各模块间的接口是否匹配、合理。单个模块在测试中没有暴露错误，将它集成子系统时却通常会发现很多错误，例如：接口间的数据可能接收不到，或者接收到的是错误的数据，模块组合以后，部分功能不能实现或者实现的功能不符合要求等。

子系统的测试通常以下两种方法：

（1）非渐增式测试

非渐增式测试是指先分别测试每个模块，然后再把所有模块按照设计要求组合在一起进行测试。非渐增式测试工作可分为两个步骤：

①分别测试每个模块

假设一个子系统的模块结构如图8.4所示。

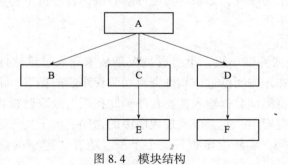

图 8.4　模块结构

在非渐增式测试中首先把这个子系统中的每个模块进行单独测试，这里共有 A、B、C、D、E 和 F 六个模块。为了单独测试每个模块，还需要加入一些临时模块（临时模块有两种：一种是模拟被测试模块的上级调用模块，一般称为"驱动模块"；另一种是模拟被测试模块的下一级被测试模块，称之为"桩模块"）。例如：测试模块 E 时，由于 E 模块是一个底层模块，要为它设计一个驱动模块 X_1，用以模拟该模块的调用模块，如图 8.5（a）所示；而对于模块 C 而言，要对其测试需要设计两个临时模块，一个驱动模块 X_2，用以调用该模块，一个桩模块 X_3，用以模拟该模块的下层模块，如图 8.5（b）所示；对于模块 A 而言，要对其测试，则需要为其设计三个桩模块 X_4、X_5 和 X_6，如图 8.5（c）所示。

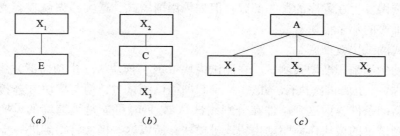

图 8.5　非渐增式测试图

(a) 加驱动模块；(b) 加驱动模块与桩模块；(c) 加三个桩模块

同样地，为模块 B、D、F 也设计相应的驱动模块或桩模块。这些临时模块只是为各模块提供调用或被调用的接口，所以可以设计得非常简单，只要达到调用功能即可。

②各模块组合起来联合测试

完成上面六个模块的单独测试以后，还要按照该子系统的功能设计将六个模块集合到一起进行联合测试。在非渐增式测试中，存在一个很重要的问题，即在集成测试中若发现了某个错误，由于一次性地集成了六个模块，所以很难判断错误的具体位置。

（2）渐增式测试

渐增式测试是指先从单个模块开始测试，然后每次将测试后的一个模块添加到系统中并测试，系统像"滚雪球"一样越滚越大，直到把所有的模块都组装并测试完毕。渐增式测试又可以根据每次添加模块的路线分为自顶向下测试、自底向上测试和混合测试等方式。

在上例中，使用渐增式测试自底向上进行测试，第一步先测试 B、E、F 这三个模块，可以由一位测试人员按顺序分别测试这三个模块，也可以由三个测试人员并行地测试这三个模块，在测试这三个模块时需要为这三个模块分别设计一个驱动模块；第二步为模块 C 和模块 D 分别设计一个驱动模块，然后将模块 C 与模块 E 结合起来进行测试，将模块 D 与模块 F 结合起来进行测试；第三步，把模块 A 与其他已经测试好的模块结合起来进行测试。

由上可见，在使用渐增式测试法时，只需要设计驱动模块，而不需要设计桩模块。如果采用自顶向下的测试方法，这时就只要设计桩模块，而不需要设计驱动模块。

（3）两种方法比较分析

①非渐增式需要较多的人工

在上面的例子中，采用非渐增式共需准备 5 个驱动模块和 5 个桩模块（假定 A 不需要驱动模块，B、E、F 不需要桩模块）。而用渐增式，如果是自顶向下则可利用前面已测试过的模块，而不必另外准备驱动模块，只需要 5 个桩模块而不要驱动模块；如果是自底向上，也可利用已测试过的模块，不必再准备桩模块，只要 5 个驱动模块而不需要桩模块。

②渐增式可以较早地发现模块界面之间的错误，非渐增式则要到最后将所有模块连接起来时才能发现这类错误。

③渐增式有利于排错

如果模块界面间有错，如果用非渐增式，这类错误要到最后联合测试时才能发现，此时很难判断错误发生在程序的哪一部分，但如果用渐增式，这类错误就较容易定位，它通常与最新加上去的那个模块有关。

④渐增式测试比较彻底

对上面的例子采用渐增式测试，在测试模块 B 时，模块 A（由顶向下方式）或模块 E（由底向上方式）也要再次执行，虽然 A 或 E 前面已测试过，但与模块 B 连接起来也许又会产生一个新的条件，而这个条件在分别测试 A 或 E 时可能是被遗漏的。换句话说，渐增式以前面测试过的模块作为驱动模块或桩模块，所以这些模块将得到进一步的检查。

⑤渐增式需要较多的机器时间

在上例中，如用由底向上渐增式，在测试模块 A 时，模块 B、C、D、E、F 也要执行，若用非渐增式，在测试模块 A 时，只需执行模拟 B、C、D 的桩模块。类似地，如用由顶向下渐增式，在测试模块 F 时，模块 A、B、C、D、E 可能都要执行，而用非渐增式，则只需执行模块 F 本身以及它的驱动模块。所以整个测试过程中，渐增式所需的机器时间比非渐增式多。

⑥使用非渐增方式，在开始时允许几个测试人员并行工作，这对大型系统来说，是很有意义的。

其中，第 ①~④点是渐增式的优点，第⑤~⑥点是非渐增式的优点。

3）系统测试

各模块、各子系统均经调试准确无误后，就可进行系统联调。联调是实施阶段的最后一道检验工序。联调通过后，即可投入程序的试运行阶段。

系统测试是将通过测试的子系统装配成一个完整的系统来测试。它主要解决各子系统之间的数据通信和数据共享的问题以及满足用户要求的问题。具体地说，系统测试包括以下内容。

（1）恢复测试

恢复测试的主要任务是检测系统的容错、排错能力。测试的方法是人为地让系统出现故障，然后检测系统是否能自动恢复，并在要求的时间内完成相应的事务处理。如果系统可以自动恢复，还需要验证监测点、数据恢复等是否正确。

（2）性能测试

性能测试的主要任务是检测系统的实际性能是否符合系统的设计需求。对于一个 MIS 系统而言，即便功能能够满足需求，但如果性能达不到标准，仍然不能说这个系统是成功的。性能测试包括对硬件的测试和对软件的测试，硬件测试主要是对硬件性能下降的幅度进行测试，软件测试主要对系统的响应时间、处理速度、吞吐量和处理精度等方面加以测试。性能测试应贯穿系统开发的各个阶段，而不单单只于系统实施阶段。

（3）安全性测试

安全性测试主要对系统的安全机制和保密措施加以检测，从而验证系统的防范能力，测试人员需要模拟非法入侵者，冲破系统的安全防线，查找出系统的安全漏洞。随着通信技术的发展，系统对安全的要求与日俱增，相应的安全性测试工作也已经成为测试工作中很重要的一部分。

（4）可靠性测试

可靠性测试依据系统的分析说明对系统的运行情况和故障情况加以测试，主要对系统的失效间隔时间和故障停机时间等加以检测。

同时，在设计测试用例时要注意，对于那些用户特别感兴趣的功能和性能，可以多增加一些测试量。在这一阶段通常要让用户参与到测试工作中，为了使用户真正发挥作用，甚至需要在总体测试之前对用户做适当的培训，以便他们能更加积极主动地参与到系统测试之中。

系统测试的依据是系统分析报告，要全面考核是否达到了系统设计目标。在系统测试中可以发现系统分析中所遗留下来的未解决的问题。

经过以上分析可知：模块测试时可发现程序设计中的错误，子系统测试可以发现系统设计中的错误，而系统测试时才发现系统分析中的错误。也就是说，越早产生的错误，越晚被发现。因此系统分析与设计人员要极其重视早期的系统分析与设计工作。

4）用户的验收测试

在系统测试完成后要进行用户的验收测试，它是用户在实际应用环境中所进行的真实数据测试，主要是用原有系统中手工作业所用过的历史数据，将系统的运行结果和手工作业所得相核对，看是否符合要求。除了将程序执行结果与手工作业相比较以外，还要将计算机硬件设备、外设和网络元素综合起来，考虑所开发系统的有效性、可靠性和运行效率。

最后，将测试过程中的一切记录、资料、文件等汇总，编成测试计划和测试分析报告存档或交审查部门验收使用。其中，测试计划是在测试工作开始以前编制的，包括对每项测试活动的内容、进度安排、测试数据的整理方法和评价准则等。测试分析报告是把测试过程中发现的问题和分析结果用文档的形式加以记载。测试分析报告的具体内容包括引言、测试摘要和测试资源消耗等内容。

8.4 系统试运行与切换

在完成系统测试工作以后，即可将其交付使用。所谓交付使用是新系统与旧系统的交替，旧系统停止使用，新系统投入运行。整个交付过程也可以称为系统转换过程，转换的最终结果是将系统的控制权交给用户。这项工作包括系统切换前的准备工作，系统试运行和系统切换。

8.4.1 系统试运行

系统实施的最后一步就是新系统的试运行和新老系统的转换，是系统调试和检测工作的延续。它很容易被人忽视，但对最终使用的安全性、可靠性、准确性来说，它又是十分重要的工作。

在系统联调时使用的是系统测试数据，而这些数据很难测试出系统在实际运行中可能出现的问题。一个系统开发完成后让它实际运行一段时间（即试运行），才是对系统最好的检验和测试方式。系统试运行阶段的工作主要包括以下一些：

1）对系统进行初始化、输入各原始数据记录；

2）记录系统运行的数据和状况；

3）核对新系统输出和老系统（人工或计算机系统）输出的结果；

4）对实际系统的输入方式进行考查（是否方便、效率如何、安全可靠性、误操作保护等）；

5）对系统实际运行、响应速度（包括运行速度、传递速度、查询速度、输出速度等）进行实际测试。

8.4.2 系统切换前的准备工作

1）数据的整理与录入

数据的整理与录入是关系新系统成功与否的重要工作。

（1）数据整理

就是按照新系统对数据要求的格式和内容统一进行收集、分类、编码和预处理。数据整理工作要严格科学化，具体方法要程序化、规范化；计量工具、计量方法、数据采集渠道和程序都应该固定，以确保新系统运行有可靠的数据来源；各类统计和数据采集报表要标准化、规范化。

（2）数据录入

就是将整理好的数据输入系统中，作为新系统的文件，并完成运行环境的初始化工作。如果原来是人工处理的，就要将原始数据逐一通过输入模块，输入到新的系统；如果原来是一个旧的信息系统，就要将旧的数据经过重新解释和重新组织后（通常是程序来自动进行），转存到新的系统。另外，新系统所需的基础数据，例如代码、系统运行初始参数、操作人员的密码和权限等，都需要在这时候输入。

在数据的整理和录入过程中，要特别注意对变动数据的控制，一定要使其在系统切换时保持最新状态。新系统的数据整理和录入工作量相当大，而给定的完成时间一般又比较短，所以要集中一定的人力和设备，争取在尽可能短的时间内完成这项任务。同时，应尽量利用各种输入检验措施保证录入数据的质量，利用新的输入技术和输入设备来提高输入效率。

2）文档准备

系统规划、系统分析、系统设计、系统实施和系统测试等各项工作完成后，应有一套完整的开发文档资料，记录整个开发过程，是开发人员工作的依据，也是用户运行系统、维护系统的依据。开发文档资料应与开发方法一致，并且符合一定的规范。在系统正式运行前要将这套文档资料准备齐全，形成正式文件，并交给用户保管。

3）用户培训

为用户培训系统操作、维护、运行管理人员是管理信息系统开发过程中不可缺少的功能。一般来说，人员培训工作应尽早进行。

（1）培训目的

MIS 系统的用户大多是原来系统中的决策人员、管理人员和基层人员。这些人员对原来的系统比较熟悉，但可能缺乏相应的计算机知识，缺乏对信息系统的理解，会影响新系统的使用效果，甚至可能导致新系统应用的失败。用户培训的目的就是使用户尽快了解系统的功能，尽早适应和掌握新系统的操作方法。具体而言，通过用户培训可以达到以下目的：

①让用户明确新系统的开发目的和好处；

②让用户清楚用户企业/工程的流程和结构进行了哪些变动以及变动后的情况如何；

③消除用户对新系统的陌生感和抵触情绪，使他们在心理上认可并接受新系统；

④培训和选拔一些技术人员，负责后续系统运行维护的相关工作。

同时，开发人员在用户培训过程中，可以通过进一步与用户进行沟通，更好地理解用户需求，为后续系统维护提供帮助，也为开发其他同类信息系统积累经验。

（2）培训计划

操作人员培训是与编程和调试工作同时进行的。这样做的原因如下：

①编程开始后，系统分析人员有时间开展用户培训（假定系统分析人员与程序员的职责是有严格区分的情况下）；

②编程完毕后，系统即将投入试运行和实际运行，如再不培训系统操作和运行管理人员，就要影响整个实施计划的执行；

③用户受训后能够更有效地参与系统测试；

④通过培训，系统分析人员能对用户需求有更清楚的了解。

（3）培训的内容和方法

在用户培训过程中，针对不同的培训对象有不同的培训内容。总体来说，包括：

①系统整体结构和系统概貌；

②系统分析设计思想和每一步的考虑；

③计算机系统的操作与使用；

④系统所用主要软件工具（编程语言、工具、软件名、数据库等）的使用；

⑤汉字输入方式的培训；

⑥系统输入方式和操作方式的培训；

⑦可能出现的故障以及故障的排除；

⑧文档资料的分类以及检索方式；

⑨数据收集、统计渠道、统计口径等；

⑩运行操作注意事项。

（4）培训方式

培训方式主要有以下三种：

①在实际系统中进行操作演示的方式进行培训；

②讲座和授课的方式进行；

③将培训内容编制成手册或课程光盘，让用户自行组织学习。

具体选择何种培训方式，与培训内容和培训对象有关，可以根据具体情况加以选择。在完成数据、文档上的准备以及用户的培训之后，就进入到系统的切换阶段。

8.4.3 系统切换方式

系统切换是指系统开发完成后新老系统之间转换。系统切换有三种方式，如图 8.6 所示。

1）直接切换

在确定新系统运行准确无误后，立即启用新系统，终止老系统运行，如图 8.6（a）所示。这种方式对于人员、设备费用都很节省。这种方式一般适用于一些处理过程不太复杂，数据不很重要的场合。

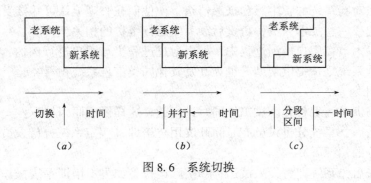

图 8.6　系统切换

2）并行切换

新老系统并行工作一段时间，经过一段时间的考验后，新系统正式替代老系统，如图 8.6（b）所示。对于较复杂的大型系统，它提供了一个与旧系统运行结果进行比较的机会，可以对新、旧两个系统的时间要求、出错次数和工作效率给予公正的评价。当然，由于与旧系统并行工作，消除了尚未认识新系统之前的惊慌与不安。在银行、财务和一些企业的核心系统中，这是一种经常使用的切换方式，它的主要特点是安全、可靠，但费用和工作量都很大，因为在相当长时间内，系统要两套班子并行工作。

3）分段切换

分段切换是以上两种切换方式的结合，亦称向导切换。新系统在正式运行前，一部分一部分地替代老系统，如图 8.6（c）所示。它一般在切换过程中没有正式运行的那部分，可以在一个模式环境中进行考验。这种方式既保证了可靠性，又不至于费用太大。但是这种切换对系统的设计和实现都有一定的要求，否则是无法实现分段切换的设想的。

总之，第一种方式简单，但风险大，万一新系统运行不起来，就会给工作造成混乱，这只在系统小且不重要或时间要求不高的情况下采用。第二种方式无论从工作安全上，还是从心理状态上均是较好的，缺点是费用大，所以系统太大时，费用开销很大。第三种方式是为克服第二种方式缺点的混合方式，因而在系统较大时使用较合适，当系统较小时不如用第二种方式方便。

8.5　系统维护

系统维护是指在系统运行过程中，为了改正系统中存在的错误以及满足用户新的需求而修改系统的过程。具体地讲，维护工作有两个方面：一方面是为了清除系统运行过程中发生的故障或错误，软硬件维护人员对系统作必要的修改和完善；另一方面是为了适应系统环境的变化，满足用户提出的新要求，对系统做出局部的更新。

系统在实际运行中也会产生错误，这需要修改。此外，系统维护的工作人员要使程序和运行最终处于最佳的工作状态。任何一个 MIS 系统在它存在的整个生命周期中，应当不断地改进。没有一成不变的系统，没有一成不变的程序，也没有一成不变的数据。由于用户企业要发展，环境在变化，因此对管理活动来说，也会不断产生新的要求，随之而来要对 MIS 系统加以修改。一般来说，用于系统维护的费用比建立系统所花的费用多一倍以上。

8.5.1 系统维护的主要内容

系统维护不仅包括对系统软件程序本身的维护，还包括对数据的维护、对代码的维护和对系统硬件的维护。

1）程序的维护

程序的维护只修改部分程序。这可能是因为系统运行中发现代码错误，需要改正一部分程序，或者随着用户对系统的熟悉，提出了更高的要求，系统部分程序也需要改进，也可能是因为环境发生了变化，部分程序需要修改。在对应用程序进行修改的工作之后应填写程序修改登记表，并在变更通知书上注明维修后新、旧系统的不同点。

2）数据库的维护

数据库中存放着大量数据，它是用户企业的宝贵资源，也是系统频繁处理的对象。数据库维护是系统维护的重要内容之一。

数据库的维护主要包括两种情况：一是数据库的转储。由于各种不可预见的原因，数据库随时可能遭到破坏。为了有效地恢复被破坏的数据，通常把整个数据库复制两个副本，一般副本都存储在磁盘上。必要时，也可以将副本脱机保存在更安全可靠的地方；二是数据库的再组织。由于系统不断地对数据库进行各种操作，致使数据库的存储和存取效率不断下降。一旦数据库的效率低得不能满足系统正常处理的要求时，就应该对数据库实施再组织，就需要建立新的数据库文件，或者对现有数据库文件的结构进行修改。

3）代码的维护

随着系统环境的变化，原有的代码可能已经不能适应新的需求，必须进行修改，制定新的代码或者修改原有的代码体系。代码的维护包括修改旧的代码、删除部分代码或制定新代码。当代码发生变化以后，应该提交相应的书面格式，并组织相关的用户进行简单的培训，然后再实施新的代码体系。对于代码的维护而言，最重要的是如何使新代码体系得以真正的贯彻。因此，各个部门要有专人负责管理，保证其正常运行。

4）硬件设备的维护

要保证 MIS 系统的正常运行，首先要保证计算机和外部设备的正常运行状态，这就要求对硬件设备进行维护。硬件设备的维护主要包括两个方面的内容：一是对设备的保养性维护，主要是对设备进行定期的例行检查和保养；另一种是故障性维护，当设备出现突发性故障时，要由专业的故障人员来排除故障。为了安全起见，硬件设备常采用双机备份的机制，当一组设备出现故障时，立即启动另外一组设备，以最大限度地保证系统的正常运行。硬件设备的维护需要有详细的工作记录。

8.5.2 系统维护的类型

根据数据每次进行维护的具体目标，大致可以把维护分为以下四种类型：

1）纠错性维护

系统测试不可能发现一个大型系统中所有潜在的错误，所以在大型信息系统运行期间，用户难免会发现错误，这就需要对错误进行修正，对这些错误进行诊断和改正的过程称为纠错性维护。

2）适应性维护

适应性维护是为了使系统适应运行环境的变化而进行的维护活动。引起系统所处运行环境变化的原因一般有两个方面：其一是由于计算机技术的迅速发展，新的硬件和软件不断推出，系统为了适应这些新的硬件和软件而需要进行相应的修改；其二是随着系统的使用，其应用对象也在不断发展变化，如机构的调整、管理体制的变化等，这些变化都将导致系统不能适应新的应用环境，因而有必要对系统进行调整，使其适应环境的变化。

3）完善性维护

完善性维护是指为了改善系统的功能或根据用户的要求而增加新的功能的维护工作。比如系统经过一个时期的运行之后，某些地方效率要提高，或是使用的方便性还可以提高，或者需要增加一些安全措施等，这类维护属于完善性维护。

4）预防性维护

预防性维护是一种主动预防措施，其主要思想是维护人员对一些使用时间较长，目前尚能正常运行的，但可能要发生变化的部分进行维护，以适应将来的修改或调整。例如，将专用报表功能改成通用报表，以适应将来报表格式的变化。

以上四种维护工作所占的比例有所不同。最高的是完善性维护，大约会占所有维护工作量的50%，适应性维护的工作量是总数的25%，纠错性维护占了工作量的20%，剩下的大约5%的工作量是预防性维护，这些比例只是一般的统计结果，对于不同的系统会有所区别。

在系统维护过程中，针对上述四种不同的维护类型会采用不同的处理方法，如图8.7所示。

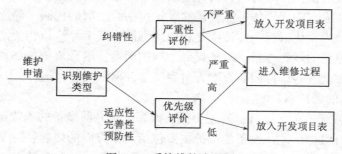

图 8.7　系统维护流程图

对于一个维护申请，首先要判断其维护类型。如果是一个纠错性维护，首先要评价其严重性，对于严重性高的申请要马上制定维护计划，实施相应的维护过程，而对于严重性低的维护申请，将其放入开发项目表中。如果是适应性维护、完善性维护或预防性维护，要评价其优先度、对于优先度高的维护申请同样要制定维护计划、实施维护过程；对于优先度低的维护申请，将其放入开发项目表中。最后，对于开发项目表中的维护申请要综合考虑系统资源，进行统筹安排。

8.5.3　系统维护过程

无论是哪一种维护，最终都要进入到维护过程中。维护过程不是简单的错误修正过程，实际上维护必须按照严格的步骤进行，需要有一定的组织规则来管理这项工作，不能仅凭维护人员的主观意愿随便修改系统。维护过程是指针对用户的请求，对程序进行修改和测试的过程。维护过程的具体步骤如图 8.8 所示。

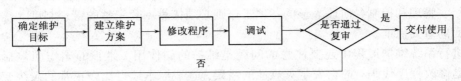

图 8.8　维护过程的具体步骤

在维护过程中，首先对维护申请加以分析，确定维护目标。然后，针对该目标分析维护工作所涉及的范围，确定要修改的程序模块，分析模块的接口数据，进而建立维护方案。接下来，按照维护方案的要求对程序加以修改，对于修改后的程序要加以测试，不仅要对这一部分修改的程序加以测试，还要将修改的模块集成到整个系统中加以测试。测试完毕后，需要进行审核，审核不通过的需要返回到维护过程的起点重新开始。对于审核通过的维护，在交付给用户使用的同时，要提交出规范的维护记录并进行相应文档的更新。可见，维护工作不仅是技术性工作，而且要进行大量的管理工作。在维护开始之前，要制定维护工作应遵循的规则和规范化的过程，同时还要制定对维护工作进行审核的标准。

在维护过程中，一方面，维护人员要清楚地了解源程序和系统功能，保证维护工作不会影响程序的完整性和正确性，也就是在维护过程中不会产生新的错误；另一方面，维护人员要在较短的时间内完成程序的修改工作，以便尽快地投入到运行中。为了达到维护工作的快速、高效的目标，除要按照规范的维护过程进行处理以外，还要注意使用先进的软件开发工具。

8.5.4　系统维护应注意的问题

要保证系统维护工作的顺利进行，提高系统的可修改性必须重视以下五个方面的问题。

1）建立和健全各类系统开发文档资料

如果没有一套完整的开发文档资料，则系统维护特别是数据维护和应用软件维护就很难进行。

2）文档资料要标准化、规范化

由于文档资料常常是给别人看的，并且其作用在系统运行维护阶段得到了充分的体现。因此，为了提高各类文档的可理解性，在系统开发初期要根据所使用的开发方法制定出文档标准规范，所有开发人员都必须遵循这个规范建立相应的文档资料，并且要形成制度，约束开发人员的行为，评价开发人员的工作质量。

3）开发过程要严格按照各阶段所规定的开发原则和规范来进行

在系统设计阶段要按照一定的设计原则和设计策略来从事系统设计工作，只有这样才能保证系统全局最优，并且也使得系统维护工作相对比较容易进行。

4）维护文档的可追踪性

无论是在系统开发阶段，还是在系统运行阶段，都不可避免地要对文档资料进行修改，要保留修改前和修改后的变化情况，这样才能保证系统维护情况有据可查，保证系统维护工作的顺利进行。

5）建立和健全从系统开发到系统运行各阶段的管理制度

由于信息系统的开发过程不同于物质生产过程，各阶段的成果都是人脑思维的结果，如何监督、管理和控制各阶段人员的各项工作则必须依靠一套完整的管理制度，这也是前几个方面的重要保证。

在进行系统维护过程中还要注意的问题是维护的副作用。维护的副作用包括两个方面：一是修改程序代码有时会发生灾难性的错误，造成原本运行比较正常的系统变得不能正常运行，为了避免这类错误，要在修改工作完成后进行，直至确认和复审无错为止；二是修改数据库中数据的副作用，当一些数据库中的数据发生变化时可能导致某些应用软件不再适应这些变化了的数据而产生错误，为了避免这类错误，必须要有严格的数据描述文件即数据字典系统，同时要严格记录这些修改后的测试工作。

总之，系统维护工作是信息系统运行阶段的重要工作内容，必须予以充分重视。维护工作做得越好，信息资源的作用才能够得以充分地发挥，信息系统的寿命也就越长。

8.6　系统的运行管理

8.6.1　系统运行管理内容

系统运行的日常管理不仅仅是机房环境和设施的管理，更主要的是对系统每天运行状况、数据输入和输出情况以及系统的安全性与完备性及时准确地记录和处置。这些工作主要由系统管理员完成。

1）系统运行的日常维护

系统运行的日常维护包括数据收集、数据整理、数据录入及处理结果的整理与分发。此外，还包括简单的硬件管理和设施管理。

2）系统运行情况的记录

整个系统运行情况的记录能够反映出系统在大多数情况下的状态和工作效率，对于系统的评价与改进具有重要的参考价值。因此，对 MIS 系统的运行情况一定要及时、准确、完整地记录下来。除了记录正常情况（如处理效率、文件存储率、更新率）外，还要记录意外情况发生的时间、原因与处理结果。

8.6.2　系统运行管理的组织

信息系统的运行管理部门，在用户企业中应该是长期存在的。例如承包商开发一个现场材料管理信息系统，该系统的运行肯定不会只运用于一个工程，会在后续的其他工程中也得到运行。有些系统是应用于工程运行阶段的，工程运行阶段就是一个长期的过程，长达几十年，对这类系统的运行管理部门也是长期存在的。例如地铁公司开发一个用于地铁运营的信息系统。因此，系统运行管理部门会长期存在于用户企业中，和职能部门平行或者是以参谋中心的方式（大型系统可以采用）。

1）与其他部门平行的方式

信息系统管理部门与其他职能部门平级，尽管信息资源可以为整个企业共享，但系统管理部的决策能力较弱，系统运行中有关的协调和决策工作将受到影响，如图 8.9 所示。

2）参谋中心的方式

信息系统管理部门在总经理之下，各职能部门之上，有利于信息资源的共享，并且在系统运行过程中便于协调和决策，但容易造成脱离管理或服务的现象，如图8.10所示。

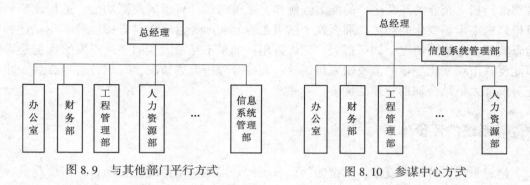

图 8.9　与其他部门平行方式　　　　　　图 8.10　参谋中心方式

信息系统在组织中的地位最好是将上述两种方式结合在一起，各尽其责。信息系统管理部门经理最好是由组织中的副职领导兼任，这样更有利于加强信息资源管理。

针对具体工程，系统的运行管理部门可以派人参与，成为工程项目部的成员，甚至可以在工程项目部中成立一个信息系统管理小组，专门管理系统在工程中的具体运行工作。

8.6.3　系统运行管理制度

系统运行管理制度主要是指一个管理信息系统研制工作基本完成后的工作制度。建立和健全信息系统管理制度，有效地利用运行日志等对运行的系统实行监督和控制，这是系统正常运行的重要保证。手工管理方式一般有一整套管理规则，明确规定了各类人员的职权范围和责任，出现问题也有一套规则进行处理。用计算机实现的各项管理活动也同样需要一套管理制度，规定各级用户拥有怎样的操作权限，在什么时间、什么条件下应该完成什么工作，如果出现问题应该如何处理。当有新的信息需求时应该遵照怎样的管理程序向信息管理部门提出，作为信息管理部门又如何处理这些信息需求，其内部的各类人员又应该遵照什么要求和规则开展各项工作等。作为高层领导的经理要定期检查系统运行情况，发现问题及时处理，而信息管理部门的负责人除了要负责监督系统运行外，还要对本部门各类人员的工作进行检查和监督，积极做好各类人员的管理工作，只有这样才能保证信息系统为各层管理服务，充分发挥信息资源的作用。

系统运行管理制度主要包括如下几个方面：

1）系统运行管理的组织制度

系统运行管理的组织机构包括各类人员的构成、各自的职责、主要任务以及其内部组织结构。

2）基础数据管理制度

基础数据管理包括对数据收集和统计渠道的管理、计量手段和计量方法的管理、原始数据的管理、系统内部各种运行文件、历史文件（包括数据库文件等）的归档管理等。

3）运行制度

运行管理制度包括系统操作规程、系统安全保密制度、系统修改规程、系统定期维护制度以及系统运行状况记录和日志归档等。

4）系统运行分析制度

系统运行结果分析就是要得出某种能反映组织经营生产方面发展趋势的信息，以提高管理部门指导企业的经营生产的能力。例如，系统已设计有市场预测功能，运行此功能即可得到未来市场变化的趋势，那么这个结果是否对实际经营管理具有指导意义呢？这必须检查其拟合数值的情况，如果很大，则可以用；如果不是很大，则必须查原始数据是否有不能反映市场变化规律的值或输入错误等。在综合分析上述情况，写出分析报告后，才可充分发挥人机结合辅助管理的优势。

8.7　系统的评价体系

信息系统，特别是复杂、大型的信息系统的开发是一个系统工程项目，需要花费大量的资金、人力、物力和时间。因而无论是开发者还是使用者，在系统建成以后，都急于想知道系统对组织的贡献有多大，系统性能怎样，系统运行效果如何，是否达到设计目标，还存在哪些不足等。要回答这样一些令人关心的问题，就必须进行系统评价工作。

一个管理信息系统投入运行后，如何分析其工作质量？如何对其所带来的效益和所花费成本的投入产出比进行分析？如何分析一个管理信息系统对信息资源的充分利用程度？如何分析一个管理信息系统对组织内各部分的影响？这些都是评价体系所要解决的问题。

8.7.1　系统评价的定义及主要内容

系统评价是对一个工程管理信息系统的性能进行全面估计、检查、测试、分析和评审，包括用实际指标与计划指标进行比较，同时对系统建成后产生的效益进行全面评估，以确定系统目标的实现程度。对系统评价主要是从技术、经济、工程其他参与方三方面进行。

1）技术评价

技术评价内容主要是系统性能，具体内容如下所述：

（1）系统的总体水平：如系统的总体结构、地域与网络规模、所采用技术的先进性等。

（2）系统功能的范围与层次：如系统功能的多少与难易程度或对应管理层次的高低等。

（3）信息资源开发与利用的范围与深度：如用户企业/工程内部与外部信息的比例、外部信息的利用率等。

（4）系统的质量：如系统的可使用性、实用性、正确性、可扩展性、可维护性、通用性等。

（5）系统的安全性与保密性。

（6）系统文档的完备性。

2）经济评价

经济评价内容主要是系统的效果和效益，包括直接的与间接的两个方面。

（1）直接的评价内容有系统的投资额、系统运行费用、系统运行所带来的新增效益、投资回收期。

（2）间接的评价内容包括：对用户企业/工程形象的改观及人员素质的提高所起的作用、对用户企业/工程组织机构的改革及管理流程的优化所起的作用、对用户企业/工程各部门间及人员间协作精神的加强所起的作用等。

3）工程其他参与方评价

系统由工程的某一参与单位，如承包商负责开发，但也需要满足其他工程参与单位的要求，因此，工程其他参与单位的评价也是系统评价的主要内容之一。

信息系统在运行与维护过程中不断地发生变化，因此评价工作不是一项一次性的工作，系统评价应定期地进行或每当系统有较大改进后进行。信息系统的第一次评价一般安排在系统开发完成并运行一段时间，进入相对稳定状态后进行。通常第一次评价的结论将作为系统验收的最主要的依据，其指标体系和后续评价是有一定差异的。本书中后续章节将分别介绍第一次系统评价的指标和后续系统评价（本书称为运行阶段评价）的指标。

系统评价工作由系统开发人员、系统管理与维护人员、系统用户、用户单位领导、工程其他参与方以及系统外专家等共同参与，评价方式可以是鉴定或评审等，评价的结论以书面的评价报告或评价意见等形式提出。评价结论也是系统的重要文档，应予以收存归档，统一保管。

8.7.2 系统评价指标体系

系统的评价是一项难度较大的工作，它属于多目标评价问题，目前大部分的系统评价还处于非结构化的阶段，只能就部分评价内容列出可度量的指标，不少内容还只能用定性方法做出叙述性的评价。这部分系统评价是指信息系统的第一次评价，图 8.11 为系统第一次评价的指标体系。

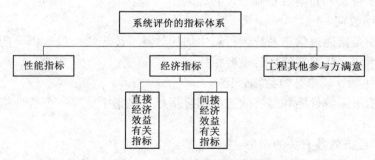

图 8.11　系统评价的指标体系

下面对系统评价的指标体系进行说明。

1）系统性能指标

（1）完整性：系统设计是否合理，系统功能是否达到预期要求。

（2）方便、灵活性：人机交互的灵活性与方便性。

（3）响应时间：系统响应时间与信息处理速度满足管理业务需求的程度。

（4）正确性：系统输出信息的正确性与精确度。

（5）可靠性：单位时间内的故障次数与故障时间在工作时间中的比例。

（6）可扩充性：系统结构与功能的调整、改进及扩展，与其他系统交互或集成的难易程度。

（7）可维护性：系统故障诊断、排除、恢复的难易程度。

（8）信息资源的利用率：系统是否最大限度地利用了现有的信息资源，并充分发挥了它们在管理决策中的作用。

（9）实用性：系统对实际管理工作是否实用。

（10）安全保密性：系统安全保密措施的完整性、规范性与有效性。

（11）文档完备性：系统文档资料的规范、完备与正确程度。

2）与直接经济效益有关的指标

（1）系统投资额

包括系统硬件、软件的购置、安装，信息系统的开发费用及用户企业内部投入的人力和材料费等。其中硬件费用包括机房建设，计算机及外部设备，通信设备费用。软件费用包括系统软件、应用软件等费用。信息系统的开发费用包括系统规划、系统分析、系统设计及系统实施等阶段的费用。

（2）系统运行费用

包括消耗性材料（存储介质、纸张、打印机油墨等）费用、系统投资折旧费及硬件日常维护费等。另外，系统运行所耗用的电费、系统管理人员工资等也应计入系统运行费用。

（3）系统运行新增的效益

由于信息系统及时、准确地提供对决策有重要影响的信息，从而提高了决策的科学性，避免不必要的开支。主要反映在成本降低、库存量得到减缩、流动资金周转加快、销售利润增加及人工费的减少等方面。由于影响用户企业效益增加和减少的因素很多，准确地计算信息系统带来的新增效益有一定的难度。

（4）投资回收期

投资回收期是指通过信息系统运行新增加的效益，逐步收回投入资金所需的时间，它也是反映信息系统经济效益好坏的重要指标。

（5）系统性能、成本、效益综合比

这是综合衡量系统性能和经济效益的综合指标，能集中反映一个管理信息系统质量的好坏。

3）与间接经济效益有关的指标

间接经济效益是通过改进组织结构及运作方式、提高人员素质等途径，促使成本下降、利润增加而逐渐地、间接地获得的经济效益。由于成因关系复杂，很难用具体的统计数字计算，只能做定性的分析。尽管间接效益难以计算，但其对用户企业/工程的生存和发展所起的作用往往要超过直接经济效益。

成功应用信息系统所产生的间接经济效益可体现在以下几个方面：

（1）新的管理信息系统的应用，克服了用户企业/工程原有的组织机构中存在的诸多弊端，使用户企业/工程的管理进一步合理化。

（2）能显著地改善用户企业/工程形象，对外可提高客户对用户企业/工程的信任程度（如对承包商而言，可能提高其中标率），对内可提高全体员工的自信心和自豪感，有效地加强管理人员之间的协作精神，提高了用户企业/工程的凝聚力。

（3）管理信息系统的建立，使用户企业/工程信息处理的效率提高，用户企业/工程由静态事后管理变为实时动态管理，使管理工作逐步走向定量化，使管理方法更加科学化。

（4）可使管理人员获得许多新知识、新技术与新方法，进而提高他们的技能素质，拓宽思路，进入学习与掌握新知识的良性循环。

（5）管理信息系统需要规范和及时的基础数据，对用户企业/工程的制度、工作规范、计量和代码等的基础管理产生很大的促进作用，并为工程管理提供有利的条件。

4）工程其他参与方满意

系统应能让工程其他参与方满意，如用户企业为承包商，则系统应满足其他工程参与单位，如业主、设计单位、供货商的要求。

8.7.3 系统运行阶段评价指标

管理信息系统在投入运行后，要不断地对其运行状况进行分析评价，并以此作为系统维护、更新以及进一步开发的依据。这是继第一次评价后的系统评价，是个动态的评价过程，本书中称为运行阶段评价。系统运行阶段评价指标一般有下列几项：

1）预定的系统开发目标的完成情况

（1）对照系统目标和组织目标检查系统建成后的实际完成情况；

（2）是否满足了科学管理的要求，各级管理人员的满意程度如何，有无进一步的改进意见和建议；

（3）为完成预定任务，用户所付出的成本（人、财、物）是否限制在规定范围以内；

（4）开发工作和开发过程是否规范，各阶段文档是否齐备；

（5）功能与成本比是否在预定的范围内；

（6）系统的可维护性、可扩展性、可移植性如何。

2）系统内部各种资源的利用情况

（1）系统运行实用性评价；

（2）系统运行是否稳定可靠；

（3）系统的安全保密性能如何；

（4）用户（用户企业人员和工程相关人员）对系统操作、管理、运行状况的满意程度如何；

（5）系统对错误操作保护和故障恢复的性能如何；

（6）系统功能的实用性和有效性如何；

（7）系统运行结果对组织各部门的生产、经营、管理、决策和提高工作效率等的支持程度如何；

（8）对系统的分析、预测和控制的建议有效性如何，实际被采纳了多少，这些被采纳建议的实际效果如何。

3）系统运行的科学性和实用性分析

（1）设备运行效率的评价；

（2）设备的运行效率如何；

（3）数据传送、输入、输出与其加工处理的速度是否匹配；

（4）各类设备资源的负荷是否平衡，利用率如何。

8.7.4 系统评价报告

系统评价结束后应形成书面文件及系统评价报告。系统评价报告既是对新系统开发工作的评定和总结，也是今后进一步进行维护工作的依据。系统评价报告根据评价内容而定，如系统第一次评价的报告主要包括以下内容：

（1）有关系统的文件、任务书、文档资料等；

（2）系统性能指标的评价；

（3）直接经济效益指标的评价；

（4）间接经济效益指标的评价；

（5）工程其他参与单位的评价；

（6）综合性评价；

（7）结论及建议。

每部分具体指标和内容与8.7.2小节中的介绍相对应。同样，系统运行阶段评价的报告内容可根据8.7.3小节中的内容来确定。

8.8 系统的安全管理

随着信息技术的发展，工程管理信息系统在工程中的应用范围不断扩大，发挥着越来越大的作用，其处理和存储的信息也越来越多。对于一些特大型工程或者国家重点工程，其信息系统中存放着整个工程或工程参与单位的核心数据，担负着沟通各个子系统协调一致的工作，为工程和参与单位带来巨大效益，一旦信息系统的安全受到威胁和破坏，运行效率会大打折扣甚至报废，给用户企业和工程参与单位带来巨大损失。因此，保证信息系统的安全十分重要。

8.8.1 系统安全的主要内容

工程管理信息系统安全指其硬件、软件、数据受到保护，系统能连续正常运行，不因偶然的或恶意的原因而遭到破坏、更改或显露。涉及内容包括：计算机硬件、软件、数据、各种接口、计算机网络的通信设备、线路和信道。

1）实体安全

系统设备及相关设施运行正常，系统服务适时。

2）软件安全

操作系统、数据库管理系统、网络软件、应用软件等软件及相关资料的完整性，包括软件开发规程、软件安全测试、软件的修改与复制等。

3）数据安全

系统拥有的和产生的数据或信息完整、有效、使用合法、不被破坏或泄露，包括输入、输出、用户识别、存取控制、加密、审计与追踪、备份与恢复。

4）运行安全

系统资源和信息资源使用合法，包括电源、环境气氛、人事、机房管理、出入控制、数据与介质管理、运行管理和维护。

8.8.2　影响系统安全的主要因素

影响信息系统安全的因素很多，主要因素如表8.2所示。

影响信息系统安全的主要因素一览表　　　　　　　　　　　　　　表8.2

主要影响因素	具体表现
环境因素	包括自然环境和周围环境，自然环境因素包括地震、火灾、水灾、风暴及暴动或战争等，会直接危害信息系统实体的安全；周围环境是系统周围环境的温度、湿度等，一旦超过规定要求，会给计算机系统造成不良的影响
硬件因素	系统硬件的安全可靠性，包括机房设施、计算机主体、存储设备、数据通信设施等的安全性
电磁波因素	计算机系统及其控制的信息和数据传输通道在工作过程中都会产生电磁波辐射，在一定地理范围内用无线电接收机很容易检测并接收到，可能造成由于电磁辐射而泄露信息。空间电磁波也可能对系统产生电磁干扰，影响信息系统的正常运行
软件因素	软件的非法删改、复制与窃取会使系统的软件遭受损失，并可能造成泄密。计算机网络病毒也是以为软件为手段侵入系统进行破坏的
数据因素	数据或信息在存储和传递过程中的安全性是计算机犯罪的主攻核心，是必须加以保密的重点
人为因素	表现在系统操作人员的素质、计算机犯罪和计算机病毒三个方面：管理和操作人员的低水平安全管理、缺乏责任心、偶然的操作失误会成为影响系统安全的因素；故意的违法犯罪是造成系统安全的另一个因素；计算机病毒和黑客攻击也是造成系统不安全的主要因素之一
其他因素	系统安全一旦发生问题，能将损失降到最小，并将产生的影响限制在许可的范围内，保证迅速有效地恢复系统运行的一切因素，如安全管理制度

从影响系统安全的因素可以看出，信息系统安全的影响因素众多，有直接和间接的，有内部和外部的，也有技术和非技术的，因此信息系统的安全管理不仅仅是一个技术问题，也是一个需要法律、制度、管理等因素相互配合的复杂系统工程。

8.8.3　系统安全管理原则

信息系统安全管理主要基于以下三个原则：

1）多人负责原则

每一项与系统安全有关的活动，都必须有两人或多人在场，这些人员应该签署工作情况记录以证明安全工作已得到保障。以下是各项与安全有关的活动：

（1）访问控制使用证件的发放与回收；

（2）信息处理系统使用的媒介发放与回收；

（3）处理保密信息的规定；

（4）硬件和软件的维护；

（5）系统软件的设计、实现和修改；

（6）重要程序和数据的删除等。

2）任期有限原则

任何人员最好不要长期担任与系统安全有关的工作，以保证系统的安全性。根据这一原则，系统安全管理人员应不定期循环就职，并规定对工作人员进行轮流培训，使得这一制度切实可行。

3）职责分离原则

与信息系统安全有关的工作人员在未经领导允许的情况下，不要打听、了解或参与职责以外的任何与安全有关的事情。出于对系统安全的考虑，一般情况下，下面每组内的两项信息处理工作应当分开：

（1）计算机操作与计算机编程；

（2）机密资料的接收与传送；

（3）安全管理与系统管理；

（4）应用程序与系统程序的编制；

（5）访问证件的管理与其他工作；

（6）计算机操作与信息系统使用媒介的保管等。

8.8.4　系统安全管理措施

信息系统安全应有相应的管理措施，一般可包括：

1）实体安全措施：保障信息系统各种设备及环境设施的安全而采取的措施，包括场地环境、设备设施、供电、空气调节与净化、电磁屏蔽、信息存储介质等的安全。

2）技术安全措施：主要指在信息系统内部采用技术手段，防止对系统资源的非法使用和非法存取操作。

3）存取授权控制措施：通过对用户授权进行存取控制，即使合法用户进入系统，其所使用的资源及使用程度也应受到一定限制，这样一方面可以保证用户共享资源系统，防范人为的非法越权行为，另一方面也不会因误操作而对职权外的数据产生干扰。

4）网络防火墙技术措施：这是保证信息系统不受"黑客"攻击的一种控制性质的网络安全措施，防火墙可以在不妨碍正常信息流通的情况下，对内保护某一确定范围的网络信息，对外防范来自被保护网络范围以外的威胁与攻击。

5）运行安全管理措施：

（1）根据工作内容和信息的重要程度，确定各子系统的安全等级。

（2）根据系统各部分不同的安全等级，确定安全管理的范围。

（3）制定相应的机房出入管理制度。对于安全等级较高的系统，可以实行分区控制，限制工作人员出入与己无关的区域。出入管理可以采用证件识别或安装自动识别登记系统，采用磁卡等手段对人员进行识别管理。

（4）制定严格的操作规程。操作规程要根据职责分离和多人负责的原则，各负其责，不能超越自己的管辖范围。

（5）制定完备的系统维护制度。对系统进行维护时，应采取数据保护措施，如数据备份等。维护时要经主管部门批准，并有安全管理人员在场，故障原因、维护内容和维护前后的情况要详细记录。

（6）制定应急措施。要制定系统在紧急情况下尽快恢复的应急措施和应急预案，使损失减至最小。

复习思考题

1. 程序设计方法有哪三种？请选择一种进行简要介绍。
2. 简述系统测试的基本原则。
3. 黑盒测试可分为哪几种？请选择一种进行简要阐述。
4. 白盒测试有哪些特点？
5. 简述系统测试的主要过程。
6. 比较系统切换的三种方法各有什么优缺点？
7. 系统维护的主要内容是什么？
8. 如何针对不同的维护类型采用不同的维护方法？
9. 系统运行管理的组织可采用哪两种形式？请用图表示。
10. 系统第一次评价的指标体系有哪些？
11. 系统安全管理的主要内容有哪些？
12. 系统安全管理有哪三大原则？

第9章 工程管理信息系统课程设计示例

本章要点

本章是工程管理信息系统课程设计要求、可选题目和某房地产咨询公司管理信息系统开发示例，可以作为高校课程设计的参考，也可以供工程管理人员全面了解一个完整的系统开发过程。

9.1 课程设计要求

根据所学内容，选取一个自己比较熟悉的行业或应用领域（建议结合自己的专业，题目可自拟），为其设计一个管理信息系统，要求完成系统规划、系统分析和系统设计三个阶段的工作。

1）系统规划

这一阶段工作包括系统开发的准备工作（包括选题原因、选题背景等）、用户系统调查、系统规划方法和新系统开发初步计划四部分内容。

系统规划方法是这一阶段的重点，建议采用关键成功因素法和战略目标集转移法分别进行系统规划。前一种方法可以看出系统后续系统开发的重点，后一种方法可以初步确定后续系统开发的子系统。

系统开发的准备工作、用户系统调查和新系统开发初步计划这三部分有两种模式可以选用：一种是按照实际课程设计的情况进行，主要根据书本和网络资源进行准备，系统调查对象就是本组的同学，新系统开发计划的资源和时间也是按照课程设计提供的情况来写；第二种是模拟一个企业或者项目进行系统开发，用户系统调查可以模拟企业或项目中的相关人员访谈，新系统开发初步计划也可以模拟企业或项目资源和时间进行。

在系统规划阶段选择上述两种模式中的一种进行规划，后续的系统分析和系统设计都要按照同一模式进行，即按照实际课程设计情况的，后续系统分析和系统设计也是按照实际课程设计情况进行开发，选择第二种模式的后续系统分析和系统设计也需要一直按照模拟情况进行开发。

2）系统分析

系统分析主要包括：系统详细调查与分析、组织结构与功能分析、业务流程分析、数据与数据流分析和功能/数据分析。其中，系统详细调查与分析是可选内容。

（1）组织结构与功能分析的工具为组织结构图（一图）、业务功能分析图（一图）和组织/业务关系表（一表）。

（2）业务流程分析的工具为业务流程图（包括一张总图和若干张子图，子图数量和系统子系统数量对应）。

（3）数据与数据流分析的工具为数据流程图（一张父图和若干张子图，子图数量和系统子系统数量对应）和数据字典（包括处理逻辑、数据流、数据存储和数据项四大部分，有时会出现数据结构）。

（4）功能/数据分析的工具为 U/C 矩阵（包括其建立和求解，直至最后的系统功能划分和数据资源分布）。

3）系统设计

系统设计要包括：系统总体设计、系统数据库设计、代码设计、输入/输出及界面设计、模块功能与处理过程设计。

（1）系统总体设计包括系统划分图（一图）、系统平台设计（包括网络结构体系、网络设备配置、计算机配置和软件选择）和计算机处理流程设计图（数量和子系统数量对应）。

（2）系统数据库设计的工具为 E-R 图（一图）和关系数据结构设计（若干张表格）。

（3）代码设计的工具为代码设计表（一表）。

（4）输入/输出及界面设计包括输入方式、输入格式和校对方式设计，输出方式、类型和内容设计，以及界面设计（包括菜单方式和会话方式，一般采用数据库编程后的截图表示）。

（5）模块功能与处理过程设计的工具为 HIPO 图（H 图数量和子系统数量对应，IPO 图数量和 H 图中模块数量对应）。

系统分析和系统设计内容必须完整，完整包含两层含义：一是要包括所有的步骤和内容；二是每个子项，如数据字典等的内容必须完整，要包括整个系统。

整个系统开发报告内容要前后一致。

9.2 课程设计可选题目

工程管理信息系统课程设计题目大致可以分为三大类：一是工程项目管理方向；二是房地产方向；三是其他。

1）工程项目管理方向

（1）施工承包商索赔管理信息系统

（2）施工总承包商的施工日志管理系统

（3）施工现场建筑材料仓储管理信息系统

（4）针对施工总承包企业的单项工程现场管理信息系统

（5）工程物资采购管理信息系统

（6）EPC 模式下总承包商材料全生命周期管理信息系统

（7）施工现场建筑材料管理信息系统——针对施工总承包模式

（8）基于项目部的工程项目施工成本管理信息系统设计

（9）针对单个建筑施工企业的项目进度管理信息系统

（10）装配式建筑构件管理信息系统

（11）基于 BIM 的施工现场进度管理信息系统

2）房地产方向

（1）房地产开发公司业务管理信息系统

（2）房地产开发投资辅助决策管理信息系统

（3）针对开发商的商品住宅招标管理信息系统

（4）房地产开发企业销售管理信息系统

（5）房地产项目销售代理信息系统

（6）房地产开发企业的房产交易档案管理信息系统

（7）房地产咨询公司营销策划部门管理信息系统

（8）房产中介租赁管理信息系统

（9）商品房售后维修服务系统

（10）房地产企业客户管理信息系统

（11）养老社区物业管理信息系统

（12）大型商业管理公司物业管理信息系统分析与设计

（13）房地产开发公司薪酬管理信息系统

（14）针对单个房地产企业的楼盘销售管理信息系统

（15）绿色住宅智能化节能信息系统

3）其他

（1）南京市土地储备管理信息系统

（2）建筑企业人员工资管理信息系统

（3）施工企业成本管理信息系统

（4）招标代理机构的招标管理信息系统

（5）施工机械设备租赁管理信息系统

（6）南京市经济适用房管理信息系统

（7）大型体育场馆赛后运营优化管理信息系统

（8）承包商绿化管理信息系统

（9）南京市招标投标中心招标投标管理信息系统

（10）建筑周转材料租赁管理信息系统

（11）地铁施工安全监控管理信息系统

（12）特大型桥梁工程建管养一体化管理信息系统

上述选题仅供参考。这些选题相对范围较小，适合在校课程设计或大作业使用。有些选题范围还是比较宽泛的，设计时最好能够定义一个更为具体的范围，如明确用户企业和用户范围，适用的工程承发包模式等，减少系统分析和系统设计工作量。

以下为房地产咨询公司管理信息系统开发课程设计示例。

9.3　某房地产咨询公司管理信息系统规划

9.3.1　选题原因

随着房地产竞争的日益激烈，房地产开发不断成熟，房地产市场需要新型的房地产咨询公司提供服务，信息系统的开发能够满足其转型的要求。所以，我们选择房地产咨询公司管理信息系统进行分析与设计，主要包括四部分内容：市场调研与产品定位、楼盘销售推广、项目销售和售后服务，方便房地产咨询公司更好地提供服务。

9.3.2 用户系统调查

我们将采用文献综述的形式进行用户系统调查（具体内容省略）。

9.3.3 系统规划方法

9.3.3.1 关键成功因素法

1）确定和分解战略目标

通过了解房地产咨询公司的主要工作内容，确定我们设计的主要目的就是为房地产咨询公司设计相对通用的信息系统，联系实际，最终我们小组讨论确定了该系统设计的主要内容，主要包括以下四个模板：调研定位子系统；楼盘推广管理子系统；销售业务子系统；售后管理子系统。

2）确定关键成功因素

（1）关键成功因素包括以下四个：

①完整的定位因素信息库

②完整的楼盘推广信息库

③健全的销售机制

④良好的售后机制

（2）明确每个关键成功因素的性能指标和评估标准

性能指标一：完整的定位因素信息库

性能指标一的评估标准有三个，分别为：定位因素信息的完整性；定位因素信息的准确性；定位因素信息的时效性。

性能指标二：完整的楼盘推广信息库

性能指标二的评估标准有两个，分别为：前期看房客户信息的完整性；前期看房客户信息的有序性。

性能指标三：健全的销售机制

性能指标三的评估标准有三个，分别为：已售房产信息的完备性；销售人员信息的准确性；销售人员考核信息的完整性。

性能指标四：良好的售后机制

性能指标四的评估标准有两个，分别为：客户信息的完备性；满意度反馈机制的时效性。

3）关键成功因素规划图

采用关键成功因素法，绘制的信息系统规划图如图9.1所示。

也可以采用鱼刺图的形式，如图9.2所示。

9.3.3.2 战略目标集转移法

1）识别组织战略集

（1）画出组织的关联集团结构

关联集团主要包括：业主（YZ）；调研部（DY）；销售部（XS）；客户（KH）和企业高层（GC）。

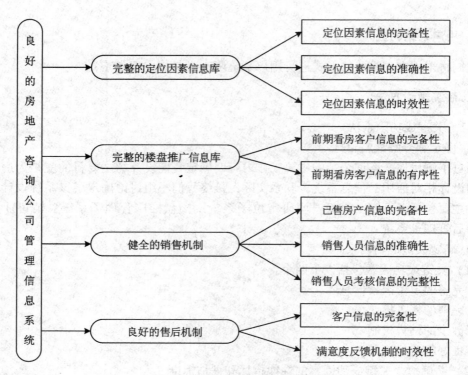

图 9.1　关键成功因素法规划图

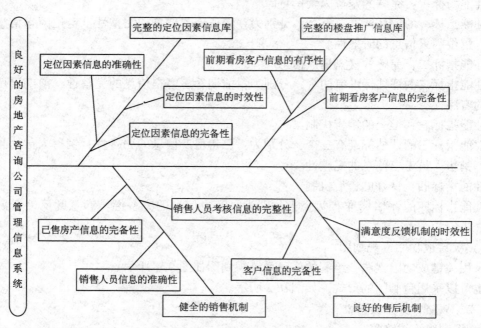

图 9.2　关键成功因素规划法鱼刺图

272

（2）确定关联集团的要求

在上述关联集团的确定后，确定各关联集团的要求。其中，业主（YZ）的要求包括：销售人员考评；成交信息；客户信息；客户反馈。调研部（DY）要求包括：地块基本信息；周围楼盘信息；区域信息；交通情况；看房客户信息；客户需求及接受价格；了解途径。销售部（XS）的要求包括：区域信息；交通情况；销售人员考评；成交信息。客户（KH）的要求包括：客户信息；客户反馈。企业高层（GC）的要求包括：销售人员考评；成交信息；客户反馈；开发项目改进。

（3）定义组织相对于每个关联集团的任务和战略

组织目标：地块基本信息；周围楼盘信息；区域信息；交通情况；看房客户信息；客户需求及接受价格；了解途径；销售人员考评；成交信息；客户信息；客户反馈；开发项目改进。

组织战略：定位因素全面准确措施；推广信息库完善措施；销售信息库完善措施；售后机制到位措施；企业改进措施。

战略属性：对管理者的电脑水平要求高；管理信息化是必然趋势；利害关系复杂；对数据全面、准确要求高。

2）组织战略集转化为 MIS 战略集

首先确定 MIS 目标如下：为业主投资提供全面信息；对开盘提出建设性意见；生成销售报告；考核销售人员绩效；生成反馈报告。

然后对组织战略集的每个元素识别相应的 MIS 战略的约束，即：系统涉及多个组织群体；缩减楼盘推广资金的可能性；系统必须采用管理技术及计算机知识；系统必须提供内容范围的报告。

接着根据上述 MIS 目标和约束提出 MIS 战略，包括：调研定位信息子系统；楼盘销售推广子系统系统；销售管理子系统；售后反馈子系统。

3）战略目标集转移法规划示意图（图9.3）

9.3.4　新系统开发初步计划

我们设计的是房地产咨询公司的信息系统，该项目定义为：主要用于调研定位信息、楼盘销售推广、楼盘销售和售后反馈四部分内容。该系统所服务的公司：＊＊房地产咨询代理公司，规模任意；主要业务是针对业主提供的地块，进行定位设计并负责后期的销售和售后反馈。

该系统的主要用户包括：房地产咨询公司的相关人员。

该系统的边界：企业的财务系统——工资核算；网上房地产交易中心；设计部门的设计方案比较系统和客户管理系统。

人员安排和进度报告可根据文献综述或模拟情况进行编写。

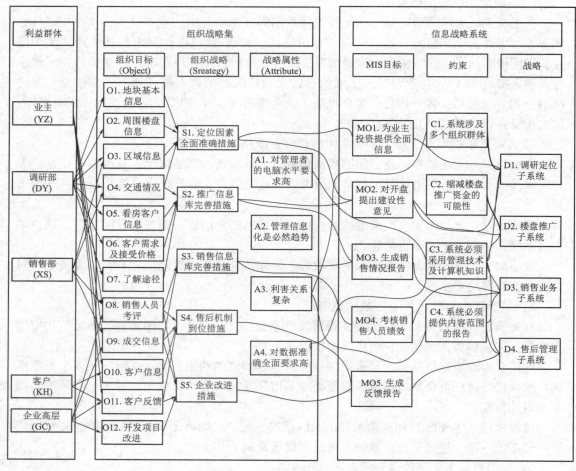

图 9.3　战略目标集转移法

9.4　某房地产咨询公司管理信息系统分析

系统分析的第一步是系统详细调查与分析，这里略过，可根据文献调研或模拟公司情况进行撰写。

9.4.1　组织结构和业务功能分析

9.4.1.1　组织结构分析

根据文献综述，确定该房地产咨询公司采用直线职能式组织结构，如图 9.4 所示。

9.4.1.2　组织/业务关系分析

表 9.1 为房地产咨询公司的组织/业务关系表。组织/业务关系表的纵向来源于业务功能一览表，横向来源于组织结构图。

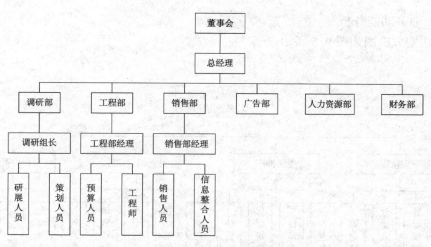

图 9.4　房地产咨询公司组织结构图

组织/业务关系表　　　　　　　　　　　　　　表 9.1

功能	序号	业务＼关系＼组织	调研部 研展专员	调研部 策划人员	工程部 预算人员	销售部 销售人员	销售部 信息整合人员	销售部 销售部经理	广告部	人力资源部	财务部
调研定位信息	1	登记地块基本信息	*		√				√		
	2	登记周边楼盘信息	*		√				√		
	3	分析人文交通情况	*		√						
	4	确定楼盘定位	×	*				√			
楼盘推广	5	录入潜在客户信息				*				√	
	6	传递客户建议				*		×			
	7	反馈媒介宣传效果				×	×		*		
	8	估算楼盘价格	×		*	√			×		√
开展销售业务	9	确立销售目标		×		×		*			
	10	登记销售人员信息				×	×			*	
	11	登记成交房源信息				*					×
	12	销售目标对比反馈		×				*			
	13	考核销售人员绩效			√	×	×	×			*
售后管理	14	登记购房客户信息				×	*				
	15	登记客户满意度				×	*	×			
	16	管理客户信息平台				×	*	×			

注："*"表示该项业务是对应组织的主要业务；

"×"表示该单位是参加协调该项业务的辅助单位；

"√"表示该单位是该项业务的相关单位；

"空格"表示该单位与对应业务无关。

275

9.4.1.3 业务功能分析

业务功能分析图如图9.5所示。

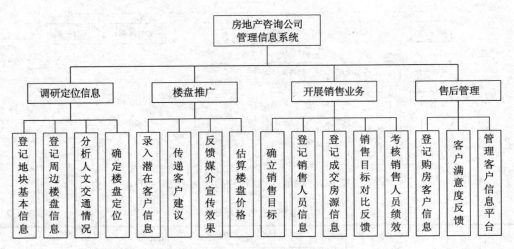

图9.5 业务功能分析图

9.4.2 业务流程分析

9.4.2.1 业务流程总图

业务流程总图如图9.6所示。

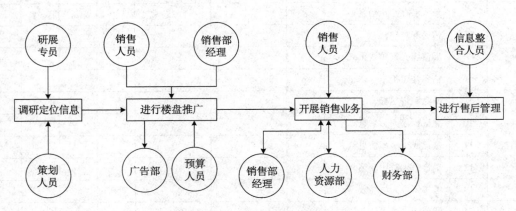

图9.6 业务流程总图

9.4.2.2 调研定位信息业务流程图

调研定位信息业务流程图如图 9.7 所示。

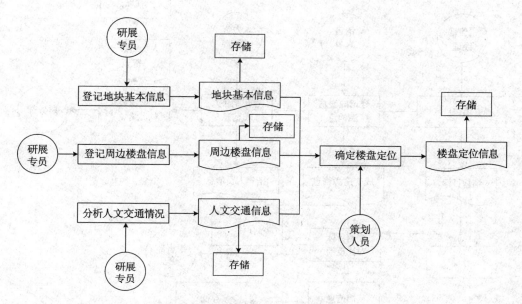

图 9.7 调研定位信息业务流程图

9.4.2.3 楼盘销售推广业务流程图

楼盘推广业务流程图如图 9.8 所示。

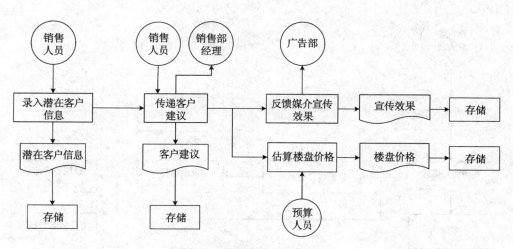

图 9.8 楼盘推广业务流程图

9.4.2.4 开展销售业务流程图

开展销售业务流程图如图9.9所示。

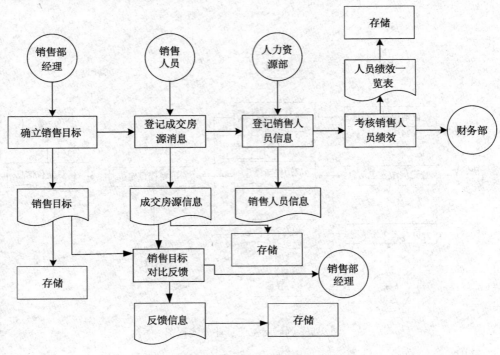

图 9.9 开展销售业务流程图

9.4.2.5 售后管理业务流程图

售后管理业务流程图如图9.10所示。

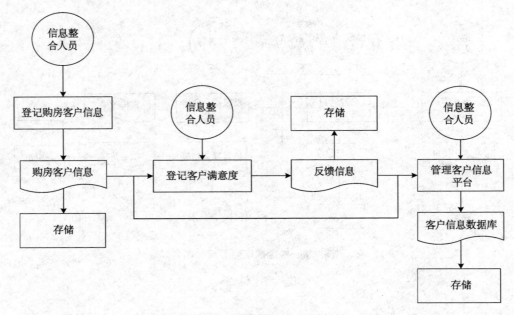

图 9.10 售后管理业务流程图

9.4.3 数据与数据流分析

9.4.3.1 数据流程图

本系统的数据流程图是以父子图的形式体现的。即顶层图为"父"与一级细化图为"子"的结合图，如图9.11所示。

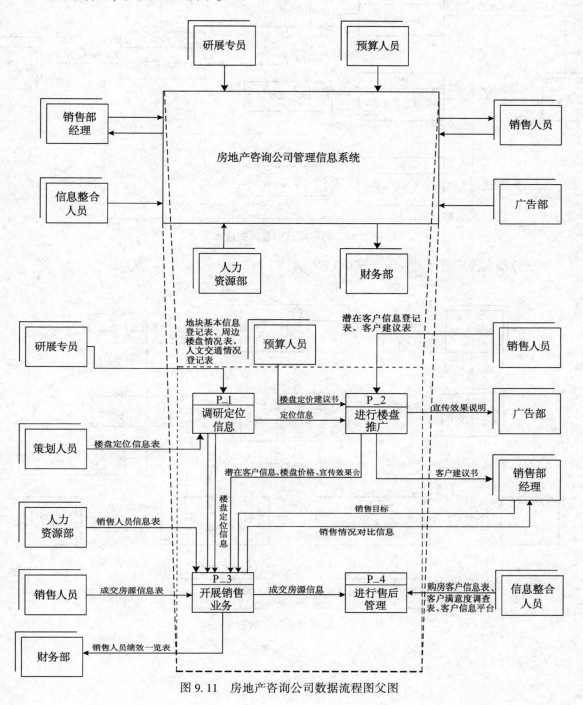

图 9.11 房地产咨询公司数据流程图父图

调研定位信息数据流程图如图 9.12 所示。

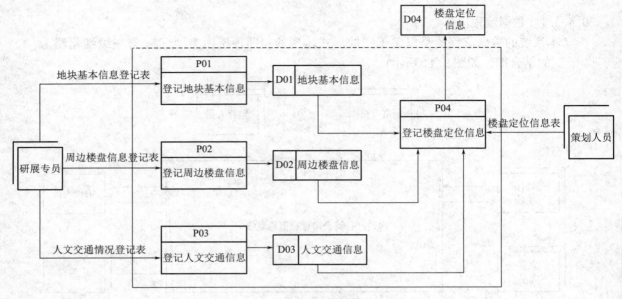

图 9.12 调研定位信息数据流程图

进行楼盘推广数据流程图如图 9.13 所示。

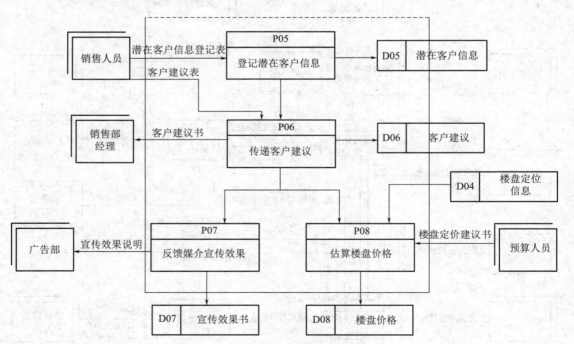

图 9.13 进行楼盘推广数据流程图

开展销售业务数据流程图如图 9.14 所示。

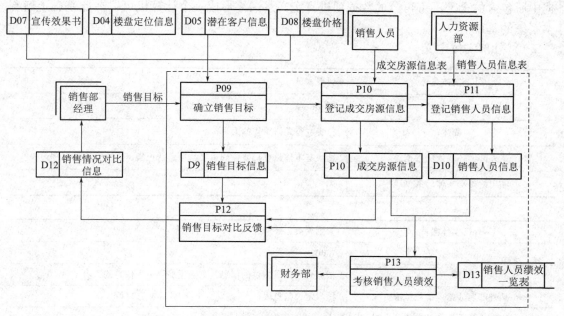

图 9.14　开展销售业务数据流程图

开展售后业务数据流程图如图 9.15 所示。

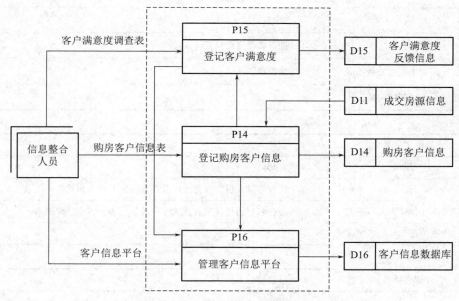

图 9.15　进行售后管理数据流程图

9.4.3.2　数据字典

数据字典是对图 9.11～图 9.15 数据流程图的详细定义及说明。鉴于在业务流程图里人工参与的部分都在数据流程图里被剔除，数据流程图就变成了一个比较抽象的难以理解的图。数据字典依据数据图分成处理逻辑、数据流及数据存储三块分别定义。再对这些数据中所包含的全部不可再分的数据项进行定义，最终形成一个计算机可以在此基础上解释本系统的基础。

1) 外部实体定义

外部实体名称	研展专员
编号	WB01
简述	负责进行调研工作的人员
从外部实体输入的数据流	地块基本信息登记表，周边楼盘信息登记表，人文交通情况登记表
输出给外部实体的数据流	无

外部实体名称	策划人员
编号	WB02
简述	根据研展专员提供的信息，为业主提供策划信息的人员
从外部实体输入的数据流	楼盘定位信息表
输出给外部实体的数据流	无

外部实体名称	预算人员
编号	WB03
简述	进行楼盘价格预算的人员
从外部实体输入的数据流	楼盘定价建议书
输出给外部实体的数据流	无

外部实体名称	销售人员
编号	WB04
简述	销售楼盘人员，负责推广及楼盘销售，录入相关客户信息
从外部实体输入的数据流	潜在客户信息登记表、成交房源信息表、客户建议表
输出给外部实体的数据流	无

外部实体名称	信息整合人员
编号	WB05
简述	负责信息整合的人员，将各部门提交的表格进行整理
从外部实体输入的数据流	购房客户信息表、客户满意度调查表、客户信息平台
输出给外部实体的数据流	无

外部实体名称	销售部经理
编号	WB06
简述	销售部负责人
从外部实体输入的数据流	销售目标
输出给外部实体的数据流	客户建议书、销售情况对比信息

外部实体名称	广告部
编号	WB07
简述	负责楼盘广告设计与宣传的部门
从外部实体输入的数据流	无
输出给外部实体的数据流	宣传效果说明

外部实体名称	人力资源部
编号	WB08
简述	管理公司人力资源的部门
从外部实体输入的数据流	销售人员信息表
输出给外部实体的数据流	无

外部实体名称	财务部
编号	WB09
简述	考核销售人员绩效的部门
从外部实体输入的数据流	无
输出给外部实体的数据流	销售人员绩效一览表

2) 处理逻辑定义

名称	登记地块基本信息
编号	P01
简述	登记业主提供的地块基本信息，生成完整的地块基本信息表
输入	地块基本信息登记表
输出	地块基本信息
处理	①研展专员输入地块基本信息登记表并核实 ②生成完整的地块基本信息，进行存储

名称	登记周边楼盘信息
编号	P02
简述	登记地块 10 km 范围内楼盘的基本信息，生成完整的周边楼盘信息表
输入	周边楼盘信息登记表
输出	周边楼盘信息
处理	①研展专员输入地块周边楼盘登记表并核实 ②生成完整的周边楼盘信息数据，进行存储

名称	登记人文交通信息
编号	P03
简述	调研地块所在区域的人文风俗以及导入该地区的交通信息，生成完整的地块人文交通信息表
输入	人文交通信息登记表
输出	人文交通情况
处理	①研展专员输入人文交通信息表 ②生成完整的人文交通信息并核实，进行存储

名称	登记楼盘定位信息
编号	P04
简述	将地块基本信息、周边楼盘信息、人文交通信息、楼盘定位信息表汇总成楼盘定位信息
输入	地块基本信息、周边楼盘信息、人文交通信息、楼盘定位信息
输出	楼盘定位信息
处理	①接收已完成的地块基本信息、周边楼盘信息和人文交通信息 ②策划人员输入楼盘定位信息表并核实 ③将信息进行汇总，形成楼盘定位信息，进行存储

名称	登记潜在客户信息
编号	P05
简述	登记潜在客户的个人基本信息、关于价格的建议以及了解到该楼盘的媒体渠道
输入	潜在客户信息登记表
输出	潜在客户信息
处理	①销售人员输入潜在客户信息登记表并核实 ②生成完整的潜在客户信息，进行存储

名称	传递客户建议
编号	P06
简述	传递客户关于价格的建议以及了解到该楼盘的媒体渠道
输入	潜在客户信息、客户建议表
输出	客户建议、客户建议书
处理	①接收已完成的潜在客户信息和销售人员输入的客户建议表 ②将信息进行汇总整合，形成客户建议书传递给销售部经理 ③生成完整的客户建议，进行存储

名称	反馈媒介宣传效果
编号	P07
简述	反馈客户关于价格的建议以及了解到该楼盘的媒体渠道的信息
输入	客户建议
输出	宣传效果说明
处理	①接收已完成的客户建议 ②将信息进行分析，形成宣传效果说明传递给广告部 ③生成完整的宣传效果书，进行存储

名称	估算楼盘价格
编号	P08
简述	根据预算人员的计算以及客户建议确定楼盘价格
输入	客户建议、楼盘定价建议书、定位信息
输出	楼盘价格
处理	①接收已完成的客户建议和定位信息 ②接收预算人员已完成的楼盘定价建议书 ③生成估算的楼盘价格，进行存储

名称	确立销售目标
编号	P09
简述	销售经理根据各项信息确立销售目标
输入	定位信息、潜在客户信息、楼盘价格、销售目标、宣传效果书
输出	销售目标信息
处理	①接收已完成的定位信息、潜在客户信息、楼盘价格和宣传效果书 ②接收销售经理输入的销售目标 ③形成销售目标信息，进行存储

名称	登记销售人员信息
编号	P10
简述	登记销售人员的个人基本信息，生成完整的销售人员信息
输入	销售人员信息表
输出	销售人员信息
处理	①人力资源部门输入销售人员信息表并核实 ②生成完整的销售人员信息数据，进行存储

名称	登记成交房源信息
编号	P11
简述	登记成交房源的价格、面积等信息，及销售目标
输入	成交房源信息表、销售目标
输出	成交房源信息信息
处理	①销售人员输入不断更新的成交房源信息表 ②接收已完成的销售目标信息 ③汇总整合生成成交房源信息，进行存储

名称	销售目标对比反馈
编号	P12
简述	将销售目标与实际的情况进行对比，了解实际的销售情况
输入	销售目标信息、成交房源信息、销售人员绩效一览表
输出	销售情况对比信息
处理	①接收已完成的销售目标信息、成交房源信息和销售人员绩效 ②对比销售目标与实际的成交房源、销售目标与销售人员绩效，形成销售情况对比信息进行存储，并反馈给销售部经理

名称	考核销售人员绩效
编号	P13
简述	根据房源成交信息以及销售人员信息，依据绩效考核表进行绩效考核，生成销售人员绩效考核一览表
输入	成交房源信息、销售人员信息
输出	销售人员绩效一览表
处理	①接收已完成的成交房源信息和销售人员信息 ②根据绩效考核表（如下所示），考核各销售人员的绩效 ③生成销售人员绩效一览表，进行存储，并传递给财务部

销售人员绩效考评表

条件															状态
	月销售量排名	前20%	Y	Y	Y	Y	N	N	N	N	N	N	N	N	N	
		前50%	—	—	—	—	Y	Y	Y	Y	N	N	N	N	N	
		后50%	N	N	N	N	N	N	N	N	Y	Y	Y	Y	Y	
	成交价与预算价偏差	≤10%	Y	Y	N	N	Y	Y	N	N	Y	Y	N	N	N	
		>10%	N	N	Y	Y	N	N	Y	Y	N	N	Y	Y	Y	
	业主满意度	满意	Y	N	Y	N	Y	N	Y	N	Y	N	Y	N	N	
		一般	N	Y	N	Y	N	Y	N	Y	N	Y	N	Y	Y	
评选方案	特级销售人员		#													评定规则
	高级销售人员			#	#		#									
	中级销售人员					#		#	#	#						
	初级销售人员											#	#	#	#	

名称	登记购房客户信息
编号	P14
简述	根据购房客户信息表和成交房源信息，生成购房客户信息
输入	购房客户信息表、成交房源信息
输出	购房客户信息
处理	①接收已完成的成交房源信息 ②信息整合人员输入购房客户信息表 ③生成完整的购房客户信息，进行存储

名称	登记客户满意度
编号	P15
简述	登记购房客户对购买过程中与购买后的服务的满意程度
输入	客户满意度调查表、购房客户信息
输出	客户满意度反馈信息
处理	①接收已完成的购房客户信息 ②信息整合人员输入客户满意度调查表 ③整合生成客户满意度反馈信息，进行存储

名称	管理客户信息平台
编号	P16
简述	管理各个楼盘购房客户信息构成的信息平台
输入	客户信息平台、客户满意度反馈信息
输出	客户信息数据库
处理	①接收已完成的客户信息平台的信息和客户满意度反馈信息 ②整合本楼盘购房客户信息和客户满意度反馈信息进入公司客户信息系统 ③生成完成的客户信息数据库，进行存储管理

3）数据存储定义

名称	地块基本信息
编号	D01
简述	调查所得的待开发地块的相关信息
流入的数据流	"登记地块基本信息"处理逻辑
流出的数据流	"登记楼盘定位信息"处理逻辑
数据存储的组成	地块信息+地块地点+地块规模+使用年限+容积率

名称	周边楼盘信息
编号	D02
简述	研展专员调研所得的待开发地块周围楼盘的信息
流入的数据流	"登记周边楼盘信息"处理逻辑
流出的数据流	"登记楼盘定位信息"处理逻辑
数据存储的组成	周边楼盘编号+周边楼盘基本信息+周边楼盘主要人群

名称	人文交通信息
编号	D03
简述	研展专员调研所得的待开发地块所在区域的人文交通信息
流入的数据流	"登记人文交通信息"处理逻辑
流出的数据流	"登记楼盘定位信息"处理逻辑
数据存储的组成	区域文化+交通情况

名称	楼盘定位信息
编号	D04
简述	策划人员根据研展专员提供的相关信息对待开发地块提出的定位信息
流入的数据流	"登记楼盘定位信息"处理逻辑
流出的数据流	"估算楼盘价格""确立销售目标"处理逻辑
数据存储的组成	楼盘编号+楼盘基本信息+定位信息

名称	潜在客户信息
编号	D05
简述	在推广阶段前来看房并有意向购房者的信息
流入的数据流	"登记潜在客户信息"处理逻辑
流出的数据流	"确立销售目标"处理逻辑
数据存储的组成	潜在客户基本信息+理想户型+理想价格+客户基本建议

名称	客户建议
编号	D06
简述	潜在客户提出的关于楼盘户型、价格、销售人员等方面的建议
流入的数据流	"传递客户建议"处理逻辑
流出的数据流	无
数据存储的组成	客户理想户型+理想价格+客户基本建议

名称	宣传效果书
编号	D07
简述	从推广时期的客户得知的关于了解途径方面的信息
流入的数据流	"反馈媒介宣传效果"处理逻辑
流出的数据流	"确立销售目标"处理逻辑
数据存储的组成	看房客户了解楼盘的途径+看房客户熟悉楼盘的程度+宣传程度

名称	楼盘价格
编号	D08
简述	预算人员综合客户建议、定位信息等算出的楼盘价格
流入的数据流	"估算楼盘价格"处理逻辑
流出的数据流	"确立销售目标"处理逻辑
数据存储的组成	楼盘预估价格

名称	销售目标信息
编号	D09
简述	预期所定的销售量，销售业绩
流入的数据流	"确立销售目标处理"处理逻辑
流出的数据流	"销售目标对比反馈"处理逻辑
数据存储的组成	销售量+销售业绩

名称	销售人员信息
编号	D10
简述	销售人员基本信息
流入的数据流	"登记销售人员信息"处理逻辑
流出的数据流	"考核销售人员绩效"处理逻辑
数据存储的组成	销售人员基本信息+以往销售业绩

名称	成交房源信息
编号	D11
简述	成交房源的户型、价格等基本信息
流入的数据流	"登记成交房源信息"处理逻辑
流出的数据流	"销售目标对比反馈""考核销售人员绩效"处理逻辑
数据存储的组成	成交房源基本信息+成交价格+成交客户姓名+客户联系方式

名称	销售情况对比信息
编号	D12
简述	潜在客户与成交客户对比反馈所得信息
流入的数据流	"销售目标对比反馈"处理逻辑
流出的数据流	"销售部经理"外部实体
数据存储的组成	购房客户姓名+成交房型+成交价格

名称	销售人员绩效一览表
编号	D13
简述	销售人员销售业绩
流入的数据流	"考核销售人员绩效"处理逻辑
流出的数据流	"销售目标对比反馈"处理逻辑
数据存储的组成	销售人员绩效+销售总额

名称	购房客户信息
编号	D14
简述	成交客户信息
流入的数据流	"登记购房客户信息"处理逻辑
流出的数据流	无
数据存储的组成	购房基本信息+成交户型+所购房具体地址

名称	客户满意度反馈信息
编号	D15
简述	售后对客户进行满意度调查所得信息
流入的数据流	"登记客户满意度" 处理逻辑
流出的数据流	"管理客户信息平台" 处理逻辑
数据存储的组成	反馈问题+购房客户满意度+调查问卷结果

名称	客户信息数据库
编号	D16
简述	总体管理购房成交客户信息的数据库
流入的数据流	"管理客户信息平台" 处理逻辑
流出的数据流	无
数据存储的组成	客户姓名+联系方式+门牌住址+建议

4）数据流定义

序号	名称	编号	简述	数据流来源	数据流去向	数据流组成
1	地块基本信息登记表	S01	研展专员调查所得的地块基本信息	"研展专员" 外部实体	"登记地块基本信息" 处理逻辑	地块地点+地块规模+使用年限+容积率
2	周边楼盘信息登记表	S02	研展专员调查所得的周围楼盘信息	"研展专员" 外部实体	"登记楼盘周边信息" 处理逻辑	周边楼盘编号+周边楼盘基本信息+周边楼盘主要人群
3	人文交通情况登记表	S03	研展专员调查所得的人文交通情况	"研展专员" 外部实体	"登记人文交通信息" 处理逻辑	区域文化+交通情况
4	潜在客户信息登记表	S04	销售人员推广时所得的潜在客户信息	"销售人员" 外部实体	"登记潜在客户信息" 处理逻辑	潜在客户基本信息+理想户型+理想价格+客户基本建议
5	楼盘定位信息表	S05	策划人员根据相关信息制定的楼盘定位信息	"策划人员" 外部实体	"登记楼盘定位信息" 处理逻辑	楼盘编号+楼盘基本信息+定位信息
6	客户建议书	S06	潜在客户看房时所提的建议	"传递客户建议" 处理逻辑	"销售部经理" 外部实体	客户理想户型+理想价格+客户基本建议
7	宣传效果说明	S07	不同宣传方式所带来的效果	"反馈媒介宣传效果" 处理逻辑	"广告部" 外部实体	宣传途径+宣传程度

序号	名称	编号	简述	数据流来源	数据流去向	数据流组成
8	销售目标	S08	销售部经理制定的销售目标	"销售部经理"外部实体	"确立销售目标"处理逻辑	销售量+销售业绩
9	销售人员信息表	S09	人力资源部提供的销售人员信息	"人力资源部"外部实体	"登记销售人员信息"处理逻辑	销售人员基本信息+以往销售业绩
10	成交房源信息表[1]	S10	销售人员提供的成交房源信息	"销售人员"外部实体	"登记成交房源信息"处理逻辑	成交房源基本信息+价格+成交客户姓名+客户联系方式
11	客户满意度调查表	S11	信息整合人员提供的满意度情况	"信息整合人员"外部实体	"登记客户满意度"处理逻辑	客户满意度
12	购房客户信息表	S12	信息整合人员提供的购房客户信息	"信息整合人员"外部实体	"登记购房客户信息"处理逻辑	购房客户基本信息+成交户型+所购房具体地址
13	客户信息平台	S13	信息整合人员整合的客户信息	"信息整合人员"外部实体	"管理客户信息平台"处理逻辑	客户姓名+联系方式+门牌住址+建议

5) 数据结构定义

名称	地块信息
编号	E01
简述	地块的信息
组成	地理位置+行政区划+地块面积

名称	周边楼盘基本信息
编号	E02
简述	周边楼盘的基本信息
组成	周边楼盘名称+周边楼盘价格+周边楼盘户型+周边楼盘建筑风格

名称	交通情况
编号	E03
简述	楼盘的基本人文交通情况
组成	有无地铁/公交+交通概况描述

名称	定位信息
编号	E04
简述	初期的楼盘定位情况
组成	楼盘名称+建筑风格+商业配套布局+户型+面积+管网布局+公共设施

名称	潜在客户基本信息
编号	E05
简述	潜在客户的基本信息
组成	潜在客户姓名+潜在客户性别+潜在客户身份证号+潜在客户联系方式+潜在客户月收入+潜在客户职业

名称	客户基本建议
编号	E06
简述	看房客户对于楼盘的建议
组成	价格及优惠建议+物业建议

名称	销售人员基本信息
编号	E07
简述	销售人员的基本信息
组成	销售人员工号+销售人员姓名+销售人员性别+销售人员联系方式

名称	成交房源基本信息
编号	E08
简述	已成交房源的基本信息
组成	销售人员工号+房屋编号+面积+朝向+区位+楼层+户型+配套设施+装修情况

名称	销售人员绩效
编号	E09
简述	销售人员绩效
组成	销售人员工号+销售人员姓名+成交数量+成交价格

名称	购房客户基本信息
编号	E10
简述	购房客户的基本信息
组成	购房客户姓名+购房客户性别+购房客户身份证号+购房客户联系方式+购房客户月收入+购房客户职业+房屋编号+购房日期

6）数据项定义

序号	名称	编号	简述	别名	数据类型	长度	取值含义
1	地理位置	DL01	地块的地理位置	无	字符型	20	汉字表示地块在该地区所处的位置
2	行政区划	DL02	行政区域	无	字符型	8	汉字表示地块所处行政区域
3	地块面积	DL03	待售房屋的面积。用＊＊＊表示房屋面积	房屋面积	数值型	10	数字表示待售房屋面积为＊＊＊m^2
4	周边楼盘名称	ZB01	给周边楼盘的名称	无	字符型	20	汉字代表楼盘的名字
5	周边楼盘价格	ZB02	给周边楼盘的价格	无	数值型	10	汉字表示周边楼盘的价格
6	周边楼盘户型	ZB03	周边楼盘房屋的户型	房屋户型	字符型	12	汉字表示待售房屋的户型，如三室二厅两卫
7	周边楼盘建筑风格	ZB04	周边楼盘的建筑风格	无	字符型	20	汉字表示周边楼盘的建筑风格
8	有无地铁/公交	RW01	楼盘所处位置有无地铁/公交	无	字符型	20	汉字表示楼盘附近有无地铁/公交
9	交通概况描述	RW02	交通情况描述	无	字符型	50	汉字表示周边交通情况
10	楼盘名称	LP01	给楼盘的名称	无	字符型	10	汉字代表楼盘的名字
11	建筑风格	LP02	楼盘的建筑风格	无	字符型	20	汉字表示楼盘的建筑风格
12	商业配套布局	LP03	楼盘附近消费产业的布局	无	字符型	60	汉字表示楼盘附近的消费产业，如超市、商店、菜场等
13	户型	LP04	代售房屋的户型	房屋户型	字符型	12	汉字表示待售房屋的户型，如三室二厅两卫
14	面积	LP05	待售房屋的面积。用＊＊＊表示房屋面积	房屋面积	数值型	10	数字表示待售房屋面积为＊＊＊m^2
15	管网布局	LP06	房屋内及周边的基础设施	无	字符型	20	汉字表示房屋内及周边的基础设施，如电力、电信、网络等
16	公共设施	LP07	待售房屋出售时所配备的设施	无	字符型	20	汉字表示待售房屋的出售时所配备的设施
17	潜在客户姓名	KH01	潜在客户身份证上登记的姓名	无	字符型	8	汉字表示潜在客户的中文名称
18	潜在客户性别	KH02	潜在客户的性别	无	字符型	2	用"男"或"女"表示潜在客户的性别
19	潜在客户身份证号	KH03	潜在客户的身份证号码	无	数值型	18	数字表示客户的身份证号码

序号	名称	编号	简述	别名	数据类型	长度	取值含义
20	潜在客户联系方式	KH04	潜在客户的手机或固定电话	客户电话	数值型	11	数字表示客户的电话号码
21	潜在客户月收入	KH05	潜在客户的大致月收入	无	数值型	8	潜在数字表示客户的大致月收入为＊＊＊＊＊＊＊＊元
22	潜在客户职业	KH06	潜在客户的主要职业	无	字符型	8	汉字表示潜在客户的主要职业
23	价格及优惠建议	JY01	客户意向的房屋价位	无	字符型	50	汉字表示客户意向的房屋价格及优惠政策
24	物业建议	JY02	客户对房屋物业的建议	无	字符型	40	汉字表示客户对房屋物业的一些要求
25	看房客户了解楼盘的途径	XC01	看房客户了解楼盘信息的途径	无	字符型	20	汉字表示看房客户通过何种途径来了解楼盘信息
26	看房客户熟悉楼盘的程度	XC02	看房客户对楼盘的熟悉程度	无	字符型	10	汉字表示看房客户对楼盘的熟悉程度
27	楼盘预估价格	LPO1	给楼盘定的价格	无	数值型	6	数字表示楼盘的价格
28	销售人员工号	XS01	销售人员的工作编号	无	字符型	6	数字表示销售人员的工号
29	销售人员姓名	XS02	销售人员身份证上登记的姓名	无	字符型	8	汉字表示销售人员的中文名称
30	销售人员性别	XS03	销售人员的性别	无	字符型	2	用"男"或"女"表示销售人员的性别
31	销售人员联系方式	XS04	销售人员的手机或固定电话	销售人员电话	数值型	11	数字表示销售人员的电话号码
32	销售人员工号	FY02	销售人员的工作编号	无	字符型	20	数字表示销售人员的工号
33	房屋编号	FY03	给房屋的编号	无	字符型	20	字母和数字代表房屋的编号
34	面积	FY04	房屋的面积，用＊＊＊表示房屋面积	房屋面积	数值型	10	数字表示房屋面积为＊＊＊m^2
35	朝向	FY05	房屋的朝向	房屋朝向	字符型	10	汉字表示待售房屋的朝向，如东、南、西南
36	区位	FY06	房屋的区位	房屋区位	字符型	8	汉字表示房屋的具体地址
37	楼层	FY07	套房所在的楼层	无	数值型	2	数字表示套房所在的楼层
38	户型	FY08	房屋的户型	房屋户型	字符型	10	汉字表示待售房屋的户型，如三室二厅两卫

序号	名称	编号	简述	别名	数据类型	长度	取值含义
39	配套设施	FY09	房屋的出售时所配备的设施	无	字符型	20	汉字表示房屋出售时所配备的设施
40	装修情况	FY10	房屋的装修情况	无	字符型	10	汉字表示房屋的装修情况，如毛坯房、成品房
41	销售人员工号	JX01	销售人员的工作编号	无	字符型	20	数字表示销售人员的工号
42	成交数量	JX02	销售人员某阶段的房屋成交量	无	数值型	8	数字表示销售人员某阶段的房屋成交量
43	成交价格	JX03	房屋的成交价格	成交价	数值型	8	数字表示房屋的成交价为 * * * * * * * * 元
44	购房客户姓名	GF01	购房客户身份证上登记的姓名	无	字符型	8	汉字表示购房客户的中文名称
45	购房客户性别	GF02	购房客户的性别	无	字符型	2	用"男"或"女"表示购房客户的性别
46	购房客户身份证号	GF03	购房客户的身份证号码	无	数值型	18	数字表示购房客户的身份证号码
47	购房客户联系方式	GF04	客户的手机或固定电话	客户电话	数值型	11	数字表示购房客户的电话号码
48	购房客户月收入	GF05	购房客户的大致月收入	无	数值型	8	数字表示购房客户的大致月收入为 * * * * * * * * 元
49	购房客户职业	GF06	客户的主要职业	无	字符型	8	汉字表示购房客户的主要职业
50	房屋编号	GF07	已购房屋的编号	无	字符型	20	字母和数字代表已购房屋的编号
51	购房日期	GF08	房屋开盘的具体时间。用 * * * * - * - * * 表示房屋开盘的年月日	无	字符型	10	前四个数字：* * * * 年　中间两个数字：* * 月　最后两个数字：* * 日
52	反馈问题	FK01	购房客户对公司销售、售后服务所反馈的问题和意见	无	字符型	100	汉字和数字表示购房客户反馈的服务问题、意见的具体内容
53	购房客户满意度	FK02	购房客户对公司销售、售后服务的评价反馈。分4个等级	无	字符型	1	A：很满意　B：较满意　C：较不满意　D：很不满意
54	调查问卷结果	FK03	企业发放调查问卷后统计和分析的结果	无	字符型	1000	汉字和数字表示企业发放调查问卷后统计和分析的具体内容

9.4.4 功能/数据分析

经过初期对业务流程图及数据流程图进行分析，结合数据字典，总结出来 17 种数据类，与上面的组织业务关系相结合，得到 U/C 矩阵，如表 9.2 所示。

U/C 矩阵的建立　　　　　　　　　　　　　　　　　　　表 9.2

功能＼数据类	地块基本信息	周边楼盘信息	人文交通信息	楼盘定位信息	潜在客户信息	宣传效果书	客户建议	楼盘价格	成交房源信息	销售情况对比信息	销售目标	购房客户信息	销售人员信息	销售人员绩效一览表	客户满意度反馈信息	客户信息数据库
登记地块基本信息	C															
登记周边楼盘信息		C														
登记人文交通情况			C													
登记楼盘定位信息	U	U	U	C												
登记潜在客户信息					C											
传递客户建议					U		C									
反馈媒介宣传效果						C	U									
估算楼盘价格				U			U	C								
确立销售目标			U	U	U			U			C					
登记销售人员信息													C			
考核销售人员绩效									U				U	C		
登记成交房源信息									C							
销售目标对比反馈									U	C	U				U	
登记客户满意度												U			C	
登记购房客户信息												C				
管理客户信息平台												U			U	C

297

9.4.4.1 U/C 矩阵的求解

经过对表 9.2 中的矩阵优化，调换表中的列变量，使得"C"元素尽量地朝对角线靠近。得到优化的 U/C，如表 9.3 所示。

U/C 矩阵的求解　　　　　　　　　　　　　表 9.3

数据类　　　功能	地块基本信息	周边楼盘信息	人文交通信息	楼盘定位信息	潜在客户信息	客户建议	宣传效果书	楼盘价格	销售目标	销售人员信息	销售人员绩效一览表	成交房源信息	销售情况对比信息	购房客户信息	客户满意度反馈信息	客户信息数据库
登记地块基本信息	C															
登记周边楼盘信息		C														
登记人文交通情况			C													
登记楼盘定位信息	U	U	U	C												
登记潜在客户信息					C											
传递客户建议					U	C										
反馈媒介宣传效果						U	C									
估算楼盘价格				U		U		C								
确立销售目标				U	U		U	U	C							
登记销售人员信息										C						
考核销售人员绩效										U	C	U				
登记成交房源信息												C				
销售目标对比反馈									U		U	U	C			
登记购房客户信息														C		
登记客户满意度														U	C	
管理客户信息平台														U	U	C

9.4.4.2 系统功能划分和数据资源分布

通过这一矩阵就可以进行子系统的划分，确定子系统之间的共享数据，如表 9.4 和表 9.5 所示。

功能	数据类	地块基本信息	周边楼盘信息	人文交通信息	楼盘定位信息	潜在客户信息	客户建议	宣传效果书	楼盘价格	销售目标	销售人员信息	销售人员绩效一览表	成交房源信息	销售情况对比信息	购房客户信息	客户满意度反馈信息	客户信息数据库
调研定位信息	登记地块基本信息	C															
	登记周边楼盘信息		C														
	登记人文交通情况			C													
	登记楼盘定位信息	U	U	U	C												
进行楼盘推广	登记潜在客户信息					C											
	传递客户建议					U	C										
	反馈媒介宣传效果					U		C									
	估算楼盘价格				U	U			C								
开展销售业务	确立销售目标					U	U	U	U	C							
	登记销售人员信息										C						
	考核销售人员绩效										U	C		U			
	登记成交房源信息												C				
	销售目标对比反馈									U		U	U	C			
进行售后管理	登记购房客户信息														C		
	登记客户满意度														U	C	
	管理客户信息平台														U	U	C

299

数据资源分布后的U/C矩阵　　　　　　　　　　　　　　　　表9.5

功能	数据类	地块基本信息	周边楼盘信息	人文交通信息	楼盘定位信息	潜在客户信息	客户建议	宣传效果书	楼盘价格	销售目标	销售人员信息	销售人员绩效一览表	成交房源信息	销售情况对比信息	购房客户信息	客户满意度反馈信息	客户信息数据库
调研定位信息	登记地块基本信息	调研定位信息子系统															
	登记周边楼盘信息																
	登记人文交通情况																
	登记楼盘定位信息																
进行楼盘推广	登记潜在客户信息					进行楼盘推广子系统											
	传递客户建议																
	反馈媒介宣传效果																
	估算楼盘价格					U→											
开展销售业务	确立销售目标					U	U	U	U	开展销售业务子系统							
	登记销售人员信息																
	考核销售人员绩效																
	登记成交房源信息																
	销售目标对比反馈																
进行售后管理	登记购房客户信息													进行售后管理子系统			
	登记客户满意度																
	管理客户信息平台																

300

9.5 某房地产咨询公司管理信息系统设计

9.5.1 总体设计

9.5.1.1 系统划分

房地产咨询公司信息系统划分如图 9.16 所示。

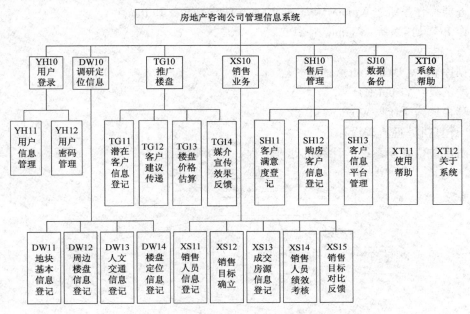

图 9.16 房地产咨询公司信息系统划分

9.5.1.2 系统平台设计

1）网络结构体系

网络结构如图 9.17 所示。

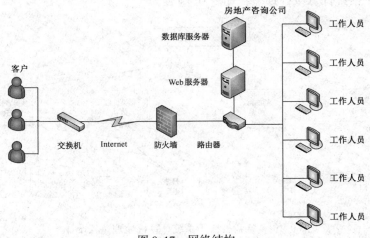

图 9.17 网络结构

2）硬件配置

硬件配置包括：一台数据库服务器，一台 Web 服务器，一个防火墙，一部光纤路由器，根据部门数量配置若干部门级交换机，再根据员工人数配置若干台工作 PC。其中，服务器基本要求：CPU：Intel Xeon E5645，内存：Kingston 8GB DDR3 1333（Reg ECC），硬盘：Seagate 1TB/7200rpm/SATA II（ST31000340NS）。传输介质：屏蔽双绞线，路由器：H3C ER5200，调制解调器：VBEL VB-C6301M，交换机：H3C S3100-26TP-SI。

3）软件选择

服务器操作系统：Windows Server 2008（Data Center Edition）

工作 PC 操作系统：Windows XP

语言：中文

数据库软件：Microsoft Access

开发工具：Visual C++

计算机操作系统：Window XP

4）计算机处理流程设计

调研定位信息子系统的计算机处理流程如图 9.18 所示。

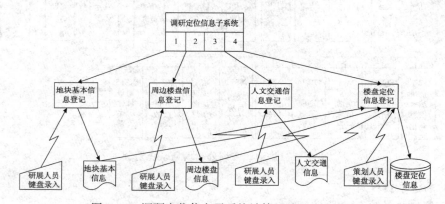

图 9.18　调研定位信息子系统计算机处理流程设计

楼盘推广子系统计算机处理流程如图 9.19 所示。

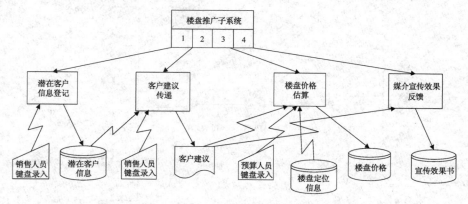

图 9.19　楼盘推广子系统计算机处理流程设计

楼盘销售子系统计算机处理流程如图9.20所示。

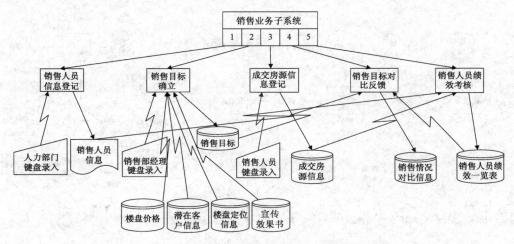

图 9.20 楼盘销售子系统计算机处理流程

售后管理子系统计算机处理流程如图9.21所示。

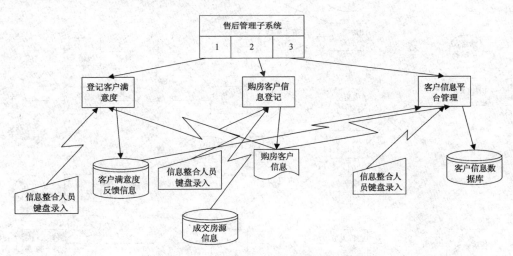

图 9.21 售后管理子系统计算机处理流程

9.5.2 数据库设计

9.5.2.1 数据库概念模型

属性未完全列出，将在下面的表格中体现。E-R 图如图 9.22 所示。

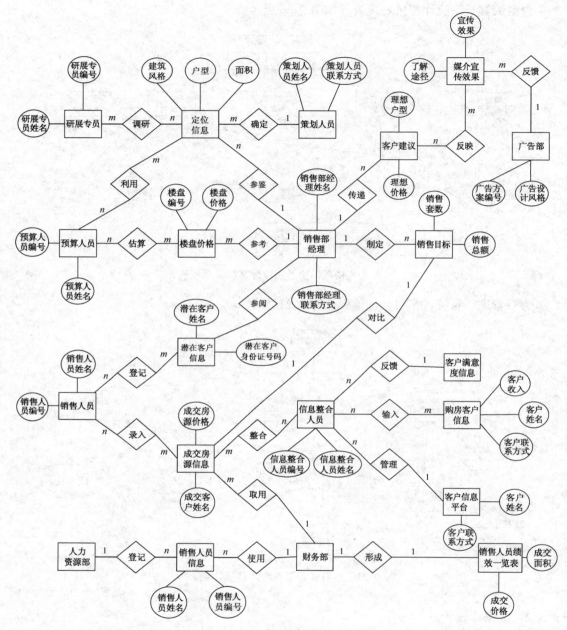

图 9.22   E-R 图

9.5.2.2   关系数据库的建立

研展专员信息表

研展专员编号	研展专员姓名	研展专员性别	研展专员身份证号	研展专员联系方式

策划人员信息表

策划人员编号	策划人员姓名	策划人员性别	策划人员身份证号	策划人员联系方式

定位信息表

楼盘编号	研展专员编号	策划人员编号	面积	建筑面积	绿化率	容积率	开发商名称	人文信息	交通信息	建筑风格	户型

预算人员信息表

预算人员编号	预算人员姓名	预算人员性别	预算人员身份证号	预算人员联系方式	职称级别

楼盘价格信息表

楼盘编号	预算人员编号	地块编号	销售部经理编号	楼盘价格

潜在客户信息表

潜在客户编号	潜在客户姓名	潜在客户性别	潜在客户联系方式	媒体了解渠道	客户价格建议

广告部信息表

广告方案编号	广告设计风格	广告语	宣传媒介	宣传时间

媒介宣传效果信息表

宣传方案编号	广告方案编号	了解途径	宣传效果	宣传改进

信息整合人员信息表

信息整合人员编号	信息整合人员姓名	信息整合人员性别	信息整合人员联系方式	信息整合人员身份证号码

销售部经理信息表

销售部经理编号	销售部经理姓名	销售部经理性别	销售部经理身份证号	销售部经理联系方式

销售目标信息表

销售目标编号	楼盘编号	销售部经理编号	销售套数	销售总价	阶段销售百分比

购房客户信息表

客户编号	客户姓名	客户性别	客户年龄	职业	出生日期	业主兴趣爱好	业主身份证号	业主联系方式	业主月收入	需求属性

销售人员信息表

销售人员编号	销售人员姓名	销售人员性别	销售人员身份证号码	销售人员联系方式

成交房源信息

成交编号	销售人员编号	楼盘编号	客户编号	单元号	房号	成交价格	成交面积

销售人员绩效一览表信息表

绩效考核表编号	成交编号	销售人员编号	绩效等级

反馈情况信息表

反馈问题编号	反馈问题描述	问卷调查结果	业主满意度

客户需求信息

客户编号	意向面积	意向朝向	意向区位	意向楼层	意向户型	意向设施	意向装修情况	意向房屋价格

对比情况信息

对比编号	销售目标编号	成交编号	对比结果	改进建议

9.5.3 代码设计

序号	名称	代码	类型	编码原则	宽度
1	研展专员编号	YZ010	字符型	YZ 是汉语"研展"的拼音首字母；010 代表这是有关研展专员的第一个数据元素	5
2	研展专员姓名	YZ020	字符型	YZ 是汉语"研展"的拼音首字母；020 代表这是有关研展专员的第二个数据元素	5
3	研展专员性别	YZ030	字符型	YZ 是汉语"研展"的拼音首字母；030 代表这是有关研展专员的第三个数据元素	5
4	研展专员身份证号	YZ040	数值型	YZ 是汉语"研展"的拼音首字母；040 代表这是有关研展专员的第四个数据元素	5
5	研展专员联系方式	YZ050	数值型	YZ 是汉语"研展"的拼音首字母；050 代表这是有关研展专员的第五个数据元素	5

序号	名称	代码	类型	编码原则	宽度
6	策划人员编号	CH010	字符型	CH是汉语"策划"的拼音首字母；010代表这是有关策划人员的第一个数据元素	5
7	策划人员姓名	CH020	字符型	CH是汉语"策划"的拼音首字母；020代表这是有关策划人员的第二个数据元素	5
8	策划人员性别	CH030	字符型	CH是汉语"策划"的拼音首字母；030代表这是有关策划人员的第三个数据元素	5
9	策划人员身份证号	CH040	数值型	CH是汉语"策划"的拼音首字母；040代表这是有关策划人员的第四个数据元素	5
10	策划人员联系方式	CH050	数值型	CH是汉语"策划"的拼音首字母；050代表这是有关策划人员的第五个数据元素	5
11	面积	DK010	数值型	DK是汉语"地块"的拼音首字母；010代表这是有关地块的第一个数据元素	5
12	建筑面积	DK020	数值型	DK是汉语"地块"的拼音首字母；020代表这是有关地块的第二个数据元素	5
13	绿化率	DK030	数值型	DK是汉语"地块"的拼音首字母；030代表这是有关地块的第三个数据元素	5
14	容积率	DK040	数值型	DK是汉语"地块"的拼音首字母；040代表这是有关地块的第四个数据元素	5
15	开发商名称	DK050	字符型	DK是汉语"地块"的拼音首字母；050代表这是有关地块的第五个数据元素	5
16	人文信息	DK060	字符型	DK是汉语"地块"的拼音首字母；060代表这是有关地块的第六个数据元素	5
17	交通信息	DK070	数值型	DK是汉语"地块"的拼音首字母；070代表这是有关地块的第七个数据元素	5
18	建筑风格	DK080	字符型	DK是汉语"地块"的拼音首字母；080代表这是有关地块的第八个数据元素	5
19	户型	DK090	字符型	DK是汉语"地块"的拼音首字母；090代表这是有关地块的第九个数据元素	5
20	预算人员姓名	YS010	字符型	YS是汉语"预算"的拼音首字母；010代表这是有关预算人员的第一个数据元素	5
21	预算人员性别	YS020	字符型	YS是汉语"预算"的拼音首字母；020代表这是有关预算人员的第二个数据元素	5
22	预算人员身份证号	YS030	数值型	YS是汉语"预算"的拼音首字母；030代表这是有关预算人员的第三个数据元素	5
23	预算人员联系方式	YS040	数值型	YS是汉语"预算"的拼音首字母；040代表这是有关预算人员的第四个数据元素	5

序号	名称	代码	类型	编码原则	宽度
24	职称级别	YS050	字符型	YS 是汉语"预算"的拼音首字母；050 代表这是有关预算人员的第五个数据元素	5
25	预算人员编号	LP010	字符型	LP 是汉语"楼盘"的拼音首字母；010 代表这是有关楼盘的第一个数据元素	5
26	地块编号	LP020	字符型	LP 是汉语"楼盘"的拼音首字母；020 代表这是有关楼盘的第二个数据元素	5
27	销售部经理编号	LP030	字符型	LP 是汉语"楼盘"的拼音首字母；030 代表这是有关楼盘的第三个数据元素	5
28	楼盘价格	LP040	数值型	LP 是汉语"楼盘"的拼音首字母；040 代表这是有关楼盘的第四个数据元素	5
29	潜在客户姓名	KH010	字符型	KH 是汉语"客户"的拼音首字母；010 代表这是有关潜在客户的第一个数据元素	5
30	潜在客户性别	KH020	字符型	KH 是汉语"客户"的拼音首字母；020 代表这是有关潜在客户的第二个数据元素	5
31	潜在客户联系方式	KH030	数值型	KH 是汉语"客户"的拼音首字母；030 代表这是有关潜在客户的第三个数据元素	5
32	媒体了解渠道	KH040	字符型	KH 是汉语"客户"的拼音首字母；040 代表这是有关潜在客户的第四个数据元素	5
33	客户价格建议	KH050	数值型	KH 是汉语"客户"的拼音首字母；050 代表这是有关潜在客户的第五个数据元素	5
34	广告设计风格	GG010	字符型	GG 是汉语"广告"的拼音首字母；010 代表这是有关广告的第一个数据元素	5
35	广告语	GG020	字符型	GG 是汉语"广告"的拼音首字母；020 代表这是有关广告的第二个数据元素	5
36	宣传媒介	GG030	字符型	GG 是汉语"广告"的拼音首字母；030 代表这是有关广告的第三个数据元素	5
37	宣传时间	GG040	数值型	GG 是汉语"广告"的拼音首字母；040 代表这是有关广告的第四个数据元素	5
38	广告方案编号	XC010	字符型	XC 是汉语"宣传"的拼音首字母；010 代表这是有关媒介宣传效果的第一个数据元素	5
39	了解途径	XC020	字符型	XC 是汉语"宣传"的拼音首字母；020 代表这是有关媒介宣传效果的第二个数据元素	5
40	宣传效果	XC030	字符型	XC 是汉语"宣传"的拼音首字母；030 代表这是有关媒介宣传效果的第三个数据元素	5
41	宣传改进	XC040	字符型	XC 是汉语"宣传"的拼音首字母；040 代表这是有关媒介宣传效果的第四个数据元素	5

序号	名称	代码	类型	编 码 原 则	宽度
42	信息整合人员姓名	XX010	字符型	XX 是汉语"信息"的拼音首字母；010 代表这是有关信息整合人员的第一个数据元素	5
43	信息整合人员性别	XX020	字符型	XX 是汉语"信息"的拼音首字母；020 代表这是有关信息整合人员的第二个数据元素	5
44	信息整合人员联系方式	XX030	数值型	XX 是汉语"信息"的拼音首字母；030 代表这是有关信息整合人员的第三个数据元素	5
45	信息整合人员身份证号码	XX040	数值型	XX 是汉语"信息"的拼音首字母；040 代表这是有关信息整合人员有关的第四个数据元素	5
46	销售部经理姓名	XS010	字符型	XS 是汉语"销售"的拼音首字母；010 代表这是有关销售的第一个数据元素	5
47	销售部经理性别	XS020	字符型	XS 是汉语"销售"的拼音首字母；020 代表这是有关销售的第二个数据元素	5
48	销售部经理联系方式	XS030	数值型	XS 是汉语"销售"的拼音首字母；030 代表这是有关销售的第三个数据元素	5
49	销售部经理身份证号码	XS040	数值	XS 是汉语"销售"的拼音首字母；040 代表这是有关销售的第四个数据元素	5
50	楼盘编号	XS050	字符型	XS 是汉语"销售"的拼音首字母；050 代表这是有关销售的第五个数据元素	5
51	销售部经理编号	XS060	字符型	XS 是汉语"销售"的拼音首字母；060 代表这是有关销售的第六个数据元素	5
52	销售套数	XS070	数值型	XS 是汉语"销售"的拼音首字母；070 代表这是有关销售的第七个数据元素	5
53	销售总价	XS080	数值型	XS 是汉语"销售"的拼音首字母；080 代表这是与销售有关的第八个数据元素	5
54	阶段销售百分比	XS090	数值型	XS 是汉语"销售"的拼音首字母；090 代表这是有关销售的第九个数据元素	5
55	客户姓名	YZ010	字符型	YZ 是汉语"业主"的拼音首字母；010 代表这是有关业主的第一个数据元素	5
56	客户性别	YZ020	字符型	YZ 是汉语"业主"的拼音首字母；020 代表这是有关业主的第二个数据元素	5
57	客户年龄	YZ030	数值型	YZ 是汉语"业主"的拼音首字母；030 代表这是有关业主的第三个数据元素	5
58	客户职业	YZ040	字符型	YZ 是汉语"业主"的拼音首字母；040 代表这是有关业主的第四个数据元素	5
59	客户出生日期	YZ050	数值型	YZ 是汉语"业主"的拼音首字母；050 代表这是有关业主的第五个数据元素	5

序号	名称	代码	类型	编码原则	宽度
60	业主兴趣爱好	YZ060	字符型	YZ 是汉语"业主"的拼音首字母；060 代表这是有关业主的第六个数据元素	5
61	业主身份证号	YZ070	数值型	YZ 是汉语"业主"的拼音首字母；070 代表这是有关业主的第七个数据元素	5
62	业主联系方式	YZ080	数值型	YZ 是汉语"业主"的拼音首字母；080 代表这是有关业主的第八个数据元素	5
63	业主月收入	YZ090	数值型	YZ 是汉语"业主"的拼音首字母；090 代表这是有关业主的第九个数据元素	5
64	需求属性	YZ10	字符型	YZ 是汉语"业主"的拼音首字母；10 代表这是有关业主的第十个数据元素	5
65	销售人员姓名	JX010	字符型	JX 是汉语"绩效"的拼音首字母；010 代表这是有关销售人员绩效的第一个数据元素	5
66	销售人员性别	JX020	字符型	JX 是汉语"绩效"的拼音首字母；020 代表这是有关销售人员绩效的第二个数据元素	5
67	销售人员身份证号码	JX030	数值型	JX 是汉语"绩效"的拼音首字母；030 代表这是有关销售人员绩效的第三个数据元素	5
68	销售人员联系方式	JX040	数值型	JX 是汉语"绩效"的拼音首字母；040 代表这是有关销售人员绩效的第四个数据元素	5
69	成交编号	JX050	字符型	JX 是汉语"绩效"的拼音首字母；050 代表这是有关销售人员绩效的第五个数据元素	5
70	销售人员编号	JX060	字符型	JX 是汉语"绩效"的拼音首字母；060 代表这是有关销售人员绩效的第六个数据元素	5
71	绩效等级	JX070	字符型	JX 是汉语"绩效"的拼音首字母；070 代表这是有关销售人员绩效的第七个数据元素	5
72	销售人员编号	CJ010	字符型	CJ 是汉语"成交"的拼音首字母；010 代表这是有关成交房源信息的第一个数据元素	5
73	楼盘编号	CJ020	字符型	CJ 是汉语"成交"的拼音首字母；020 代表这是有关成交房源信息的第二个数据元素	5
74	客户编号	CJ030	字符型	CJ 是汉语"成交"的拼音首字母；030 代表这是有关成交房源信息的第三个数据元素	5
75	单元号	CJ040	字符型	CJ 是汉语"成交"的拼音首字母；040 代表这是有关成交房源信息的第四个数据元素	5
76	房号	CJ050	字符型	CJ 是汉语"成交"的拼音首字母；050 代表这是有关成交房源信息的第五个数据元素	5
77	成交价格	CJ060	数值型	CJ 是汉语"成交"的拼音首字母；060 代表这是有关成交房源信息的第六个数据元素	5

序号	名称	代码	类型	编码原则	宽度
78	成交面积	CJ070	数值型	CJ 是汉语 "成交" 的拼音首字母；070 代表这是有关成交房源信息的第七个数据元素	5
79	反馈问题描述	FK010	字符型	FK 是汉语 "反馈" 的拼音首字母；010 代表这是有关反馈情况的第一个数据元素	5
80	问卷调查结果	FK020	字符型	FK 是汉语 "反馈" 的拼音首字母；020 代表这是有关反馈情况的第二个数据元素	5
81	业主满意度	FK030	字符型	FK 是汉语 "反馈" 的拼音首字母；030 代表这是有关反馈情况的第三个数据元素	5
82	楼盘定位信息	DW100	字符型	DW 是汉语 "定位" 的拼音首字母；100 代表子系统的第一级	5
83	地块基本信息	DW110	字符型	DW 是汉语 "定位" 的拼音首字母；110 代表子系统的第二级的第一个元素	5
84	楼盘周边信息	DW120	字符型	DW 是汉语 "定位" 的拼音首字母；120 代表子系统的第二级的第二个元素	5
85	人文交通信息	DW130	字符型	DW 是汉语 "定位" 的拼音首字母；130 代表子系统的第二级的第三个元素	5
86	定位信息	DW140	字符型	DW 是汉语 "定位" 的拼音首字母；140 代表子系统的第二级的第四个元素	5
87	需求预测信息	DW150	字符型	DW 是汉语 "定位" 的拼音首字母；150 代表子系统的第二级的第五个元素	5
88	推广信息	TG100	字符型	TG 是汉语 "推广" 的拼音首字母；100 代表子系统的第一级	5
89	潜在客户信息	TG110	字符型	TG 是汉语 "推广" 的拼音首字母；110 代表子系统的第二级的第一个元素	5
90	潜在客户基本信息	TG111	字符型	TG 是汉语 "推广" 的拼音首字母；111 代表子系统的第三级的第一个元素	5
91	潜在客户建议	TG112	字符型	TG 是汉语 "推广" 的拼音首字母；112 代表子系统的第三级的第二个元素	5
92	媒介宣传效果	TG120	字符型	TG 是汉语 "推广" 的拼音首字母；120 代表子系统的第二级的第二个元素	5
93	估算楼盘价格	TG130	字符型	TG 是汉语 "推广" 的拼音首字母；130 代表子系统的第二级的第三个元素	5
94	销售信息	XZ100	字符型	XZ 是汉语 "销售信息子系统" 的拼音首字母；100 代表子系统的第一级	5
95	销售目标	XZ110	字符型	XZ 是汉语 "销售信息子系统" 的拼音首字母；110 代表子系统的第二级的第一个元素	5

序号	名称	代码	类型	编码原则	宽度
96	销售信息	XZ120	字符型	XZ 是汉语"销售信息子系统"的拼音首字母；120 代表子系统的第二级的第二个元素	5
97	销售人员信息	XZ121	字符型	XZ 是汉语"销售信息子系统"的拼音首字母；121 代表子系统的第三级的第一个元素	5
98	成交房源信息	XZ122	字符型	XZ 是汉语"销售信息子系统"的拼音首字母；122 代表子系统的第三级的第二个元素	5
99	销售绩效考核	XZ130	字符型	XZ 是汉语"销售信息子系统"的拼音首字母；130 代表子系统的第二级的第三个元素	5
100	销售情况对比	XZ140	字符型	XZ 是汉语"销售信息子系统"的拼音首字母；140 代表子系统的第二级的第四个元素	5
101	售后信息	SZ100	字符型	SZ 是汉语"售后信息子系统"的拼音首字母；100 代表子系统的第一级	5
102	购房客户信息	SZ110	字符型	SZ 是汉语"售后信息子系统"的拼音首字母；110 代表子系统的第二级的第一个元素	5
103	客户满意度反馈	SZ120	字符型	SZ 是汉语"售后信息子系统"的拼音首字母；120 代表子系统的第二级的第二个元素	5
104	调查问卷设计	SZ121	字符型	SZ 是汉语"售后信息子系统"的拼音首字母；121 代表子系统的第三级的第一个元素	5
105	问卷反馈信息	SZ122	字符型	SZ 是汉语"售后信息子系统"的拼音首字母；122 代表子系统的第三级的第二个元素	5
106	客户信息管理平台	SZ130	字符型	SZ 是汉语"售后信息子系统"的拼音首字母；130 代表子系统的第二级的第三个元素	5
107	意向面积	YX010	数值型	YX 是汉语"意向"的拼音首字母；010 代表这是有关客户需求的第一个数据元素	5
108	意向朝向	YX020	字符型	YX 是汉语"意向"的拼音首字母；020 代表这是有关客户需求的第二个数据元素	5
109	意向区位	YX030	字符型	YX 是汉语"意向"的拼音首字母；030 代表这是有关客户需求的第三个数据元素	5
110	意向楼层	YX040	字符型	YX 是汉语"意向"的拼音首字母；040 代表这是有关客户需求的第四个数据元素	5
111	意向户型	YX050	字符型	YX 是汉语"意向"的拼音首字母；050 代表这是有关客户需求的第五个数据元素	5
112	意向设施	YX060	字符型	YX 是汉语"意向"的拼音首字母；060 代表这是有关客户需求的第六个数据元素	5
113	意向装修情况	YX070	字符型	YX 是汉语"意向"的拼音首字母；070 代表这是有关客户需求的第七个数据元素	5

序号	名称	代码	类型	编 码 原 则	宽度
114	意向房屋价格	YX080	数值型	YX 是汉语"意向"的拼音首字母；080 代表这是有关客户需求的第八个数据元素	5
115	销售目标编号	DB010	字符型	DB 是汉语"对比"的拼音首字母；010 代表这是有关对比情况的第一个数据元素	5
116	成交编号	DB020	字符型	DB 是汉语"对比"的拼音首字母；020 代表这是有关对比情况的第二个数据元素	5
117	对比结果	DB030	字符型	DB 是汉语"对比"的拼音首字母；030 代表这是有关对比情况的第三个数据元素	5
118	改进建议	DB040	字符型	DB 是汉语"对比"的拼音首字母；040 代表这是有关对比情况的第四个数据元素	5

9.5.4 输入/输出及界面设计

9.5.4.1 输入设计

1）输入方式设计

输入设计采用键盘输入、光盘读入数据和网络数据传送的方式，其中键盘输入主要是人工录入数据，对备份数据的读取采用光盘读入方式，其余皆采用网络数据传送方式。

2）输入格式设计

采用智能输入方式，在已规定好的表格中填写各项数据，具体表格在 Access 中预设。

3）校对方式设计

校对方式针对个别重要数据采用重复输入校对的方式，对于其他录入数据通过程序设计实现校对。

9.5.4.2 输出设计

本系统采用报表输出和光盘数据输出。系统最后需要输出的数据大多为文字或数字，逻辑关系简单，故可采用报表和光盘数据输出。

9.5.4.3 界面设计

主菜单界面如图 9.23 所示。信息的输入界面如图 9.24 所示，采用简列式。

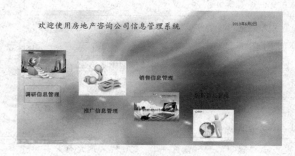

图 9.23 主菜单界面

图 9.24 地块信息登记界面

9.5.5　模块功能与处理过程设计

9.5.5.1　定位信息子系统模块设计
定位信息子系统模块结构图如图 9.25 所示。

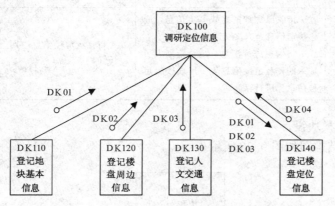

DK 01 地块基本信息

DK 02 楼盘周边信息

DK 03 人文交通信息

DK 04 定位信息

图 9.25　定位信息子系统模块结构图

对应的 IPO 图：

IPO 图编号（即模块号）：DK110			HIPO 图编号：DK100
模块名称：登记地块基本信息	设计者：XXX	使用单位：XXX	编程要求：ACCESS
输入部分（I）	处理描述（P）		输出部分（O）
·键盘输入地块基本信息登记表	·录入地块基本信息表 ·自动套用表格，生成地块基本信息		·将形成的地块基本信息送回上一级调用模块

IPO 图编号（即模块号）：DK120			HIPO 图编号：DK100
模块名称：登记楼盘周边信息	设计者：XXX	使用单位：XXX	编程要求：ACCESS
输入部分（I）	处理描述（P）		输出部分（O）
·键盘输入周边楼盘信息登记表	·录入周边楼盘信息登记表 ·自动套用表格，生成周边楼盘信息登记		·将周边楼盘信息送回上一级调用模块

IPO 图编号（即模块号）：DK130			HIPO 图编号：DK100
模块名称：登记人文交通信息	设计者：XXX	使用单位：XXX	编程要求：ACCESS
输入部分（I）	处理描述（P）		输出部分（O）
·键盘输入人文交通情况登记表	·录入人文交通情况登记表 ·自动套用表格，生成人文交通情况登记		·将人文交通信息送回上一级调用模块

IPO 图编号（即模块号）：DK140			HIPO 图编号：DK100
模块名称：登记楼盘定位信息	设计者：XXX	使用单位：XXX	编程要求：ACCESS
输入部分（I）	处理描述（P）		输出部分（O）
·上级模块送入地块基本信息、周边楼盘信息、人文交通信息	·接收已完成的地块基本信息、周边楼盘信息、人文交通信息 ·将信息进行汇总，结合策划人员输入的楼盘定位信息表，形成楼盘定位信息，进行存储		·将楼盘定位信息送回上一级调用模块

9.5.5.2 楼盘推广子系统模块设计

楼盘推广子系统模块结构图如图 9.26 所示。

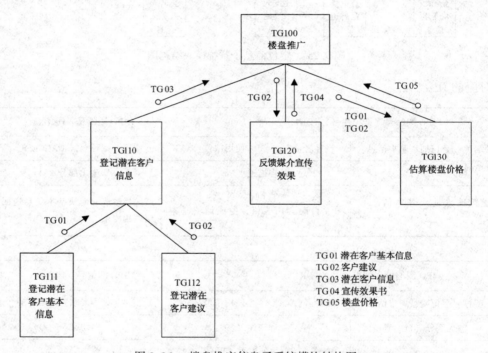

图 9.26 楼盘推广信息子系统模块结构图

对应的 IPO 图：

IPO 图编号（即模块号）：TG111			HIPO 图编号：TG100
模块名称：登记潜在客户基本信息	设计者：XXX	使用单位：XXX	编程要求：ACCESS
输入部分（I）	处理描述（P）		输出部分（O）
·键盘输入潜在客户基本信息	·根据潜在客户信息登记表录入潜在客户信息		·将潜在客户基本信息送回上一级调用模块

IPO 图编号（即模块号）：TG112			HIPO 图编号：TG100
模块名称：登记潜在客户建议	设计者：XXX	使用单位：XXX	编程要求：ACCESS
输入部分（I）	处理描述（P）		输出部分（O）
·键盘输入潜在客户建议	·接收已完成的潜在客户建议将信息进行汇总整合，形成客户建议书传递给项目经理，形成完整的客户建议，进行存储		·将客户建议送回上一级调用模块

IPO 图编号（即模块号）：TG120			HIPO 图编号：TG100
模块名称：反馈媒介宣传效果	设计者：XXX	使用单位：XXX	编程要求：ACCESS
输入部分（I）	处理描述（P）		输出部分（O）
·上组模块送入客户建议	·接收已完成的客户建议，将信息进行汇总整合，形成宣传效果说明传递给广告部，形成完整的宣传效果书，进行存储		·将宣传效果书送回上一级调用模块

IPO 图编号（即模块号）：TG130			HIPO 图编号：TG100
模块名称：估算楼盘价格	设计者：XXX	使用单位：XXX	编程要求：ACCESS
输入部分（I）	处理描述（P）		输出部分（O）
·上组模块送入客户建议信息，键盘输入楼盘定价建议书	·接收已完成的客户建议和预算人员已完成的楼盘定价建议书，生成估算的楼盘价格，进行存储		·将楼盘价格信息送回上一级调用模块

9.5.5.3　楼盘销售子系统模块设计

楼盘销售子系统模块结构图如图 9.27 所示。

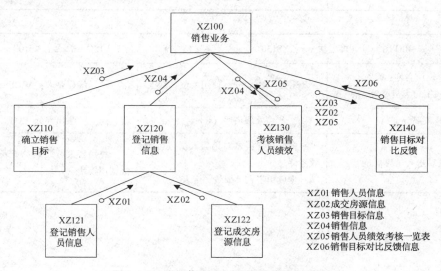

图 9.27　销售信息登记子系统模块结构图

对应的 IPO 图：

IPO 图编号（即模块号）：XS110			HIPO 图编号：XS100
模块名称：确定销售目标	设计者：XXX	使用单位：XXX	编程要求：ACCESS
输入部分（I）	处理描述（P）		输出部分（O）
·键盘输入销售目标	·录入销售目标 ·从楼盘推广子系统调用楼盘定位信息、潜在客户信息、楼盘价格和宣传效果书，自动套用表格，生成销售目标信息		·将销售目标信息送回上一级调用模块

IPO 图编号（即模块号）：XS121			HIPO 图编号：XS100
模块名称：登记销售人员信息	设计者：XXX	使用单位：XXX	编程要求：ACCESS
输入部分（I）	处理描述（P）		输出部分（O）
·键盘输入销售人员相关信息	·录入销售人员信息表 ·自动套用表格，生成销售人员信息		·将销售人员信息送回上一级调用模块

IPO 图编号（即模块号）：XS122			HIPO 图编号：XS100
模块名称：登记成交房源信息	设计者：XXX	使用单位：XXX	编程要求：ACCESS
输入部分（I）	处理描述（P）		输出部分（O）
·键盘录入成交房源	·录入成交房源信息表 ·自动套用表格，生成成交房源信息表		·将成交房源信息送回上一级调用模块

IPO 图编号（即模块号）：XS130			HIPO 图编号：XS100
模块名称： 考核销售人员绩效	设计者：XXX	使用单位：XXX	编程要求：ACCESS
输入部分（I）	处理描述（P）		输出部分（O）
·上级模块送入销售信息	·根据销售信息对销售人员进行绩效考评 ·生成销售人员绩效一览表		·将销售人员绩效一览表送回上一级调用模块

IPO 图编号（即模块号）：XS140			HIPO 图编号：XS100
模块名称： 销售目标对比反馈	设计者：XXX	使用单位：XXX	编程要求：ACCESS
输入部分（I）	处理描述（P）		输出部分（O）
·上级模块送入销售目标信息、成交房源信息和销售人员绩效考核一览表	·将销售目标信息和成交房源信息进行对比分析 ·对销售人员绩效考核一览表中相关数据与销售目标信息、成交房源信息进行对比分析 ·生成销售目标对比反馈信息		·将销售目标对比反馈信息送回上一级调用模块

9.5.5.4 售后管理子系统模块设计

售后管理子系统模块结构图如图 9.28 所示。

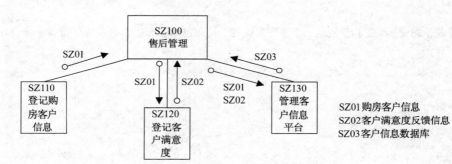

图 9.28 售后信息登记子系统模块结构图

对应的 IPO 图：

IPO 图编号（即模块号）：SZ110			HIPO 图编号：SZ100
模块名称：登记购房客户信息	设计者：XXX	使用单位：XXX	编程要求：ACCESS
输入部分（I）	处理描述（P）		输出部分（O）
·键盘录入购房客户信息表	·录入购房客户信息表 ·自动套用表格，生成购房客户信息表		·将购房客户信息送回上一级调用模块

IPO 图编号（即模块号）：SZ120			HIPO 图编号：SZ100
模块名称：登记客户满意度	设计者：XXX	使用单位：XXX	编程要求：ACCESS
输入部分（I）	处理描述（P）		输出部分（O）
·上级模块送入购房客户信息，录入客户满意度调查表	·接收客户满意度调查表和购房客户信息 ·自动生成客户满意度反馈信息		·将客户满意度反馈信息送回上一级调用模块

IPO 图编号（即模块号）：SZ130			HIPO 图编号：SZ100
模块名称：管理客户信息平台	设计者：XXX	使用单位：XXX	编程要求：ACCESS
输入部分（I）	处理描述（P）		输出部分（O）
·上级模块送入购房客户信息和客户满意度反馈信息	·接受已完成的购房客户信息和客户满意度反馈信息 ·整合本楼盘购房客户信息和客户满意度反馈信息进入公司客户信息系统，生成新的客户信息数据库，进行存储管理		·将客户信息数据库信息送回上一级调用模块

复习思考题

1. 请自行选题，完成一个工程管理信息系统开发课程设计，包括系统规划、系统分析和系统设计三个阶段内容。

附录 专有名词中英文对照表

Aggregation	聚集
American Association of School Librarians，AASL	美国学校图书馆管理员协会
Application Builder（AB）	应用系统建造工具
Attribute	属性
Batch	批处理
Big Data	大数据
Big Data Management	大数据管理
Black Box Testing	黑盒测试
Boyce-Codd Normal Form	BC 范式
Bridge	网桥
Brouter	桥由器
Browser	浏览器
Browser/Server（B/S）	浏览器/服务器
Building Information Modeling（BIM）	建筑信息模型
Business Information Analysis and Integration Technique（BIAIT）	企业信息分析与集成技术
Business Process Reengineering（BPR）	流程再造
Business System Planning（BSP）	企业系统规划法
Call-Return	调子程序
Central Processing Unit（CPU）	中央处理器
Class	类
Classification	分类
Client/Server（C/S）	客户机/服务器
Cloud Computing	云计算
Cohesion	聚合度
Communication Control Processor	通信控制处理机
Compact Flash Card	CF 卡
Complete Testing	完全测试
Completeness	完备性
Computer Aided Design Systems（CADS）	计算机辅助设计系统
Computer Aided Software Engineering（CASE）	计算机辅助软件工程
Concurrency	并发性
Condition Coverage	条件覆盖
Conference on Data Systems Languages（CODASYL）	数据系统委员会
Connectivity	联通性

Construction Management	建筑工程管理
Critical Path Method （CPM）	关键路径法
Critical Success Factors （CSF）	关键成功因素法
Data	数据
Database （DB）	数据库
Database Administrator （DBA）	数据库管理员
Database Key （DBK）	数据库码
Database Management System （DBMS）	数据库管理系统
Database System （DBS）	数据库系统
Database Task Group （DBTG）	数据库任务组
Data Definition Language （DDL）	数据定义语言
Data Dictionary （DD）	数据字典
Data Flow Diagram （DFD）	数据流程图
Data Glove	数据手套
Data Item	数据项
Data Management Component （DMC）	数据管理部件
Data Manipulation Language （DML）	数据操纵语言
Data Mining （DM）	数据挖掘
Data Oriented DSS	面向数据的决策支持系统
Data Processing Systems （DPS）	数据处理系统
Data Testing	数据测试
Data Warehouse （DW/DWH）	数据仓库
Decision Coverage	判定覆盖
Decision Support Systems （DSS）	决策支持系统
Decision Table	判定表
Decision Tree	决策树
Demodulator	解调器
Digital Versatile Disc- Random Access Memory （DVD-RAM）	DVD 随机存储器
Document	文件
Domain	域
Effectiveness	功效
Efficiency	功率
Electronic Data Processing （EDP）	电子数据处理
Electronic Data Processing Systems （EDPS）	电子数据处理系统
Encapsulation	封装
Engineering Breakdown Structure （EBS）	工程分解结构
Engineering Management	工程管理
Entity	实体
Entity Integrity	实体完整性
Entity Set	实体集
Entity Type	实体型

Entity-Relationship Approach （E-R)	实体-联系方法
Ethernet	以太网
Executive Support Systems （ESS)	主管支持系统
Exhaustive Testing	穷举测试
Export /Method Analysis （E/MA)	产出/方法分析
External Schema	外模式
Extract-Transform-Load （ETL)	数据挖掘技术
Fifth Normal Form （5NF)	第五范式
First Normal Form （1NF)	第一范式
Flash Memory	闪存
Forth Normal Form （4NF)	第四范式
Fourth Generation Language （4GL)	第四代程序生成语言
Gateway	网关
Generalization	概括
Group Decision Support Systems （GDSS)	群体决策支持系统
Hierarchical Model	层次模型
Hierarchy Plus Input-process-output	HIPO 图
Hub	集线器
Human Interaction Component （HIC)	人机交互部件
IDEA	信息系统的综合研究法
Indexed Non Sequential File	索引非顺序文件
Indexed Sequential File	索引顺序文件
Information	信息
Information Accumulation / Information Storage	信息存储
Information Management Systems （IMS)	信息管理系统
Information Management （IM)	信息管理
Information Processing	信息加工
Information System Planning （ISP)	信息系统规划
Information Systems （IS)	信息系统
Informationization /Information Technology Application	信息化
Information Technology （IT)	信息技术
Information Value	信息价值
Infrastructure-as-a- Service （IaaS)	基础设施即服务
Inheritance	继承性
In-line Analytics	在线分析
Input	输入
Input Device	输入设备
Input Process Output （IPO)	输入加工输出图
Instance	实例
Integrated Data Store	IDS 网状数据库管理系统
Internal Schema	内模式

Internet	因特网
Internet of Things（IOT）	物联网
Inter-organizational Information System（IOS）	跨组织信息系统
Joy Stick	控制杆
Key	码
Key Performance Indicators（KPI）	关键性能指标
Keyboard	键盘
Knowledge Work Systems（KWS）	知识工作系统
Light Pen	光笔
Linked List File	链表文件
Local Area Network（LAN）	局域网
Logical Design	逻辑设计
Management Information Systems（MIS）	管理信息系统
Massively Parallel Processing（MPP）	大规模并行处理
Media Access Control（MAC）	介质访问控制
Memory	存储器
Memory Stick	记忆棒
Menu	菜单
Message and Method	消息和方法
Metropolitan Area Network（MAN）	城域网
Microprocessor	微处理器
Model Based DSS	面向模型的决策支持系统
Modem	调制解调器
Model Testing	模型测试
Modulator	调制器
Module Testing	模块测试
Mouse	鼠标
Multimedia Card（MMC）	多媒体卡
Near-line	近线
Network Definition Language（NDL）	网状定义语言
Network Model	网状模型
New Orleans	新奥尔良方法
Non-verbosity	无冗余性
Object	对象
Object Oriented Analysis（OOA）	面向对象的分析
Object Oriented Design（OOD）	面向对象的设计
Object Oriented Model	面向对象数据库
Object Oriented Programming（OOP）	面向对象程序实现
Object Oriented（OO）	面向对象
Office Automation Systems（OAS）	办公自动化系统
Off-line	离线

On-line	在线
Online Analytical Processing（OLAP）	联机分析处理
Open Database Connectivity（ODBC）	数据库互联
Operating System（OS）	操作系统
Operating Testing	操作测试
Optical Character Reader（OCR）	光学符号阅读器
Output	输出
Output Device	输出设备
Password	口令
Platform-as-a-Service（PaaS）	平台即服务
Pointing Stick	指点杆
Problem Domain Component（PDC）	问题空间部件
Processing	处理
Processor	处理器
Programme	项目群
Project Information Portal（PIP）	项目信息门户
Project Management	项目管理
Project Manager	项目经理
Prototyping Method	原型法
Real-time Processing	实时处理
Record	记录
Redundant Arrays of Independent Disks（RAID）	磁盘阵列
Referenced Relation	被参照关系
Referential Integrity	参照完整性
Relational Database Systems（RDBS）	关系数据库系统
Relational Database Management System（RDBMS）	关系数据库管理系统
Relational Model	关系模型
Relationship	联系
Relationship Management Data Model（RMDM）	映射和模型设计法
Remoting	远程处理
Repeater	中继器
Repetition	复本
Return on Investment（ROI）	投资回收法
Router	路由器
Safety Health & Environment（SHE）	安全健康环境
Secure Digital High Capacity Card（SDHC Card）	高容量 SD 卡
Secure Digital Memory Card（SD Card）	安全数码卡
Schema	模式
Second Normal Form（2NF）	第二范式
Serial Advanced Technology Attachment	串行高级技术
Software-as-a-Service（SaaS）	软件即服务

Statement Coverage	语句覆盖
Strategy Set Transformation（SST）	战略目标集转移法
Structured Analysis And Design Technologies（SADT）	结构化分析和设计技术
Structured Analysis（SA）	结构化分析方法
Structured Design（SD）	结构化设计
Structured Query Language（SQL）	结构化查询语言
Structured System Analysis & Design（SSA&D）	结构化系统分析和设计
Structured System Development Methodologies	结构化系统开发方法
Stylus Pen	铁笔
Supervisor	监理
Switch	交换机
System	系统
System Analysis（SA）	系统分析
System Specification	系统规格说明书
Systems Development Life Cycle（SDLC）	系统开发生命周期
Target Relation	目标关系
Task Management Component（TMC）	任务管理部件
Third Normal Form（3NF）	第三范式
Touch Pad	触控板
Touch Panel	触摸屏
Transaction Flow Diagram（TFO）	业务流程图
Transaction Processing Systems（TPS）	业务处理系统
Tuple	元组
Uniformity	一致性
Universal Server	全能服务器
USB flash disk	U 盘
User-defined Integrity	用户定义的完整性
Value	低价值密度
Variety	多样性
Velocity	高速性
Veracity	真实性
View	视图
Volume	规模性
Welfare Keeper	材料保管人员
Wide Area Network（WAN）	广域网
Wizard	向导
Work Breakdown Structure（WBS）	工作分解结构

参 考 文 献

[1] 王雨田. 控制论、信息论、系统科学与哲学 ［M］. 2 版. 北京：中国人民大学出版社，1988.

[2] 成虎. 工程项目管理 ［M］. 北京：高等教育出版社，2004.

[3] 刘立刚主编. 工程管理信息系统 ［M］. 武汉：华中科技大学出版社，2007.

[4] 哈罗德·孔茨/海因茨·韦里克. 管理学 ［M］. 10 版. 北京：经济科学出版社，1998.

[5] 何似龙，施祖留. 转型时代管理学导论 ［M］. 南京：河海大学出版社，2001.

[6] 薛华成. 管理信息系统 ［M］. 3 版. 北京：清华大学出版社，1999.

[7] 李劲东，姜遇姬，吕辉. 管理信息系统原理 ［M］. 西安：西安电子科技大学出版社，2003.

[8] 闪四清. 管理信息系统教程 ［M］. 北京：清华大学出版社，2007.

[9] 章国锋. 管理信息系统 ［M］. 北京：机械工业出版社，2003.

[10] 肯尼思·C·兰登，简·P·兰登. 管理信息系统精要—网络企业中的组织和技术 ［M］. 北京：经济科学出版社，培生教育出版集团，2002.

[11] 小瑞芒德·麦克劳德，乔治·谢尔. 张成洪等译. 管理信息系统——管理导向的理论与实践 ［M］. 北京：电子工业出版社，2007.

[12] 葛世伦，代逸生. 企业管理信息系统开发的理论和方法 ［M］. 北京：清华大学出版社，1998.

[13] 斯蒂芬·哈格等. 信息时代的管理信息系统 ［M］. 北京：机械工业出版社，2005.

[14] 龙虹，阎艳. 管理信息系统 ［M］. 北京：北京理工大学出版社，2007.

[15] 彭澎等. 管理信息系统 ［M］. 北京：机械工业出版社，2003.

[16] 郭东强，傅冬绵. 现代管理信息系统 ［M］. 北京：清华大学出版社，2006.

[17] 程学先主编. 管理信息系统及其开发 ［M］. 北京：清华大学出版社，2008.

[18] 黄梯云. 管理信息系统 ［M］. 北京：高等教育出版社，2000.

[19] James A. O'Brien. 管理信息系统概述 ［M］. 11 版（影印版）. 北京：高等教育出版社，2002.

[20] 邵培基. 管理信息系统 ［M］. 成都：电子科技大学出版社，2001.

[21] 安忠，吴洪波. 管理信息系统 ［M］. 北京：中国铁道出版社，1998.

[22] 甘仞初. 管理信息系统 ［M］. 北京：机械工业出版社，2002.

[23] 易荣华. 管理信息系统 ［M］. 北京：高等教育出版社，2001.

[24] 张金城. 管理信息系统 ［M］. 北京：北京大学出版社，2001.

[25] 祁孔武，王晓敏. 信息系统分析与设计 ［M］. 北京：清华大学出版社，1999.

[26] 陈景艳. 管理信息系统 ［M］. 北京：中国铁道出版社，1994.

[27] 张基温. 信息系统开发案例（第一辑）［M］. 北京：清华大学出版社，1999.

[28] 李东. 管理信息系统的理论与应用 ［M］. 北京：北京大学出版社，1998.

[29] Robert Schultheis，Mary Sumner. 管理信息系统 ［M］. 李一军，卢涛，祁巍，等译. 大连：东北财经大学出版社，2000.

[30] 陈佳. 信息系统开发方法教程 ［M］. 北京：清华大学出版社，1998.

[31] 姜旭平. 信息系统开发方法——方法、策略、技术、工具与发展 ［M］. 北京：清华大学出版社，1997.

[32] 成虎. 工程管理概论 ［M］. 北京：中国建筑工业出版社，2016.

[33] Kenneth C. Laudon，Jane P. Laudon. Management information systems：new approaches to organization and technology（影印版）［M］. 北京：清华大学出版社，1998.

[34] Turban E，et al. Information Technology Management［M］. New Jersey：John Wiley &Sons，2004.

[35] 李晓东，张德群，孙立新. 工程管理信息系统［M］. 北京：机械工业出版社，2004.

[36] 徐世河，王海军，刘庞杰. 管理信息系统设计教程［M］. 北京：电子工业出版社，2003.

[37] 朱顺全. 管理信息系统及应用［M］. 北京：机械工业出版社，2005.

[38] 朱顺全，姜灵敏. 管理信息系统理论与实务［M］. 北京：人民邮电出版社，2004.

[39] 高学东，武森，喻斌. 管理信息系统教程［M］. 北京：经济管理出版社，2002.

[40] 罗超理，李万红. 管理信息系统原理与应用［M］. 北京：清华大学出版社，1998.

[41] 陈晓红. 信息系统教程［M］. 北京：清华大学出版社，2003.

[42] 蔡淑琴. 管理信息系统［M］. 北京：科学出版社，2004.

[43] 王要武. 管理信息系统［M］. 北京：电子工业出版社，2003.

[44] 李建中，王珊. 数据库系统原理［M］. 北京：电子工业出版社，1998.

[45] Raymond McLeod，Jr. George Schell. 张成洪等译. 管理信息系统［M］. 北京：电子工业出版社，2003.

[46] 成栋. 管理信息系统［M］. 北京：中国人民大学出版社，2004.

[47] 彭彭等. 管理信息系统［M］. 北京：机械工业出版社，2003.

[48] 苏选良. 管理信息系统［M］. 北京：电子工业出版社，2003.

[49] 张宽海. 管理信息系统概论［M］. 北京：高等教育出版社，2005.

[50] 王珊. 数据库技术与应用［M］. 北京：清华大学出版社，2005.

[51] 薛华成. 管理信息系统导论［M］. 上海：复旦大学出版社，1991.

[52] 王勇领. 计算机数据处理系统分析与设计［M］. 北京：清华大学出版社，1986.

[53] 邵培基. 管理信息系统［M］. 成都：电子科技大学出版社，2001.

[54] 盛友招. 数据库［M］. 北京：人民邮电出版社，1988.

[55] 熊才权. 数据库原理及应用［M］. 武汉：华中科技大学出版社，2008.

[56] 刘国燊. 数据库技术基础及应用［M］. 北京：电子工业出版社，2008.

[57] Ramez Elmasri，Shamkant B. Navathe. 数据库系统基础［M］. 北京：人民邮电出版社，2008.

[58] 苑森淼，康辉. 数据库系列教程［M］. 北京：清华大学出版社，2008.

[59] Kroenke D. N. Database Processing：Fundamentals Design & Implementation［M］. 北京：电子工业出版社，2003.

[60] 马智亮，秦亮，任强. 建筑施工项目信息化管理系统框架［J］. 土木工程学报，2006（01）.

[61] 白国平. 施工项目信息管理应用实践与系统评估建议［J］. 陕西建筑，2006（07）.

[62] 刘宏敏. 试论建筑企业项目管理信息化［J］. 湖北水利水电职业技术学院学报，2007（04）.

[63] 杨昌胜，李笋. 建筑施工项目的信息化管理［J］. 现代商贸工业，2007（08）.

[64] 李俊华. 建筑施工企业管理信息化建设的几点思考［J］. 河北煤炭，2008（03）.

[65] 向敏. 浅议建筑施工项目的信息化管理［J］. 经营管理者，2008（11）.

[66] 崔侠，孙群，俞开衡. 国外环境保护信息系统现状与进展［J］. 环境科学与技术，2003.

[67] Ralph Stair. George Reynolds Principles of Information Systems［M］. Course Technology，2005.

[68] Keri E. Pearlson，Carol S. Saunders. Managing and Using Information Systems［M］. John Wiley & Sons，2005.

[69] Post Anderson. Management Information Systems［M］. AIPI，2006.

[70] 刘腾红，孙细明. 信息系统分析与设计［M］. 北京：科学出版社，2003.

[71] 蔡皖东. 计算机网络技术——组成原理·系统集成·编程接口［M］. 西安：西安电子科技大学出

版社，1998.

[72] 胡道元．计算机局域网［M］．北京：清华大学出版社，1996.

[73] 高传善，毛迪部，曹袖．数据通信与计算机网络［M］．北京：高等教育出版社，2004.

[74] 李湘露，李宗民．管理信息系统［M］．南京：南京大学出版社，2007.

[75] 李宗民．管理信息系统理论与实务［M］．重庆：重庆大学出版社，2005.

[76] 滕佳东．管理信息系统［M］．大连：东北财经大学出版社，2002.

[77] 韩润春．管理信息系统［M］．石家庄：河北人民出版社，2003.

[78] 赵健雅．计算机文化基础［M］．北京：人民邮电出版社，2004.

[79] 蒋本珊．计算机组织与结构［M］．北京：清华大学出版社，2002.

[80] 徐抹民等．计算机系统结构［M］．北京：电子工业出版社，2003.

[81] 郑纬民，汤志忠．计算机系统结构［M］．北京：清华大学出版社，1998.

[82] 周明德．微型计算机系统原理及应用［M］．北京：清华大学出版社，2007.

[83] 吴烘潭．数据库原理［M］．北京：国防工业出版社，2003.

[84] 施伯乐．数据库系统教程［M］．北京：高等教育出版社，2003.

[85] 袁玫，林志英，刘劲松．网络数据库应用教程［M］．北京：人民邮电出版社，2004.

[86] 杨绍先，李京兵，陈传厚．Visual Foxpro 数据库实用教程［M］．武汉：武汉理工大学出版社，2003.

[87] 周南岳．数据库应用开发［M］．北京：高等教育出版社，2004.

[88] 高松龄．数据库管理与应用［M］．北京：电子工业出版社，1999.

[89] 申莉莉．数据库系统与 Access 教程［M］．北京：清华大学出版社，2003.

[90] 赵植武，孙文安．数据库应用基础［M］．大连：大连理工大学出版社，2003.

[91] 岗荣芳．数据库原理［M］．西安：西安电子科技大学出版社，2003.

[92] 洪志全．数据库原理及应用［M］．北京：电子工业出版社，2004.

[93] 薛恩．分布式数据库系统的体系结构浅析［J］．武汉职业技术学院学报，2003.3：56-59.

[94] Peebles R，MQming E. System Architecture for Distributed Data Management. Computer，Jan. 1978，11（1）：40-47.

[95] Deeper M，Fry J. Distributed Database：A Summary of Research. Computer Networks，Sept. 1976，1（2）：130-138.

[96] 百度知道，http://zhidao.baidu.com/.

[97] 戴维·M·克伦克．管理信息系统［M］．2 版．冯玉强，杨路，邵真，刘鲁宁译．北京：中国人民出版社，2014.

[98] 王宇，曲刚．管理信息系统［M］．北京：电子工业出版社，2014.

[99] 杜栋．新编管理信息系统［M］．北京：中国人民大学出版社，2008.

[100] 孙铁铮，姜建华等．管理信息系统课程设计指导与习题教程［M］．北京：电子工业出版社，2013.

[101] 许多顶．管理信息系统［M］．上海：上海交通大学出版社，2003.

[102] 甘仞初．信息系统分析与设计［M］．北京：高等教育出版社，2003.

[103] 陈晓红，罗新星，毕文杰，周雄伟．管理信息系统［M］．北京：清华大学出版社，2014.

[104] 周鸿，刘丙午．管理信息系统［M］．北京：冶金工业出版社，2013.

[105] 周明红，李敏．管理信息系统［M］．北京：人民邮电出版社，2012.

[106] 吴忠，夏志杰．管理信息系统理论与应用［M］．北京：北京大学出版社，2009.

[107] 刘仲英．管理信息系统［M］．北京：高等教育出版社，2012.

[108] 王玉珍．管理信息系统理论与实践［M］．北京：清华大学出版社，2014.

[109] 倪庆萍．管理信息系统理论原理［M］．北京：清华大学出版社，2016.

[110] 陈国青，郭迅华，马宝君．管理信息系统［M］．北京：高等教育出版社，2006.

[111] 段爱玲，张红梅，等．管理信息系统［M］．北京：机械工业出版社，2009.

[112] 李少颖，陈群．管理信息系统原理与应用［M］．北京：清华大学出版社，2020.

[113] 侯赛因·比德格里．管理信息系统［M］．北京：中国人民大学出版社，2020.

[114] 芮平亮，傅军，杨怡．信息系统顶层设计技术［M］．北京：中国工信出版集团，2015.

[115] 许可，银利军．建筑工程 BIM 管理技术［M］．北京：中国电力出版社，2017.

[116] 彭靖．BIM 技术在建筑施工管理中的应用研究［M］．长春：东北师范大学出版社，2017.

[117] 曹德成．工程管理信息系统［M］．武汉：华中科技大学出版社，2008.